RONALD MEYER

# In 77 Tagen zum klimaneutralen Zuhause

**DAS BUCH ZUR NEUEN BUNDESFÖRDERUNG**

Bis zu **60.000 Euro Förderzuschuss** pro Wohneinheit
Seite 116

Viele **Hauseigentümer verzichten** unnötigerweise **auf ihre Förderzuschüsse**
Seite 119

Alte Gasheizung raus, neue Gasheizung rein: **Diese Ausgangssituation ist typisch**
Seite 120

**„Tilgungsfrei" heißt**, dass Familie Schmidt **nichts tilgt,** der Darlehensgeber aber schon: **volle 45.330 Euro**
Seite 121

**Wer 10.000 Euro** investieren muss, fährt besser, **wenn er für 100.000 Euro** modernisiert
Seite 122

Bilanz nach 10 Jahren: **105.325 Euro** zusätzlich **bekommen, nur 2.228 Euro investiert**
Seite 122

Seite 62
Der detaillierte **Modernisierungsablauf** wird mit dem **„Digitalen Planungs- und Bauordner"** angefertigt

Seite 60
Der Sanierungscode
**„24.16.10.3.S"** bedeutet:
**24** Zentimeter Dachdämmung
**16** Zentimeter Fassadendämmung
**10** Zentimeter Kellerdämmung
**3**fach verglaste Fenster
**S**onne anzapfen

# Inhalt: Basiswissen und Vorbereitung

# Inhalt: Praxis

Zur besseren Lesbarkeit wird in diesem Buch bei personenbezogenen Hauptwörtern häufig nur die männliche Form verwendet. Entsprechende Begriffe gelten im Sinne der Gleichbehandlung grundsätzlich für alle Geschlechter. Die verkürzte Sprachform hat nur redaktionelle Gründe und enthält keine Wertung.

# Schritt-für-Schritt-Anleitung zur Gebäudemodernisierung

**Sie wohnen schon länger in Ihrem eigenen Haus, das jetzt so langsam in die Jahre kommt? Die Kinder sind aus dem Haus, eine neue Zeit beginnt? Oder Sie planen, ein gebrauchtes Haus zu kaufen oder haben eins geerbt, in das Sie bald einziehen möchten? Dann ist jetzt der perfekte Zeitpunkt, um über eine ganzheitliche Gebäudemodernisierung und übers klimaneutrale Wohnen nachzudenken.**

Die große Herausforderung ist, dass am Ende der Planung einer Haussanierung keine Unsicherheiten mehr bestehen. Bewährt hat sich, im Vorfeld eine Wohnsituations-Analyse anzufertigen. Wie leben und wohnen wir heute, wo soll die Reise hingehen? Können wir auch noch im Alter unabhängig und selbstbestimmt in den eigenen vier Wänden den Alltag meistern? Wer hierauf klare Antworten hat, kann schon mit dem Feinschliff der Planung weitermachen und unter anderem den Grundriss, die Farben der Wände und die Sorten der Fliesen sowie die Größen der Fenster festlegen.

Viele Hauseigentümer entscheiden sich aus Unwissen häufig nur für eine „Wir-machen-nur-das-Nötigste-Modernisierung". Für ein neues Dach, eine Fassadendämmung und für neue Fenster oder gar für eine neue Heizung mit Solaranlage ist einfach das Geld nicht da. Und dort liegt der Trugschluss: Das fehlende Geld ist doch da. Wer nämlich sein Haus vollständig auch in energetischer Hinsicht so saniert, dass es später klimaneutral bewohnt und beheizt wird, kann aus vielen Fördertöpfen schöpfen.

**Trotz komplexer und widersprüchlicher Informationsflut die Übersicht behalten**

Unterm Strich können dann die Mehrkosten durch Zuschüsse und eingesparte Energiekosten häufig vollständig kompensiert werden. Man wohnt also quasi fürs gleiche Geld im besseren Haus, das zudem auch noch wertvoller ist.

Dieses Buch ist ein Schritt-für-Schritt-Anleitungbuch der ganzheitlichen Gebäudemodernisierung, mit dem Sie trotz komplexer Flut der teilweise auch widersprüchlichen Informationen immer die Übersicht behalten.

Bei der Gebäudemodernisierung spielen vor allem drei Themen eine Hauptrolle. **Erstens:** Komfortabel möchte man leben, möglichst barrierefrei und mit großen Türen. Das gilt nicht nur für ältere Menschen. Auch junge Eltern wissen es sehr zu schätzen, wenn sie etwa mit dem Kinderwagen keine Stufen überbrücken müssen. **Zweitens** muss ein frisch modernisiertes Haus mit Blick auf steigende Energiekosten und den Klimawandel immer energieeffizient sein. Stichwort: Nachhaltigkeit. Und **drittens** muss es sicher sein. Von rutschsicheren Bodenbelägen über Rauchmelder bis zu sturmsicherer Dacheindeckung und verlässlichem Einbruchschutz.

Und dann soll die Modernisierung auch innerhalb eines zuvor festgelegten Zeit- und Kostenrahmens fertiggestellt werden. Auch hierfür liefert dieses Buch wertvolle Hinweise. Die vollständige Modernisierung Ihres Ein- oder Zweifamilienhauses ist inklusive Planung innerhalb von 77 Tagen professionell machbar. Viel Erfolg und gutes Gelingen wünscht

Dipl.-Ing. Ronald Meyer

In 77 Tagen zum klimaneutralen Zuhause

GERÜSTBAU VOGEL

REPORTAGE

# In 77 Tagen: Unser Zuhause wird fit für die Zukunft

**„So ein Umbau macht doch sicherlich viel Dreck!" Für viele Menschen wiegt die Sorge vor einem möglichen Umbau-Chaos schwerer als etwa die reale Bedrohung durch hohe Heizkosten.**

Deshalb sei bereits an dieser Stelle betont: Gut ausgebildete Fachfirmen brauchen nur drei bis fünf Tage, um Fenster und Haustür komplett auszutauschen. Sie hinterlassen so gut wie keinen Schmutz und bewegen sich respektvoll im Haus. Eine Fassadendämmung dauert rund vier Wochen. Eine Dachdämmung kann innerhalb von ein bis zwei Wochen inklusive neuer Dacheindeckung erledigt werden. Wenn das Dachgeschoss bewohnt ist, wird das Dach von außen gedämmt.

Falls eine vollständige, auch altersgerechte Sanierung des Innenraums durchgeführt werden soll, so verursacht das natürlich jede Menge Staub und Bauschutt. Vor allem dann, wenn Türen verbreitert werden sollen, Küche und Wohnzimmer zusammengelegt werden oder das 40 Jahre alte Bad vollständig kernsaniert wird.

## Schlüsselfertige Modernisierung: „Geben Sie uns Ihren Schlüssel und machen Sie Urlaub"

Doch auch hierfür gibt es spezielle Angebote wie etwa die „schlüsselfertige Modernisierung" aus einer Hand. Schlüsselfertig bedeutet hier in der Tat „Geben Sie uns Ihren Haustür-Schlüssel, und, ja, fahren Sie vier Wochen in den Urlaub. Wenn Sie zurück kommen, ist Ihr Haus fertig". In so einem Fall wird man den Innenausbau noch etwas straffer eintakten als es in diesem Buch gezeigt wird. Vier Wochen Umbauzeit für innen sind beim Ein- und Zweifamilienhaus durchaus zu schaffen. So eine Lösung erfordert natürlich großes Vertrauen zwischen allen Beteiligten. Elementar ist dabei ein versierter Bauleiter, der souverän alle Fäden der Baustelle in der Hand hält.

Vermeiden Sie unbedingt, während eines Totalumbaus auf der Baustelle zu wohnen. Der Bauprozess wäre ständig eingeschränkt, Beschädigungen von Möbeln sind unvermeidbar und spätestens in dem Moment, wenn das Bad wegen Umbaus geschlossen ist, liegen schon bald die Nerven blank.

## Eventuell plant man eine Einliegerwohnung, in der man während des Umbaus wohnt

Sofern es möglich ist, wäre es eine interessante Variante, zu Beginn des Umbaus eine kleine Einliegerwohnung abzutrennen. Man könnte dann dort Unterschlupf beziehen, während die Renovierung des Haupt-Hauses an der Reihe ist (Möbel etwa in der Garage einlagern). Später wird die kleine Wohnung vermietet. Man hat künftig eine dauerhafte Zusatzeinnahme und man könnte – falls später erforderlich – dort das Pflegepersonal unterbringen.

Auf den folgenden Seiten wird zunächst eine ganz persönliche Sanierungsgeschichte erzählt, die professionell geplant, begleitet und durchgeführt wurde. Aus einem alten Reihenhaus entstand ein neues, klimaneutrales Zuhause, das nun für die nächsten Jahrzehnte moderner, komfortabler, behaglicher und bezüglich der laufenden Nebenkosten viel preiswerter ist.

# Na, altes Haus: Lust auf ein neues Leben?

**August 2018 in Heilsbronn bei Ansbach. Sabrina und Matthias Musiol haben gerade ihre Kinder ins Bett gebracht und sitzen am Esstisch in ihrer Mini-Küche. Im Internet suchen sie nach einer größeren Wohnung. Da entdecken sie dieses Haus.**

„Wir spürten jeden Tag mehr, dass unsere knapp 65 Quadratmeter für eine vierköpfige Familie einfach zu klein geworden sind", erinnern sich Sabrina und Matthias genau ein Jahr später. Sie sitzen auf der schönen Terrasse ihres frisch sanierten Reihenendhauses, Tom und Sarah spielen im Garten „fangen". „Verstecken geht ja noch nicht," schmunzelt Matthias: „Die Büsche sind noch zu klein."

Als sich die jungen Eltern Ende August 2018 auf das Internet-Inserat bei Immobilienmakler Felix Scholz meldeten, hatten sie zunächst ein mulmiges Gefühl. Sie wollten eigentlich eine Wohnung mieten und jetzt vereinbaren sie einen Besichtigungstermin, um ein Haus zu kaufen. Und was für ein Haus: „Es war eine echte Bruchbude, ein Haus, bei dem man sich schon an der Haustür umdreht und ‚nein danke' sagt," erzählt Sabrina, während sie im Handy nach den Bildern von damals sucht.

**Ein 50 Jahre altes Haus zum „Effizienzhaus 70" zu machen, ist eher eine leichte Übung**

Zum Glück haben sich beide an der Haustür nicht umgedreht, sondern haben sich das Haus angeschaut. Die Lage und das Wohngebiet sind für eine Familie optimal und der Kundenberater ihrer Hausbank hatte bereits in Aussicht gestellt, dass sie das neue Zuhause zu mietähnlichen Konditionen finanzieren könnten. Inklusive Komplettsanierung. Denn Makler

Aus dem alten 60er-Jahre-Reihenhaus wurde ein modernes, energieeffizientes Zuhause. Unterm Strich hat sich der Umbau dank …

… eines 22.500-Euro-Zuschusses der KfW-Förderbank auch finanziell gelohnt. Inzwischen gibt es bis zu 60.000 Euro Zuschuss.

Scholz hatte das Haus im fertig sanierten Zustand angeboten. Als sogenanntes KfW-Effizienzhaus 70 mit einem lukrativen Förderzuschuss. Davon hatten Musiols zuvor zwar noch nie etwas gehört, es klang aber vielversprechend. Planung und Kalkulation hatte Architekt Markus Andelfinger aus Nürnberg im Vorfeld erledigt. So konnte Felix Scholz den potentiellen Käufern bereits bei der Erstbesichtigung alle Fragen beantworten. Vor allem diese: „Was ist bitteschön ein KfW-Effizienzhaus 70?" Es benötigt nur 70 Prozent der Energie eines gesetzlich definierten Referenzgebäudes und ist zugleich ein energetischer Standard, der besser ist als das, was die Gesetzgebung für Neubauten vorschreibt. Und: „Ein 50 Jahre altes Haus zum Effizienzhaus 70 zu sanieren, ist bautechnisch eher eine leichte Übung", erläuterte Felix Scholz.

**Musiols freuen sich: „Die Fassadendämmung haben wir praktisch geschenkt bekommen."**

Wer einen Altbau so saniert, dass zum Schluss ein Effizienzhaus 70 herauskommt, kann sich über einen Förder-Zuschuss in Höhe von bis zu 60.000 Euro freuen – pro Wohneinheit (der Zuschuss wurde seit 2020 deutlich erhöht).

Familie Musiol bekam 2019 noch 22.500 Euro: „Die Fassadendämmung haben wir also praktisch geschenkt bekommen", freuen sich die jungen Hauseigentümer.

Doch am Tag der Erstbesichtigung dachte noch niemand an die Wärmedämmung. Die Zimmer waren dunkel, verlebt und alles andere als das, was man sich als sein neues Zuhause vorstellt. Da Felix Scholz jedoch Visualisierungen des geplanten Zustandes zeigen konnte, hatten Sabrina und Matthias schnell eine Vorstellung davon, was man aus diesem Haus zaubern kann. Und zwar einiges.

## MUSIOLS IM INTERVIEW

Sabrina und Matthias Musiol haben etwas ganz Normales gemacht: Sie wählten aus dem großen Baukasten der Möglichkeiten zusammen mit ihrem versierten Architekten die besten Kombinationen aus. Das Ergebnis ist optimal. Ihre Botschaft: „Am Ende war alles recht einfach und klar."

Die Dachdämmung wurde als Kombination aus Zwischensparrendämmung und Aufsparrendämmung ausgeführt. Dazwischen …

… liegt die luftdichte Ebene. Die Dacheindeckung wurde ohne weitere Verstärkung auf der Aufsparrendämmung montiert.

Vorher, nachher: Die alte, ungedämmte Vorhangfassade wurde vollständig demontiert, das Beton-Vordach entfernt.

Mit dem vollflächigen Wärmedämmverbundsystem konnten alle Wärmebrücken dauerhaft beseitigt werden.

Das Außengerät der Luft-Wärmepumpe wird in Position gebracht. Hierfür wurde zuvor ein Sockel betoniert.

Ein Blick in die neue Wärmezentrale im sanierten Keller: Sorgfältig geplant und sauber ausgeführt.

**Markus Andelfinger**
Zertifizierter Modernisierungsberater und
Architekt, Nürnberg

Aus dem Magengrummeln wurde ein gutes Bauchgefühl: „Wir machen das." Architekt Andelfinger lernte wenig später die junge Familie kennen, die KfW-Förderanträge waren schon vorbereitet: „Einer der größten Fehler ist es, voller Tatendrang mit den Arbeiten zu beginnen – aber die Fördermittel sind noch nicht auf den Weg gebracht. Dann verliert man seinen Anspruch an die hohen Zuschüsse. Diese Fälle der ganz großen Enttäuschung haben wir häufig. Deshalb erledigen wir immer als erstes den umfangreichen Fördermittel-Papierkrieg."

Danach ging es an den Bauzeitenplan: 68 Sanierungstage, Einzug 31.03.2019. Mit kleinen Nachbesserungen verzögerte sich der Einzug etwas und es wurden 77 Modernisierungstage.

### FÖRDERMITTEL BEANTRAGEN

Einer der größten Fehler ist es, voller Tatendrang mit den Arbeiten schon zu beginnen – aber die Fördermittel sind noch nicht auf den Weg gebracht. Wer nämlich die Handwerker vor der Fördermittelbeantragung beauftragt, verliert seinen Anspruch auf Förderdarlehen und Zuschüsse.

**Das war nicht irgendeine Baustelle: „Alle hatten Lust, ein tolles Haus zu schaffen."**

Erster Schritt: „Alles muss raus oder Back to the Rohbau." In diesem Buch wird immer wieder auf Musiols Modernisierung detailliert eingegangen. Dieser Komplettumbau ist hier der rote Faden. Am Ende des ersten Tages gab es schon eine Besonderheit: Musiols luden Nachbarn und Handwerker zu einem Baustellenstammtisch ein. Eine gute Gelegenheit, sich gegenseitig kennenzulernen. Danach war auch fürs Bau-Team die Baustelle nicht mehr irgendein Job. Rino Gagliano, verantwortlich für Wände, Decken und die Fassadendämmung: „Wir alle hatten vom ersten Tag an große Motivation, hier ein zukunftsfähiges Zuhause für Familie Musiol zu schaffen. Wir hatten Lust, dem alten Haus ein neues Leben zu geben."

Besonderheit am ersten Umbau-Tag: Familie Musiol lud Nachbarn und Handwerker zu einem Baustellenstammtisch ein.

Obergeschoss-Flur, die Erste: Vor der Sanierung wurde das gesamte Haus entkernt: Türen und Böden raus, im Bad Fliesen runter.

„Vorher, nachher" wie es krasser kaum geht. Bei der ersten Hausbesichtigung hatte man noch keine Vorstellung davon, wie die …

… Räume nach der Sanierung aussehen würden. Zwischen diesen beiden Küchen-Aufnahmen liegen keine sechs Monate.

Auch die Dachgeschoss-Zimmer waren verlebt und arg abgenutzt. Man brauchte auch zu Beginn des Komplett-Umbaus trotz …

… 3-D-Visualisierung eine große Portion Fantasie, um sich das spätere Ergebnis ausmalen zu können.

Obergeschoss-Flur, die Zweite, gleiche Perspektive: Die Elektro-, Heizungs- und Sanitärinstallation ist fortgeschritten.

Obergeschoss-Flur, die Dritte: Alles ist fertig und eingerichtet. Nichts erinnert mehr an die Umbauzeit – und an davor.

bis 1918     FACHWERKHAUS

bis 1918

1919 bis 1948

1949 bis 1957

1958 bis 1968

1969 bis 1978

1969 bis 1978      FERTIGHAUS

ERDGESCHOSS

1979 bis 1983

1984 bis 1994

1995 bis 2001

2002 bis 2008

2009 bis 2015

2016 bis heute

# Kein Haus gleicht dem anderen, und doch sind alle Häuser gleich

**Jedes Haus ist ein Unikat, kein Haus gleicht in seiner Form, Größe und Ausstattung einem anderen. Selbst Reihenhäuser, die ursprünglich nach demselben Plan gebaut wurden, haben irgendwann ihre individuelle Note bekommen. Und doch sind alle Häuser gleich: Denn sie alle haben Dächer, Fenster, Fundamente, Fassaden und eine Heizung.**

Beim Blick auf unseren Gebäudebestand gibt es nur einen echten Unterschied: Das Baualter. Denn Fenster und Fassaden von alten Häusern sind unter Bauphysik-Energiespar-Aspekten komplett anders aufgebaut als Fenster und Fassaden von Neubauten. Auf diesem Gedanken ist die wenige Seiten dünne, sehr praktikable „Deutsche Gebäudetypologie" aufgebaut.

### Die „Deutsche Gebäudetypologie" gibt Hauseigentümern eine erste Orientierung

Jedes Haus wird einer Baualtersklasse zugeordnet und energetisch bewertet. Somit gibt die „Deutsche Gebäudetypologie" jedem Hauseigentümer eine erste Orientierung, erleichtert das Zusammenstellen erster Informationen erheblich und ist zugleich die Basis für jede Gebäudemodernisierung.

Mit der „Deutschen Gebäudetypologie" ist es recht einfach, eine erste Einschätzung der Gebäudesubstanz vorzunehmen, ohne dabei eine langwierige Datenaufnahme zu betreiben. Ausgenommen sind denkmalgeschützte Häuser sowie Gebäude, bei denen etwa der Erhaltungszustand außergewöhnlich schlecht ist.

Damit aber keine Missverständnisse aufkommen: Vor jeder Sanierung muss das Haus von einem Fachmann, am besten von einem Energieberater und von einem Architekten in Augenschein genommen werden. Doch in aller Regel werden sie zu ähnlichen oder gar zu denselben Ergebnissen und Aussagen kommen, die auf den folgenden Seiten – sortiert nach Gebäudetyp und Baualtersklasse – aufgelistet sind.

### Mit einer Modernisierung wird ein Altbau auch schon mal 60 Jahre nach vorn gebeamt

Schöner Ansatz: Wenn die Gebäudesubstanz, also Fundamente, Decken und Mauerwerk noch sehr gut erhalten sind, kann eine Kernsanierung dazu führen, dass ein Altbau auch schon mal 60 Jahre nach vorn gebeamt wird, wie dieses 1950er-Jahre Siedlungshaus (Bild).

# Freistehende Ein- und Zweifamilienhäuser
# Baualtersklasse 1919 bis 1948

**Jeder kennt das Bild der New Yorker Bauarbeiter, die beim Bau des Rockefeller Centers auf einem Stahlträger sitzen und Pause machen. Fotografiert 1932. Während bereits damals im Hochhausbau der eine Superlativ den nächsten jagte, ging es beim deutschen Wohnhausbau deutlich gemütlicher zu.**

In Deutschland entfernte man sich Anfang der 1930er Jahre vom verspielten, verschnörkelten Jugendstil, wollte lieber wieder einfach und reduziert bauen: Der Bauhaus-Stil entstand. Ein Pionier dieser Zeit war der junge Architekt Ernst Neufert, der nicht nur zur Raumgestaltung, sondern auch zur Normengebung im Bauwesen Bahnbrechendes beitragen konnte. Für sein gleichermaßen geniales wie einfaches Oktametersystem, das heute noch gültig ist, möchte man ihm am liebsten postum einen Oskar fürs Lebenswerk verleihen. Apropos Lebenswerk: 1936 veröffentlichte Neufert seine „Bauentwurfslehre", das ultimative Standardwerk der Gebäudeplanung.

Der Bau von Wohnhäusern ist immer auch ein Spiegel der jeweils aktuellen gesellschaftlichen Entwicklung. So baute man in den „Gol-denen Zwanzigern" herrschaftliche Villen, in der Zeit der Weltwirtschaftskrise reduzierte man den Wohnraum in Größe und Ausstattung auf das Nötigste. Bedingt durch den Krieg kam der Wohnhausneubau bis 1948 nahezu vollständig zum Erliegen.

## Die energetische Modernisierung ist meist unproblematisch und längst Routine

So unterschiedlich die Zeiten auch waren, so war das Baumaterial fast immer dasselbe: hauptsächlich Backsteine, Beton, Holz und etwas Stahl. Die Decken bestanden entweder aus Stahlträgern mit Beton-Füllung, einfach aus Holz oder es wurden Gewölbe aus Ziegel und Stampfbeton konstruiert.

Die energetische Modernisierung solcher Wohnhäuser ist meist unproblematisch: Dach, Fassade und Fenster den heutigen Ansprüchen anzupassen, ist längst reine Routine. Aber man hat noch eine andere Baustelle: Die vorhandenen, meist winzigen Räume sollen zu einem großzügigeren Wohnraum zusammengeschlossen werden. Gerade die Bäder sind nahezu immer eine Herausforderung. Ein guter Planer und ein Statiker gehören deshalb zwingend ins Berater- und Umbauteam.

Im Urzustand sind freistehende Wohnhäuser, die zwischen 1919 und 1948 gebaut wurden, etwa 20- bis 30-Liter-Häuser. Energiesparziel: Mindestens das 6-Liter-Haus (Effizienzhaus 70). Noch besser: Klimaneutral sanieren.

**Endenergiebedarf in kWh/(m²a)**

vorher ↓

| A+ | A | B | C | D | E | F | G | H |
|----|---|---|---|---|---|---|---|---|

0   25   50   75   100   125   150   175   200   225   >250

↑ nachher

# Freistehende Ein- und Zweifamilienhäuser
# Baualtersklasse 1949 bis 1957

**Man muss nicht um den heißen Brei herumreden: Mit Gründung der Bundesrepublik Deutschland und der DDR im Jahr 1949 war die deutsche Teilung beschlossene Sache und es begann eine unterschiedliche Entwicklung. Auch im Ein- und Zweifamilienhausbau.**

Anfangs war das Wichtigste aber noch identisch: Das Bau-Material. Zur Nachkriegs-Auswahl standen Abbruch, Trümmerschutt und Holzbalken, die man teilweise aus alten Brettern zusammenzimmerte. Unter diesen Voraussetzungen entstand neuer Wohnraum, der in beiden Teilen Deutschlands auch bitter benötigt wurde.

Vielen Wohnhäusern aus dieser Zeit sieht man übrigens bis heute nicht zwingend an, wie und vor allem woraus sie gebaut wurden. Not macht eben erfinderisch. An dieser Stelle wollen wir nicht vergessen, den sogenannten Trümmerfrauen voller Respekt für ihre Leistung zu danken. Dennoch bröckelt hinter der Tapete inzwischen meist der Putz, bei manchen Dachbalken wundert man sich, wie sie bis heute Sturm und Schnee standhalten konnten.

Und noch etwas: Energie war sehr billig, an energiesparendes Bauen dachte niemand. Hauptsache, man hatte ein Dach überm Kopf.

**Bevor saniert wird: Mit einem erfahrenen Experten die Bausubstanz überprüfen**

Kurz nach dem Krieg war Baumaterial also knapp, man musste schwer improvisieren. Es waren zwar (zumindest im Westen) die Jahre des Wirtschaftswunders, doch der Bau stand noch immer unter dem Zeichen des Mangels.

Aus Schutt und Trümmern wurde nahezu alles Verwertbare recycelt, zugleich wurden Wanddicken und Holzbalkenquerschnitte oftmals auf ein gerade noch akzeptables Maß reduziert.

Wer ein Haus aus dieser Epoche bewohnt, geerbt oder gekauft hat, wird eventuell auch über einen Abriss nachdenken, wenn sich herausstellen sollte, dass die strategischen Bauteile wie Dachbalken, Wände, Decken und vor allem der Keller minderwertig sind und ihre Dienste längst erfüllt haben. Gerade bei Häusern aus dieser Bau-Epoche ist es empfehlenswert, mit einem erfahrenen Experten die Bausubstanz gründlich zu prüfen, ehe man zigtausend Euro in das Gebäude investiert.

Im Urzustand sind freistehende Wohnhäuser, die zwischen 1949 und 1957 gebaut wurden, etwa 20- bis 40-Liter-Häuser. Energiesparziel: Mindestens das 6-Liter-Haus (Effizienzhaus 70). Noch besser: Klimaneutral sanieren.

Endenergiebedarf in kWh/(m²a)

vorher

| A+ | A | B | C | D | E | F | G | H |
|----|---|---|---|---|---|---|---|---|
| 0 | 25 | 50 | 75 | 100 | 125 | 150 | 175 | 200 | 225 | >250 |

nachher

# Freistehende Ein- und Zweifamilienhäuser
# Baualtersklasse 1958 bis 1968

**Für Bauleute sind die sechziger Jahre die Ära des Hohlblocksteins. Er verkörpert die Stimmung der damaligen Zeit. Der Krieg, die Trümmer waren endgültig Vergangenheit, die Zukunft wurde in solides, stabiles Material gegossen: Beton. Doch Beton hat einen gravierenden Nachteil: Er ist ein guter Wärmeleiter.**

Balkone und Vordächer wurden ohne „thermische Trennung" mit der Erdgeschossdecke in einem Rutsch betoniert. Das sind Wärmebrücken, die man jetzt dringend in den Griff bekommen muss.

Mit der damals modernen Nachtspeicherheizung oder mit einer komfortablen Elektro-Fußbodenheizung ging es (zumindest aus damaliger Sicht) ebenfalls einen großen Schritt nach vorne: Man musste nicht mehr die Kohlen aus dem Keller holen, nicht mehr mit der Ölkanne rumlaufen. Man heize bequem mit Strom, und der Öl- und Brandgeruch war aus dem Wohnraum im Nu verschwunden.

Doch auch die Kraftwerksbetreiber freuten sich. Denn hinter der Beheizung mit Strom stand hauptsächlich der Gedanke, die Kraftwerke auch nachts zu nutzen. Auch wenn der Hohlblockstein sehr tragfähig und stabil ist und über Jahrzehnte seine Dienste leistete und dies noch ein paar Jahrzehnte tun wird, so war er als Wärmedämmstein eher ungeeignet.

**Mit Vulkangestein als Zuschlagsstoff wurden erstaunlich gute Dämmwerte erreicht**

Einen positiven Ausnahme-Stellenwert hatten Hohlblocksteine, die aus dem Bimsgebiet rund um Koblenz stammten. Denn in dieser Region erreichte man aufgrund des dortigen Vulkangesteins, das man als Zuschlag für die Hohlblockstein-Produktion verwendete, auch schon in den sechziger Jahren für damalige Zeiten recht gute Wärmedämmwerte. Doch keine Sorge: Mit einer modernen Fassadendämmung bekommt man nicht nur die Bimssteine, sondern auch alle anderen, eher dämmschwachen Hohlblöcke gut in den Griff.

Ein echtes Problem stellt dagegen die Vielzahl alter Nachtspeicherheizungen dar. Da ist einerseits das in den Heizungen verbaute Asbest, andererseits die inzwischen sehr hohen Stromkosten. Achtung: Beim Abbau der Heizung können kleine Asbestteilchen freigesetzt werden: Mit der Entsorgung unbedingt ein Fachunternehmen beauftragen.

Im Urzustand sind freistehende Wohnhäuser, die zwischen 1958 und 1968 gebaut wurden, etwa 20- bis 30-Liter-Häuser. Energiesparziel: Mindestens das 6-Liter-Haus (Effizienzhaus 70). Noch besser: Klimaneutral sanieren.

Endenergiebedarf in kWh/(m²a)

vorher ↓

| A+ | A | B | C | D | E | F | G | H |
|----|----|----|----|----|----|----|----|----|
| 0 | 25 | 50 | 75 | 100 | 125 | 150 | 175 | 200 | 225 | >250 |

↑ nachher

# Freistehende Ein- und Zweifamilienhäuser
# Baualtersklasse 1969 bis 1978

**Die typischen Siebziger-Jahre-Glasbausteine trifft man heute – gemessen am gesamten Gebäudebestand – eher selten an. Auch die Beton-Bausünden dieser Epoche sind zahlenmäßig in der Minderheit. Wenn man sie im Häusermeer entdeckt, handelt es sich zum Glück selten um Ein- oder Zweifamilienhäuser.**

Selbst wer keinen Blick für harmonische Architektur hat, spürt vor allem bei größeren Gebäuden, wie anders die damalige Zeit doch war. Freistehende Ein- und Zweifamlienhäuser aus den Siebzigern repräsentieren zwar nicht die Betonarchitektur von damals, dafür aber recht genau den statistischen deutschen Baudurchschnitt. Genauer formuliert: Das typische deutsche Durchschnittswohnhaus ist etwa 1975 gebaut worden, es hat zwei Wohnungen mit je 85,5 Quadratmetern Fläche und ist wenig bis gar nicht energetisch modernisiert.

Wohnen Sie zufällig in so einem Haus? Dann könnten Sie jetzt überdurchschnittlich gut modernisieren. Wenn Dach, Fassade, Fenster und die Heizung noch im Originalzustand sind, steht ohnehin jetzt oder demnächst eine komplette Instandsetzung aller Bauteile und des Wohnraums an. Machen Sie konsequent das Haus für die nächsten Jahrzehnte fit.

Das Baumaterial war ab 1969 zwar deutlich besser als in der Nachkriegszeit, doch es wurde noch lange nicht energiebewusst gebaut. Im Gegenteil: Man zelebrierte eine regelrechte „Kühlrippenarchitektur" – durchbetonierte Balkone und Vordächer gehörten zur Tagesordnung. Sie waren fast so etwas wie Tradition.

**Für geringe Mehrkosten erhält man beste Qualität und dauerhafte Zukunftsfähigkeit**

Und dann die Betonstürze ohne Dämmung. Man hatte einfach noch keine Vorstellung davon, wie sich das Bewusstsein in puncto Energieeffizienz und Klimaschutz entwickeln würde.

Ab 1973 bewirkten zwar die steigenden Energiepreise wegen der Ölkrise eine echte Kosten-Explosion: Die abschreckende Wirkung blieb jedoch weitgehend aus.

Gut zu wissen: Weil Original-Häuser aus den 1970ern ohnehin schnellstens eine substanzerhaltende Komplettmodernisierung benötigen, bekommt derjenige, der jetzt das Energiespar-Thema richtig anpackt, für geringe Mehrkosten beste Qualität und dauerhafte Zukunftsfähigkeit.

Im Urzustand sind freistehende Wohnhäuser, die zwischen 1969 und 1978 gebaut wurden, etwa 15- bis 30-Liter-Häuser. Energiesparziel: Mindestens das 6-Liter-Haus (Effizienzhaus 70). Noch besser: Klimaneutral sanieren.

**Endenergiebedarf in kWh/(m²a)**

vorher

| A+ | A | B | C | D | E | F | G | H |
|----|---|---|---|---|---|---|---|---|

0    25    50    75    100    125    150    175    200    225    >250

nachher

# Freistehende Ein- und Zweifamilienhäuser
# Baualtersklasse 1979 bis 1983

**1979 bis 1983: Diese Zeitspanne von nur fünf Jahren war – zumindest in Westdeutschland – richtungsweisend. Denn es war die Zeit der „1. Wärmeschutzverordnung" (WSVO I), die am 1. November 1977 in Kraft getreten war und am 1. Januar 1984 von der „WSVO II" abgelöst wurde.**

Zumindest wer neu baute wurde nun mit dem Thema „Energiesparen im Wohnungsbau" konfrontiert. Ein erster großer Schritt. Die „1. Wärmeschutzverordnung", gerade mal 12 Seiten dick, legte unter anderem Einzel-k-Werte für Bauteile fest. Fenster mussten „Isolier- oder Doppelverglasung" haben, der Maximal-k-Wert lag dort bei 3,5 W/(m²K). Der „k-Wert" wurde 2002 in „U- Wert" umbenannt.

Und jetzt, Achtung – Originalzitat aus der WSVO von 1977: „Fugen in der wärmeübertragenden Umfassungsfläche müssen dauerhaft und entsprechend dem Stand der Technik luftundurchlässig abgedichtet sein." Das ist – mehr als 40 Jahre später – auch heute noch nicht auf jeder Baustelle selbstverständlich.

Während sich J.R. Ewing und Cliff Barnes Anfang der 1980er Jahre im Fernsehen in der TV-Serie „Dallas" einen erbitterten Wettlauf um die besten Ölquellen lieferten, begann auf dem Bau der k-Wert-Wettlauf der Steine-Industrie: Porenbeton gegen Hochlochziegel. Porenbeton war als Dämmstein dem Ziegel klar überlegen – der Ziegel hatte aber eine längere Tradition, quasi den Kanzler-Bonus.

## Innovation bei der Haustechnik: Die Niedertemperatur-Heizung mit Außenfühler

Ob Ziegel oder Porenbeton: Die k-Werte waren gegenüber den Altbauten von 1900 mehr als halbiert, man konnte schon fast von Wärmedämm-Mauerwerk sprechen. Selbst die oft nur 10 Zentimeter dünnen Dachdämmungen waren um ein Vielfaches besser als die bis dahin eingebauten Alibi-Dämmungen. Andererseits wurden Vordächer und Balkone weiterhin ohne „thermische Trennung" betoniert. Die andere große Schwachstelle waren Aluminiumfenster aus ungedämmten Profilen. Wer heute noch solche Fenster hat: raus damit!

Eine große Innovation war damals bei der Haustechnik die Niedertemperaturheizung mit Außenfühler. Manche Heizung von damals läuft heute noch. Dennoch sind sie veraltet und gehören erneuert.

Im Urzustand sind freistehende Wohnhäuser, die zwischen 1979 und 1983 gebaut wurden, etwa 15- bis 25-Liter-Häuser. Energiesparziel: Mindestens das 6-Liter-Haus (Effizienzhaus 70). Noch besser: Klimaneutral sanieren.

**Endenergiebedarf in kWh/(m²a)**

vorher ↓

| A+ | A | B | C | D | E | F | G | H |
|---|---|---|---|---|---|---|---|---|
| 0 | 25 | 50 | 75 | 100 | 125 | 150 | 175 | 200 | 225 | >250 |

↑ nachher

# Freistehende Ein- und Zweifamilienhäuser
# Baualtersklasse 1984 bis 1994

**Inzwischen hatte das Zeitalter des Energiesparens begonnen, parallel wurden auch die Baustoffe immer besser. Da aber häufig nicht einmal der Energiespar-Mindeststandard umgesetzt wurde, kann sich eine umfangreiche Modernisierung auch bei Häusern lohnen, die zwischen 1984 und 1994 gebaut wurden.**

Mit der Wiedervereinigung entstand ein Bauboom, der innerhalb der Bauszene für eine bisher nie dagewesene Euphorie sorgte. Zeitgleich gründeten die Kinder der geburtenstarken 1960er Jahre ihre Familien und brauchten Wohnraum. Jeder Gebrauchtwagenhändler wurde Bauträger (was man den Häusern dieser Zeit manchmal auch anmerkt). Es wurde gebaut, gebaut, gebaut. Hohe Nachfrage, hohe Preise. Goldgräberstimmung.

Die Wohneigentumsquote beträgt in den alten Bundesländern seit Jahrzehnten 42 bis 43 Prozent. Bemerkenswert: Als im Jahr 1995 dann auch in den neuen Bundesländern die magischen 43 Prozent aller Haushalte eine eigene Immobilie hatten, brach von heute auf morgen der Bau ein, die Baugenehmigungszahlen gingen drastisch zurück. Aus der Hoch-

stimmung wurde schlagartig eine Krise am Bau, die viele Jahre anhielt.

### Die inzwischen hohe Qualität der Bau- und Dämmstoffe beflügelte den Forschergeist

In der Baubranche hatte man jetzt erkannt, dass Wohnhäuser und Energieeffizienz eng zusammengehören. Die inzwischen hohe Qualität der Bau- und Dämmstoffe beflügelte den Forschergeist der Bautechniker. Allen voran die Fertighaus-Hersteller, deren Leichtbauweise ohnehin fürs Energiesparen prädestiniert ist. Dort setzte man Ziele, die der Massivbau nicht ganz so locker erreichen konnte. Dennoch war auch die Steinindustrie längst angesteckt: Porenbeton wurde immer besser, es gab ein Blähton-Energiespar-Bausystem und Ziegelsteine erhielten ein Rauten-Lochbild, mit dem das letzte Stück Energieeffizienz aus dem Mauerstein herausgekitzelt werden konnte.

Und dann waren da noch die ersten Polystyrol-Schalungssteine die einfach zusammengesteckt und ausbetoniert wurden. Oh, was war man skeptisch! Weil der Schalungsstein aber auch eine 1-A-Dämmung ist, wurden dort die Energiespar-Hausaufgaben der Zukunft gleich mit erledigt: Null-Energiehaus? Null Problem!

Im Urzustand sind freistehende Wohnhäuser, die zwischen 1984 und 1994 gebaut wurden, etwa 12- bis 18-Liter-Häuser. Energiesparziel: Mindestens das 6-Liter-Haus (Effizienzhaus 70). Noch besser: Klimaneutral sanieren.

**Endenergiebedarf in kWh/(m²a)**
vorher ↓

| A+ | A | B | C | D | E | F | G | H |
|----|---|---|---|---|---|---|---|---|
| 0 | 25 | 50 | 75 | 100 | 125 | 150 | 175 | 200 | 225 | >250 |

↑ nachher

# Doppelhaushälften / Reiheneckhäuser
# Baualtersklasse 1919 bis 1948

**In den Chroniken deutscher Dörfer und Städte ist häufig zu lesen, dass aufgrund von Krieg, Weltwirtschaftskrise und großer Flüchtlingsströme in den Jahren ab 1918 eine dramatische Wohnungsnot herrschte, die man etwa mit dem Bau von einfachen Doppelhäusern bis Mitte der 1920er Jahre eindämmen konnte.**

In der Öffentlichkeit setzte sich zunehmend der kluge Genossenschaftsgedanke durch. Man packte in seiner Freizeit gemeinsam an, um den dringend benötigten Wohnraum für andere und für sich selbst zu schaffen.

Da zu den Trupps der bauwilligen Bürger auch Maurer und Zimmerleute zählten, wurde beim Bau eine relativ hohe Qualität erreicht. Eine südhessische Orts-Chronik berichtet sogar von einer besonderen Strategie zur Bau-Qualitätssicherung bei gleichzeitiger Milderung der Arbeitslosigkeit: 100 Arbeitslose, hauptsächlich aus dem Bauhandwerk, bekamen nach der Fertigstellung ihr eigenes Haus im Losverfahren zugeteilt. Da man vorher nicht wusste, welches Haus man nachher sein Eigentum nennen durfte, achtete jeder ständig auf eine sorgfältige Ausführung.

Der Bau einfacher Doppelhäuser hatte in der Epoche von 1919 bis 1948 im Auf und Ab der Zeit also häufig zwei wesentliche Funktionen: Schnell und preiswert Unterkünfte schaffen sowie die Bekämpfung der Arbeitslosigkeit. Die Architektur spielte dabei nur eine geringe bis gar keine Rolle – nachvollziehbar.

### Kleine Doppelhaushälften zu einem großen Wohnhaus zusammenschließen

Dennoch haben die Siedlungshäuser ihre eigene Ausstrahlung und sicher kennt jeder ein hübsch modernisiertes Haus aus dieser Zeit. Unter heutigen Ansprüchen sind jedoch gerade die kleineren Siedlungshäuser wohl eher nur für Ein- oder Zweipersonen-Haushalte geeignet, sofern zwischenzeitlich nicht angebaut wurde. Eine Möglichkeit zur Vergrößerung des Wohnraumes ist heute, zwei kleine Doppelhaushälften zu einem großen Haus zusammenzuschließen. Andererseits gibt es aus dieser Zeit auch Doppelhäuser, die ursprünglich mit jeweils zwei Wohnungen übereinander gebaut wurden, die man jetzt zu einer Wohneinheit zusammenfassen kann. Wie auch immer: Holen Sie zu Planungsbeginn einen guten Architekten und einen versierten Statiker ins Bauteam.

Im Urzustand sind Doppelhaushälften und Reiheneckhäuser der Baujahre 1919 bis 1948 etwa 20- bis 30-Liter-Häuser. Energiesparziel: Mindestens das 6-Liter-Haus (Effizienzhaus 70). Noch besser: Klimaneutral sanieren.

**Endenergiebedarf in kWh/(m²a)**

vorher ↓

| A+ | A | B | C | D | E | F | G | H |
|----|---|---|---|---|---|---|---|---|

0   25   50   75   100   125   150   175   200   225   >250

↑ nachher

# Doppelhaushälften / Reiheneckhäuser
# Baualtersklasse 1949 bis 1957

**Die Bilanz in Deutschland nach 1945: Über 2 Millionen zerstörte Wohnungen, über 10 Millionen Flüchtlinge. Geschätzte rund 20 Millionen Menschen brauchten dringend Wohnraum – das ist ein Viertel der Bevölkerung der heutigen Bundesrepublik.**

Was für eine gewaltige Aufgabe. Und das in einer Zeit, in der es anfangs so gut wie kein Baumaterial gab. Dennoch wurden die Behelfsunterkünfte der unmittelbaren Nachkriegsjahre zügig durch richtige Häuser ersetzt. Im Westen waren es die Wirtschaftswunderjahre.

Weil Reiheneck- und Doppelhäuser mit ihrer Trennwand immer auf der Grundstücksgrenze stehen, kann die Grundstücksgröße wie bei freistehenden Häusern relativ frei gewählt werden. Man gestaltete vielerorts die Bebauungspläne so, dass die großen Gärten mit Gemüsebeeten und kleinen Ställen eine Selbstversorgung ermöglichten. Die gemeinsame Trennwand sparte zudem Baumaterial. Da soll noch mal einer sagen, dass deutsche Bauämter nicht kooperativ seien, wenn's drauf ankommt.

Wenn heute ein Haus gebaut wird, dann kommen die Handwerker immer wieder in die Situation, dass man schnell noch einen Eimer Bitumenspachtelmasse für die Kellerabdichtung oder ein Eckventil für die Küchenspüle benötigt. Man fährt dann zum Fachhandel oder in den Baumarkt – und das Problem ist gelöst.

### In den Jahren 1949 bis 1957 war man noch weit von heutigen Bau-Standards entfernt

Wie hat man es unmittelbar nach dem Krieg nur geschafft, unter den damaligen Bedingungen Häuser zu bauen? Das Baumaterial bestand unter anderem aus Schutt und Trümmern, von Bitumenspachtelmasse oder Eckventilen konnte man bestenfalls nur träumen. Ab 1949 verbesserte sich zwar – zumindest in Westdeutschland – die Baustoff-Situation, doch man war noch weit von dem entfernt, was heute der Standard ist.

Bevor man nun ein Haus aus dieser Zeit energetisch und altersgerecht modernisiert und eine größere Summe investiert, sollte man die Substanz sorgfältig untersuchen. Binden Sie zu diesem Zeitpunkt bereits einen erfahrenen Architekten oder Energieberater in Ihre Planung ein. Am besten beide.

Im Urzustand sind Doppelhaushälften und Reiheneckhäuser der Baujahre 1949 bis 1957 etwa 20- bis 30-Liter-Häuser. Energiesparziel: Mindestens das 6-Liter-Haus (Effizienzhaus 70). Noch besser: Klimaneutral sanieren.

**Endenergiebedarf in kWh/(m²a)**

vorher ↓

| A+ | A | B | C | D | E | F | G | H |
|----|---|---|---|---|---|---|---|---|
| 0 | 25 | 50 | 75 | 100 | 125 | 150 | 175 | 200 | 225 | >250 |

↑ nachher

# Doppelhaushälften / Reiheneckhäuser
## Baualtersklasse 1958 bis 1968

**Die Wahrscheinlichkeit, dass Sie zwischen 1958 und 1968 geboren sind, ist relativ hoch. Denn insgesamt kamen in diesem Zeitraum in Deutschland über 14 Millionen Kinder auf die Welt, allein fast 1,4 Millionen im geburtenstärksten Jahrgang 1964.**

Deshalb brauchen wir ab dem Jahr 2030 noch ein paar Millionen Altenwohnheim-Plätze zusätzlich. Doch das ist ein anderes Thema. In den 1960ern brauchten wir erstmal Kinderzimmer. Am besten für jedes Kind ein eigenes.

Auch wegen der geburtenstarken Jahrgänge wurden damals quer durchs Land nahezu einheitlich und schnell Reihen- und Doppelhäuser gebaut. Sowohl das Baumaterial als auch die Grundrisse waren immer ähnlich: Hinter der Haustür ist links oder rechts das Gäste-WC, gegenüber die Küche, durch den Flur geht's ins Wohnzimmer. Manchmal gibt es geradeaus noch ein kleines Zimmer, ins Wohnzimmer geht es dann nach links oder rechts. Die Treppe ist auf der WC-Seite. Oben dann drei Zimmer und ein Bad. Ein perfekter Grundriss für die junge Familie.

Viele Doppelhaushälften und Reihenhäuser basieren auf einem Standardgrundriss, der selbst für frei geplante Doppelhäuser maßgebend war und ist: Diese Art der Raumaufteilung bei geringstem Platzbedarf ist einfach genial.

### Beste Energiespar-Eigenschaften: kompakter Grundriss, eine Giebelwand „fehlt"

Zwar wurde das Baumaterial noch nicht nach Energiesparkriterien produziert und eingesetzt, doch der Grundriss lieferte bereits zwei wichtige Energiespar-Eigenschaften: Eine kompakte Gebäudeform und eine gemeinsame Trennwand mit dem Nachbarn. Gerade bei diesen Häusern ist eine energetische Modernisierung eine leichte Übung.

Jeder, der ein Haus aus dieser Zeit bewohnt, das noch im Originalzustand ist, sollte zügig seine Nachbarn zum Energiespar-Stammtisch einladen und dann loslegen. Achtung: Balkone und Vordächer hat man damals im Eifer des Gefechts ohne „thermische Trennung" an die Erdgeschossdecke betoniert. Das sind Wärmebrücken, die man jetzt beseitigen muss (absägen oder einpacken). Und falls noch eine Nachtspeicherheizung in Betrieb ist, diese gegen eine moderne Heizung austauschen.

Im Urzustand sind Doppelhaushälften und Reiheneckhäuser der Baujahre 1958 bis 1968 etwa 15- bis 25-Liter-Häuser. Energiesparziel: Mindestens das 6-Liter-Haus (Effizienzhaus 70). Noch besser: Klimaneutral sanieren.

**Endenergiebedarf in kWh/(m²a)**

vorher

| A+ | A | B | C | D | E | F | G | H |
|---|---|---|---|---|---|---|---|---|
| 0 | 25 | 50 | 75 | 100 | 125 | 150 | 175 | 200 | 225 | >250 |

nachher

# Doppelhaushälften / Reiheneckhäuser
# Baualtersklasse 1969 bis 1978

**Von 1969 bis 1978 entwickelte sich mit dem Bau von Doppel- und Reihenhäusern so etwas wie eine bürgerliche Wohnarchitektur. Vergleichbar mit dem VW-Golf: Eher schlicht, dafür sehr praktikabel. Motto: „Raus aus der Mietwohnung, rein ins eigene Haus – mit Garten."**

Der Garten wurde in den 1970ern aber kaum noch zum Obst- und Gemüseanbau genutzt, er wurde jetzt mehr und mehr zum privaten Spiel- und Naherholungsgebiet für die ganze Familie.

Es ging in großen Schritten vorwärts. Computer eroberten die Arbeitswelt. In Großbäckereien wurden jetzt Mehl, Salz und Zucker rechnergesteuert portioniert, der Frankfurter Flughafen bekam ein neues Frachtzentrum mit einer Raumschiff-Enterprise-Kommandozentrale: Ab sofort luden sich dort Pakete, die von Sydney nach New York wollten, „von selbst" um, ohne dass jemand von Hand zupacken musste. Im Bausektor gab es die ersten Wärmepumpen. Zwar noch nicht so richtig ausgereift, aber immerhin. Die Zukunft hatte in allen Bereichen des täglichen Lebens begonnen.

Betrachtet man aus heutiger Sicht die Zeit von 1969 bis 1978, sind einige Vorboten des Energiesparzeitalters schon erkennbar: Die Energiepreiskurve begann zu steigen, dann die autofreien Sonntage wegen der Ölkrise und die Dämmeigenschaften der Baustoffe wurden immer besser.

### Bitterkalter Winter 1978/1979: Weiteres Indiz dafür, unsere Häuser warm anzuziehen

1977 kam die erste Wärmeschutzverordnung, die heute in der Energieberaterszene so etwas wie die amerikanische Flagge auf dem Mond ist: ein Symbol für eine neue Zeit.

Der bitterkalte Winter, inklusive norddeutscher Schneekatastrophe, war zum Jahreswechsel 1978/1979 ein weiteres Indiz, dass wir unsere Häuser warm anziehen sollten. Doch es fruchtete noch nicht. Es begann zunächst die Epoche der energetisch schlechten Glasbausteine. Und dann gab es in den 1970ern eine echte Überdosis Beton. Sehr stabil aber optisch nicht immer gelungen und wärmetechnisch der Super-GAU. Wer die Modernisierung eines Siebziger-Jahre-Hauses plant, sollte „hart" auf Kurs bleiben und kompromisslos das komplette Haus energetisch optimieren.

Im Urzustand sind Doppelhaushälften und Reiheneckhäuser der Baujahre 1969 bis 1978 etwa 15- bis 25-Liter-Häuser. Energiesparziel: Mindestens das 6-Liter-Haus (Effizienzhaus 70). Noch besser: Klimaneutral sanieren.

**Endenergiebedarf in kWh/(m²a)**

| A+ | A | B | C | D | E | F | G | H |
|----|---|---|---|---|---|---|---|---|
| 0 | 25 | 50 | 75 | 100 | 125 | 150 | 175 | 200 | 225 | >250 |

vorher ↓

↑ nachher

# Doppelhaushälften / Reiheneckhäuser
# Baualtersklasse 1979 bis 1983

**Die erste Bau-Epoche, in der Häuser auf Grundlage einer Wärmeschutzverordnung gebaut wurden, ist die Zeit von 1979 bis 1983 – doch das war damals eher Nebensache. Viel präsenter war der Ost-West-Konflikt mit dem Rüstungswettlauf und der daraus resultierenden, kraftvollen Friedensbewegung.**

Das allgemeine Umweltbewusstsein stand dennoch schon auf den oberen Rängen. Die 1979 frisch gegründete Partei der Grünen schaffte es, bereits 1983 erstmals in den Bundestag einzuziehen. Ein deutliches Signal.

Von den ersten Friedensdemos bis zum Beginn der Fridays-for-Future-Bewegung im Jahr 2018 vergingen trotz der Mahnungen des „Club of Rome" (1972: „Grenzen des Wachstums") noch rund 40 Jahre.

In dieser bewegten Zeit war das Thema „Schöner und besser Wohnen" noch lange nicht in den Top-Ten. Die heutigen TV-Wohn-Experten gingen damals noch zur Schule oder waren noch gar nicht geboren. Und der eine echte Promi-Fernsehkoch, den es gab, hieß Max Inzinger: Hausmannskost statt Lifestyle-Küche. Und das galt genauso fürs Wohnen.

Wer ein Reihenhaus oder eine Doppelhaushälfte aus der Zeit vom Ende der 1970er bis zum Anfang der 1980er Jahre hat, kann sich glücklich schätzen. Noch wurden diese Häuser in einer akzeptablen Größe (sprich Breite) gebaut.

## Die Quadratmeterpreise für Bauland explodierten, die Häuser wurden immer schmaler

In den Ballungsgebieten Westdeutschlands setzte jedoch schon ein Trend ein, der zunächst bis in die 1990er Jahre anhielt: Die Quadratmeterpreise für Bauland explodierten, die Grundstücke wurden deshalb immer kleiner, die Häuser immer schmaler. Mit jedem Quadratmeter wurde gegeizt. Einen reizvollen architektonischen Nebeneffekt hatte das aber: Um die Fläche des Treppenhauses zu reduzieren, wurde die attraktive Split-Level-Bauweise (bauen mit Halbgeschossen) neu entdeckt.

Die Energiespar-Eigenschaften des Baumaterials waren inzwischen schon recht gut. Vordächer und Balkone wurden zwar immer noch ohne „thermische Trennung" montiert und es gab Aluminiumfenster mit ungedämmten Profilen. In den Heizkellern standen aber schon Niedertemperaturkessel mit Außenfühler.

Im Urzustand sind Doppelhaushälften und Reiheneckhäuser der Baujahre 1979 bis 1983 etwa 12- bis 20-Liter-Häuser. Energiesparziel: Mindestens das 6-Liter-Haus (Effizienzhaus 70). Noch besser: Klimaneutral sanieren.

**Endenergiebedarf in kWh/(m²a)**

vorher ↓

| A+ | A | B | C | D | E | F | G | H |
|----|---|---|---|---|---|---|---|---|
| 0 | 25 | 50 | 75 | 100 | 125 | 150 | 175 | 200 | 225 | >250 |

↑ nachher

# Doppelhaushälften / Reiheneckhäuser
# Baualtersklasse 1984 bis 1994

**Die Baumaterialien wurden ab 1984 in großen Schritten immer besser, die Grundflächen vieler Reiheneckhäuser und Doppelhaushälften wurden aufgrund des steigenden Kostendrucks in kleinen Schritten immer kleiner. Deshalb ist eine Modernisierung auch ein guter Zeitpunkt, solche Grundrisse zu korrigieren.**

Ob sich so eine umfangreiche Modernisierung dieser relativ jungen Häuser jedoch lohnt, muss von Fall zu Fall individuell entschieden werden.

Zwischen optimieren und reduzieren ist ein großer Unterschied. Viele Bewohner von Reihenhäusern und Doppelhaushälften der Baujahre 1984 bis 1994 können davon ein Lied singen. Die Häuser wurden jetzt immer schmaler, weil die Grundstücke – vor allem in Stadtnähe – immer teurer wurden. Die Nachfrage stieg trotzdem: weg vom Land, hin zur Stadt.

„Preiswert bauen" hieß der Trend, und das damalige Bundesbauministerium lieferte ein aberwitziges, vollkommen kreativloses Spar-Konzept: Die Treppen steiler, kein Keller und die Trennwände zwischen den Häusern wie nach dem Krieg wieder einschalig bauen

(Schallschutz und Bauqualität ade, „Nachhaltigkeit" war noch ein Fremdwort). Als Vorbild dienten Billig-Häuser aus Holland. Dort gab's zeitgleich eine andere Entwicklung: Man schielte nach Deutschland, weil man dort solide Häuser baute und bewunderte vor allem den Schallschutz.

### Mini-Küche, Imbissecke und Wohnzimmerchen werden zur „Living-Lounge"

Es bestand ein großer Reiz darin, auf ein Doppelhausgrundstück drei Reihenhäuser zu quetschen. Die Nachfrage war so groß, dass auch das kleinste Häuschen noch vorm ersten Spatenstich verkauft war. Schön: Ein eigenes Haus. Ärgerlich: Dauerhaft schlechte Wohnqualität. Die Diele zu eng, die Küche zu schmal, die Treppen zu steil und die Kinderzimmer zu winzig: Man ärgerte sich jeden Tag darüber!

Jetzt wird im Zuge der Sanierung alles gut. Motto: „Wände entfernen". Das eine Mini-Kinderzimmer wird zum begehbaren Kleiderschrank, das andere Mini-Kinderzimmer wird mit dem Winzlingsbad verschmolzen: der neue Wellness-Bereich. Mini-Küche und Imbissecke werden zusammen mit dem Wohnzimmerchen zur modernen „Living-Lounge": Endlich Platz!

Im Urzustand sind Doppelhaushälften und Reiheneckhäuser der Baujahre 1984 bis 1994 etwa 10- bis 18-Liter-Häuser. Energiesparziel: Mindestens das 5-Liter-Haus (Effizienzhaus 55). Noch besser: Klimaneutral sanieren.

**Endenergiebedarf in kWh/(m²a)**

vorher ↓

| A+ | A | B | C | D | E | F | G | H |
|----|---|---|---|---|---|---|---|---|

0    25    50    75    100    125    150    175    200    225    >250

↑nachher

# Reihenmittelhäuser
# Baualtersklasse 1919 bis 1948

**So manches Reihenhaus, das zwischen den Weltkriegen gebaut wurde, führt vom ersten Tag an ein tristes Aschenputteldasein. Selbst wenn es in den Goldenen Zwanzigern errichtet wurde, dann stand und steht es im Schatten der Prunkbauten aus dieser Zeit.**

Lag die Bauzeit in der Weltwirtschaftskrise oder unmittelbar nach 1945, wurde das Gebäude ohnehin als Notlösung in einer Zeit voller Entbehrungen und Sorgen errichtet. Andererseits haben die Reihenmittelhäuser aus dieser Zeit eine 1-A-Top-Geometrie (kompakt, Giebelwände werden vom Nachbarhaus geschützt – niedrigste Heizkosten): Man kann energetisch richtig was daraus machen.

Optimal ist, gleich die gesamte Reihenhauszeile zu modernisieren. Doch dabei dürfte das Hauptproblem sein, manch skeptischen Nachbarn zu überzeugen. Denn ein Reihen(mittel)haus technisch und optisch aus seinem Dornröschenschlaf zu wecken, ist weniger komplex: Fassade dämmen und diese dabei umgestalten, neue Fenster einbauen, Heiztechnik auf regenerative Energien umrüsten, fertig.

Vollziegelmauerwerk oder Hohlblocksteine: Die Wände der Jahrgänge 1919 bis 1948 sind solide und stabil – was man von der damaligen Zeit nicht gerade behaupten kann. Die gesellschaftliche, wirtschaftliche und politische Achterbahnfahrt dieser Ära spiegelt sich deutlich in der Architektur wider. In Notzeiten dominiert die Funktion, weniger die Ästhetik.

## Das neue Raumkonzept ausführlich planen und mehrere Varianten durchspielen

Da es bei einer Modernisierung zunächst nur wichtig ist, dass die Basis (also die Bausubstanz) stimmt, hat jeder Eigentümer bei Häusern aus dieser Zeit freie Bahn. Die Architektur kann schließlich verändert werden. Nicht nur außen. Es ist sinnvoll, wenn Fassade, Dach und Fenster in die Neuzeit versetzt werden, die Innenräume ebenfalls zu modernisieren.

Damit man heutige Wohnansprüche erreicht, sollte man gerade bei kleinen Reihenhäusern das neue Raumkonzept ausführlich planen und mehrere Varianten ohne Zeitdruck durchspielen. Sicherlich wird man die eine oder andere Wand entfernen, da heute die Räume größer und offener sind. Nur welche Wände es schließlich sind, muss gut überlegt sein.

Im Urzustand sind Reihenmittelhäuser der „Baualtersklasse 1919 bis 1948" etwa 15- bis 20-Liter-Häuser. Energiesparziel: Mindestens das 4-Liter-Haus (Effizienzhaus 55). Noch besser: Klimaneutral sanieren.

**Endenergiebedarf in kWh/(m²a)**

vorher ⬇

| A+ | A | B | C | D | E | F | G | H |
|----|---|---|---|---|---|---|---|---|
| 0 | 25 | 50 | 75 | 100 | 125 | 150 | 175 | 200 | 225 | >250 |

⬆nachher

# Reihenmittelhäuser
# Baualtersklasse 1949 bis 1957

**Das Jahr 1949 ist für Deutschland das Jahr des Neubeginns. Trotz Teilung und der damit verbundenen Sorgen um die Stabilität des Friedens, war nun der Prozess des Wiederaufbaus nach dem Krieg beschlossene Sache. Es wurde überall improvisiert. Aber es ging in schnellen Schritten nach vorne.**

Eine besondere Symbolik des konstruktiven Miteinanders hatte die Luftbrücke: Von Juni 1948 bis Mai 1949 war West-Berlin seitens der Sowjetunion abgeriegelt, die Versorgung der West-Berliner erfolgte auf dem Luftweg. Es galt, das Grundbedürfnis Nr. 1 zu sichern: Genügend Nahrung ranzuschaffen. Bis zu 13.000 Tonnen täglich.

Parallel waren mit der Währungsreform und der stabilen Deutschen Mark in Westdeutschland die Basis für das Wirtschaftswunder gelegt. Doch auch in der DDR wurde in die Hände gespuckt. Obwohl anfangs kaum Baumaterial zur Verfügung stand, nahm die Bautätigkeit immer mehr Fahrt auf. Reihenhaussiedlungen waren sehr beliebt: Ein eigenes Heim auf eigenem Boden. Gerade dieser Haustyp steht für eine gesunde Bodenständigkeit.

1949 gab es Millionen Flüchtlinge, Millionen zerstörte Wohnungen, kaum Baustoffe, viel Trümmerschutt und so gut wie keine Infrastruktur. Aber die große Notwendigkeit, sofort zurück zur Normalität zu kommen, setzte außergewöhnliche Kräfte frei.

### Ist die Bausubstanz in Ordnung? Damals nach dem Krieg wurde sehr viel improvisiert

1957 lief der Laden, könnte man rückblickend sagen – verbunden mit großem Respekt gegenüber der damaligen Generation, die sich in der heutigen Welt des Überflusses oft weniger zurechtfindet, als in den harten Nachkriegsjahren. Man musste aus nichts viel machen.

Wer ein Reihenmittelhaus der Nachkriegsjahre modernisiert, muss die Substanz sorgfältig untersuchen, da damals sehr viel improvisiert wurde. Sind Dachstuhl, Mauerwerk und Keller noch in Ordnung? Schließlich will man viel Geld investieren. Bei einem Reihenhaus kommt ein Abbruch kaum in Betracht, dennoch kann man über den teilweisen Austausch einzelner Bauteile nachdenken. Dachsparren, Fenster: kein Problem. Vorsicht beim Mauerwerk: Auch nichttragende Wände können eine statische, aussteifende Funktion haben.

Im Urzustand sind Reihenmittelhäuser der „Baualtersklasse 1949 bis 1957" etwa 15- bis 20-Liter-Häuser. Energiesparziel: Mindestens das 4-Liter-Haus (Effizienzhaus 55). Noch besser: Klimaneutral sanieren.

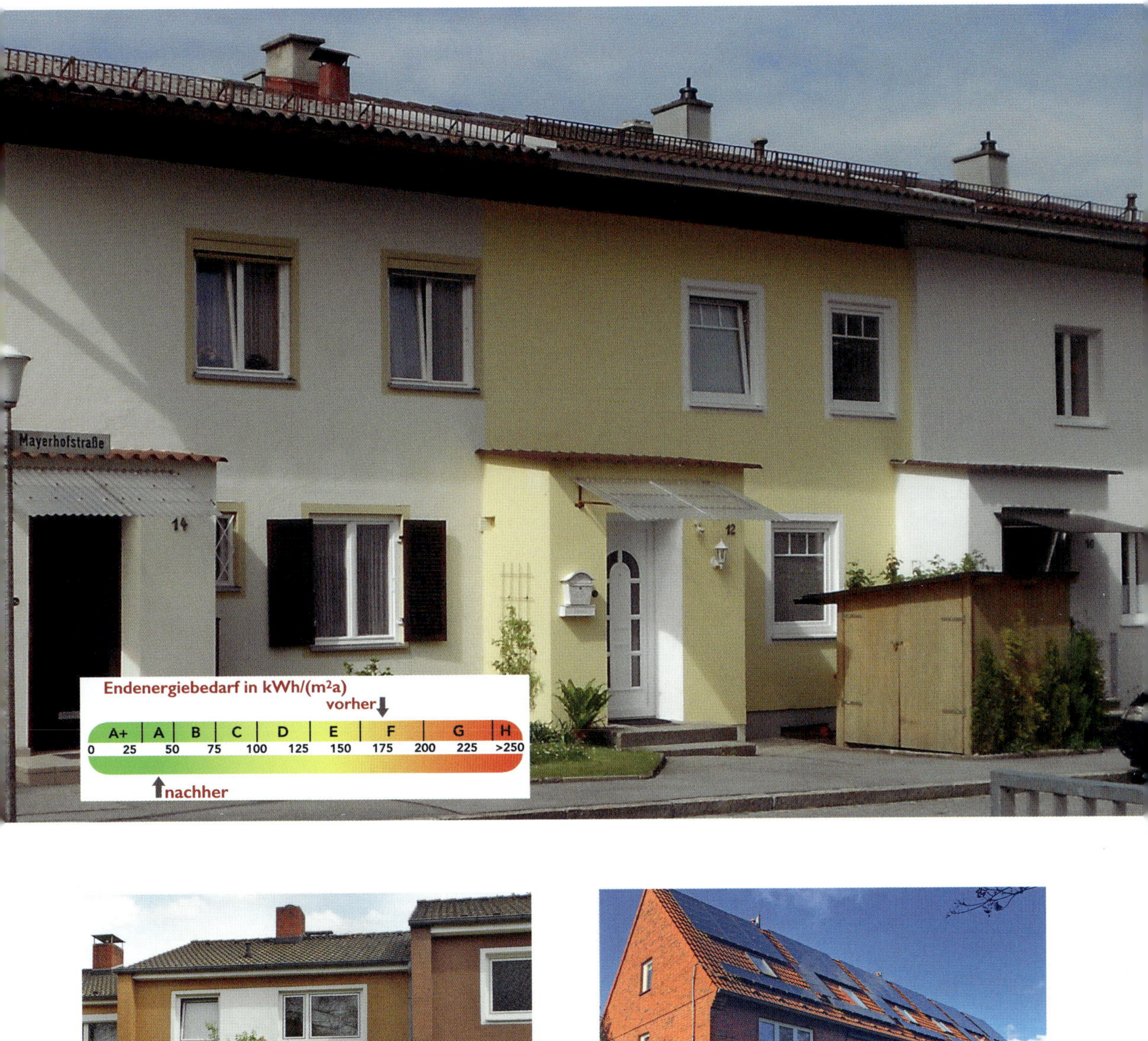

**Endenergiebedarf in kWh/(m²a)**

vorher

| A+ | A | B | C | D | E | F | G | H |
|----|---|---|---|---|---|---|---|---|
| 0 | 25 | 50 | 75 | 100 | 125 | 150 | 175 | 200 | 225 | >250 |

nachher

# Reihenmittelhäuser
# Baualtersklasse 1958 bis 1968

**Manchmal gibt es Entwicklungen, die sind so subtil, dass man ihnen keinerlei Bedeutung beimisst, sofern man sie überhaupt wahrnimmt – wie etwa das Phänomen der „abmontierten Gartenzäune" in den Reihenhaussiedlungen der 1960er Jahre.**

Dort wohnten überwiegend die Kinder der geburtenstarken Jahrgänge mit ihren Eltern. Irgendwann muss jemand damit angefangen haben, die Zäune der schmalen Gärten zu entfernen, um einen großen Kinderspielgarten zu schaffen. Die Idee dahinter: Eine Familie spendierte das Klettergerüst, die andere steuerte die Schaukel oder einen großen Sandkasten bei. Grenzenlose Freiheit.

Die Beatles haben die Sache schon 1965 in ihrem Film „Help!" auf die Spitze getrieben und in einer Vierer-Reihenhauszeile innen die Haustrennwände entfernt. Beeindruckend!

War das der Vorbote fürs „offene Wohnen", das man in leicht abgespeckter Form auch innerhalb eines Reihenhauses umsetzen kann, wenn die eine oder andere Wand entfernt wird? Der Grundriss von Reihenmittelhäusern

hat sicherlich einen Nachteil: Nur auf der schmalen Eingangs- und auf der schmalen Gartenseite kann es Fenster geben – Reiheneckhäuser haben immerhin noch die Giebelwand für die Belichtung. Hinzu kommt, dass eine Verschattung des Wohnzimmers durch den üblichen Balkon nicht vermieden werden kann.

### Den Balkon entfernen und die Fenster durch bodentiefe Elemente ersetzen

Bei Reihenhäusern, in denen zwei getrennte Wohnungen übereinander liegen, ist ein Balkon im Obergeschoss ohne Frage sinnvoll. Aber beim Einfamilien-Reihenhaus? Wenn man draußen sitzt, sitzt man auf der Terrasse. Weiterhin ist der Balkon fast immer eine Wärmebrücke, da er damals ohne „thermische Trennung" zusammen mit der Erdgeschossdecke betoniert wurde. Was also tun? **Lösung 1:** Den Balkon entfernen und die Fenster durch bodentiefe Elemente ersetzen („französischer Balkon"). **Lösung 2:** Das Wohnzimmer mit einer Leichtbaukonstruktion bis an die Balkon-Vorderkante vergrößern.

Ein Wort noch zur Heizung: Falls Sie noch eine alte Strom-Nachtspeicherheizung haben, dann raus damit.

Im Urzustand sind Reihenmittelhäuser der „Baualtersklasse 1958 bis 1968" etwa 12- bis 18-Liter-Häuser. Energiesparziel: Mindestens das 4-Liter-Haus (Effizienzhaus 55). Noch besser: Klimaneutral sanieren.

Endenergiebedarf in kWh/(m²a)
vorher ↓

| A+ | A | B | C | D | E | F | G | H |
|---|---|---|---|---|---|---|---|---|
| 0 | 25 | 50 | 75 | 100 | 125 | 150 | 175 | 200 | 225 | >250 |

↑ nachher

# Reihenmittelhäuser
# Baualtersklasse 1969 bis 1978

**Das Reihenhaus mit Flachdach ist eine der größten architektonischen Höchstleistungen, da dort der Gestaltungsleitsatz „Form folgt Funktion" meisterhaft umgesetzt wird. Die Funktion: Für eine relativ geringe Investition soll auf kleinstem Baugrund eine in sich abgeschlossene Wohneinheit geschaffen werden.**

Kommen wir zum Dach, dessen Aufgabe (Funktion) es ist, Regen, Wind und Wetter abzuhalten. Dafür eignet sich nichts besser als ein geneigtes Dach. Je steiler, je besser. Steht beim Flachdach etwa die Form, das gute Aussehen im Vordergrund, dem die Funktion folgt? Keineswegs, denn auch die Architektur ist eine Funktion. „Gut aussehen" hat schließlich auch eine Wirkung.

Da Flachdächer ohnehin eine geringe Dachneigung haben, und somit die Funktion „Regenwasser zuverlässig ableiten" bei richtiger Planung und Ausführung erfüllt wird, steht das Reihenhaus mit Flachdach für die konsequenteste Wohnarchitektur innerhalb dicht besiedelter Regionen.

Viele Reihenhausbewohner haben, vor allem wenn sie Eigentümer sind, irgendwann den Drang nach Individualität. Reiheneckhäuser haben den Vorteil, dass man mit seitlichen Anbauten und mit der Gartenanlage schöne Akzente setzen kann. Beim Reihenmittelhaus sind einem jedoch die Hände gebunden. Individualität ist oft nur mit außergewöhnlichen Haustüren oder Vordächern möglich.

### Aus dem Vollziegel war längst der wärmedämmende Hochlochziegel geworden

Stellvertretend für viele hilfreiche Entwicklungen im Bausektor kann der Werdegang des Ziegelsteins ab Mitte der 1970er Jahre betrachtet werden. Aus dem Ziegel-Vollstein war längst der Hochlochziegel geworden, mit dessen Luftkammern die Wärmedämmwirkung mehr als verdoppelt wurde. Später mischte man der Rohmasse vor dem Brennvorgang Polystyrolkügelchen oder Holzspäne bei, die beim Brennen des Steins verschmorten. Nun wirkten nicht mehr nur die Luftkammern innerhalb des Steins wärmedämmend, sondern das Ziegelmaterial selbst leitete die Raumwärme langsamer ab. Zu guter Letzt wurde durch ein rautenartiges Lochbild der Wärmedurchgang noch weiter reduziert. Beste Vorraussetzungen fürs energiesparende Bauen.

Im Urzustand sind Reihenmittelhäuser der „Baualtersklasse 1969 bis 1978" etwa 12- bis 18-Liter-Häuser. Energiesparziel: Mindestens das 4-Liter-Haus (Effizienzhaus 55). Noch besser: Klimaneutral sanieren.

**Endenergiebedarf in kWh/(m²a)**
vorher ↓

| A+ | A | B | C | D | E | F | G | H |
|----|---|---|---|---|---|---|---|---|
| 0 | 25 | 50 | 75 | 100 | 125 | 150 | 175 | 200 | 225 | >250 |

↑ nachher

# Reihenmittelhäuser
# Baualtersklasse 1979 bis 1983

**Die Bau-Epoche von 1979 bis 1983 ist die kürzeste von allen. Der Grund: Für Wohnhäuser, die in dieser Zeit gebaut wurden, musste – zumindest in Westdeutschland – erstmals auf Basis der neuen Wärmeschutzverordnung („WSVO I") ein Wärmeschutznachweis zusammen mit dem Bauantrag vorgelegt werden.**

Ab Januar 1984 galt bereits die WSVO II mit ihren deutlich höheren Anforderungen. Gemäß dem bekannten chinesischen Sprichwort, das auf die große Kraft der kleinen Schritte verweist, war man mit der neuen WSVO I einen ersten, gar nicht mal so kleinen Energiespar-Schritt gegangen.

Der Rohöl-Preisanstieg Anfang der 1980er Jahre auf fast 40 Dollar pro Barrel war ein sicheres Zeichen dafür, wohin die Reise in puncto Heizkosten gehen wird. Dass man aufgrund dieser Entwicklung letztlich aber dann doch nur winzigste Energiespar-Schritte beim Hausbau gegangen ist, war wohl kaum im Sinne des klugen chinesischen Sprichwortes.

Die energetische Modernisierung eines Reihenmittelhauses mit Baujahr 1979 bis 1983 dürfte sich nur dann lohnen, wenn ohnehin

werterhaltende Sanierungs-Maßnahmen anstehen. Optimalerweise sollten zu diesem Zeitpunkt alle Eigentümer einer Häuserreihe mitmachen (Energiesparkonferenz einberufen).

**Das Ergebnis könnte ein 3-Liter-Haus sein: niedrige Heizkosten, höhere Behaglichkeit**

Den Anlass für die energetische Modernisierung dieser schon recht guten Wohngebäude könnten übrigens die Eckhäuser liefern: Denn diese haben eine großflächige Giebelwand, die – verglichen mit einem Mittelhaus – zu deutlich höheren Energieverlusten führt. Zum Vergleich: Die reine Fassadenfläche beim Reihenmittelhaus liegt bei rund 50 Quadratmetern, ein Reiheneckhaus bringt es auf weit mehr als 100 Quadratmeter.

Die Original-Fenster der 1980er sollten (falls noch nicht geschehen) jetzt gegen neue Wärmeschutz-Fenster ersetzt werden. Weiterhin die Dachdämmung verbessern oder die Dämmung der obersten Geschossdecke vergrößern oder erstmalig einbauen. Auch die Fassade dämmen und eine neue Heizung einbauen. Das Ergebnis könnte ein 3-Liter-Haus sein, das nicht nur für extrem niedrige Heizkosten steht, sondern auch für eine höhere Behaglichkeit.

Im Urzustand sind Reihenmittelhäuser der „Baualtersklasse 1979 bis 1983" etwa 10- bis 15-Liter-Häuser. Energiesparziel: Das 3-Liter-Haus (Effizienzhaus 40) oder gleich klimaneutral sanieren.

**Endenergiebedarf in kWh/(m²a)**
vorher ↓

| A+ | A | B | C | D | E | F | G | H |
|----|---|---|---|---|---|---|---|---|
| 0 | 25 | 50 | 75 | 100 | 125 | 150 | 175 | 200 | 225 | >250 |

↑ nachher

# Reihenmittelhäuser
# Baualtersklasse 1984 bis 1994

**Reihenmittelhäuser, die ab 1984 gebaut wurden, gehören in energetischer Sicht ohne Frage zum Besten, was der Gebäudebestand zu bieten hat. Denn die beiden Giebelwände, die zum Nachbarn grenzen, haben quasi keine Wärmeverluste und sind somit besser als jede Dämmung.**

Was für ein Jahrzehnt: Wir erlebten eindrucksvolle, amüsante und ergreifende Sternstunden deutscher Geschichte. 1985 setzte Boris Becker in Wimbledon neue Maßstäbe im Tennis, an Silvester 1986 kicherte ganz Deutschland über die ARD und Bundeskanzler Helmut Kohl, weil versehentlich die Neujahrsansprache vom Vorjahr gesendet wurde (und es zunächst niemand merkte). Und im großen Jahr 1989 zeigten die Bürger der DDR was man erreichen kann, wenn man sich einfach nur einig ist.

Mindestens ein weiteres, nahezu unbemerktes Ereignis dieser Zeit gehört aus der Distanz von drei Jahrzehnten ohne Frage auch ins Scheinwerferlicht. Während die zweite Wärmeschutzverordnung ab dem Jahr 1984 weiter verbesserte Anforderungen an den Wohnungsbau stellte, war der Physiker Wolfgang Feist schon drei Schritte weiter. Er tüftelte in Darmstadt an seinem Passivhaus, das nur mit der Kraft der Sonne und mit der Abwärme von Lampen, Geräten und der Bewohner beheizt werden sollte. Der Reihenhaus-Prototyp von 1991 funktioniert bis heute (Bild rechts unten).

### Das Passivhaus lieferte das perfekte Vorbild für alle Dächer, Fenster und Fassaden

Obwohl das Passivhaus nie zum Baustandard wurde, so lieferte und liefert es bis heute das perfekte Vorbild für alle Dächer, Fenster und Fassaden: bestens gedämmt, dreifach verglast.

Ein zweigeschossiges Reihenmittelhaus der 1980er und 1990er Jahre hat bei einer Hausbreite von etwa sechs Metern und geschätzten hundert Quadratmetern Wohnfläche 80 bis 90 Quadratmeter Dachfläche. Die oberste Geschossdecke liegt bei 70 Quadratmetern. Tipp: Dämmen Sie auch bei ungenutztem Dachraum in jedem Fall die Dachschräge (mindestens 24 Zentimeter) – dann sparen Sie sich die komplizierte Abdichtung der Dachbodenluke.

Die Mauersteine ab Baujahr 1984 waren bereits so gut, dass sich eine nachträgliche Fassadendämmung kaum lohnt. Andererseits: Energie wird sicher nie wieder billiger.

Im Urzustand sind Reihenmittelhäuser der „Baualtersklasse 1984 bis 1994" etwa 8- bis 15-Liter-Häuser. Energiesparziel: Das 3-Liter-Haus (Effizienzhaus 40) oder gleich klimaneutral sanieren.

**Endenergiebedarf in kWh/(m²a)**
vorher ↓

| A+ | A | B | C | D | E | F | G | H |
|---|---|---|---|---|---|---|---|---|
| 0 | 25 | 50 | 75 | 100 | 125 | 150 | 175 | 200 | 225 | >250 |

↑nachher

WOHNRAUM
26.02ᵐ

7.13⁵

3.76

24

2×1.5×¼⁹⁵

4.63⁵

2.30⁵

DIELE
8.00ᵐ

2.66⁵

KÜCHE
8.70ᵐ

3.76

8.63⁵

14 STG. 17⁶⁴/25

W.C.
1.69ᵐ

1.36ᵐ
WINDFANG

1.36ᵐ
GARDEROBE

1.01

1.63⁵

1.30⁵

1.38⁵

2.30⁵

24

14.99

ERDGESCHOSS

50

2.00

2.75

4.45

⌀100

⌀100

⌀150

SCHNITT

PLANUNG

# Planung und Vorbereitung der Gebäude-Modernisierung

**Die große Kunst ist es jetzt, die vielen Themen rund um die Planung und Vorbereitung Ihrer Gebäudesanierung auf das Wesentliche zu vereinfachen und zugleich alle Details inklusive ihrer Wechselwirkungen zu beachten.**

Es ist wie bei einem anspruchsvollen Menü: Vorspeise, Hauptgang, Dessert, Getränkeauswahl. Alles muss passen – auch das Timing.

Die Vorspeise ist bei uns die Planung mit der Finanzierung, der Hauptgang ist die Sanierung mit allen technisch notwendigen Anforderungen an Energieeffizienz sowie altersgerechtes Wohnen. Dabei wird auch berücksichtigt, wie man das Gebäude in den nächsten Jahrzehnten nutzen möchte. Will man es beispielsweise verkaufen, vermieten oder selbst bewohnen?

Das Dessert enthält alle die Dinge, die den Bewohnern das Leben versüßen: Von den baubiologischen Möglichkeiten über die Einrichtung (Wellness-Bad, Kochinsel, Heimkino) bis hin zu Lieblingsfarben und Werkstoffen.

Und dann ist da noch die Getränkeauswahl, die unsere Metapher für den Bereich „Smart Home" ist: Von einem Glas Wasser bis zum teuersten Champagner ist alles möglich.

## Bei der Planung auf die Klimaneutralität von Gebäudehülle und Haustechnik setzen

**Planung.** Ob Sie ein freistehendes Ein- oder Zweifamilienhaus mit Baujahr 1920, ein Reihenmittelhaus aus den 1960ern oder ein anderes Haus von Grund auf modernisieren möchten: Da alle Gebäude bis 2050 weitgehend klimaneutral sein müssen, ist es empfehlenswert, schon jetzt die Klimaneutralität umzusetzen. Hierbei betrachten wir die beiden „Bausteine" Gebäudehülle (Dach, Fassade, Fenster) und Haustechnik besonders.

**Gebäudehülle:** Wer die Fassade nur anstreicht ohne sie zu dämmen oder seine 20 Jahre alten Fenster behält, weil diese noch gut aussehen, wird bis zum Jahr 2050 gezwungen sein, nachzubessern. Klug ist, gleich alles richtig zu sanieren, Fördermittel einzusetzen und auf lange Sicht die wirtschaftlich interessanteste Lösung zu wählen.

**Haustechnik.** Dort könnte man die Zügel zwar etwas lockerer lassen, da bis 2050 bei vermutlich jedem Haus ohnehin eine weitere Erneuerung der Heizung ansteht. Dennoch ist man gut beraten, bereits jetzt auch bei der Heizung auf Energieeffizienz und regenerative Energien zu setzen. Deshalb führt der erste Schritt vor Planungsbeginn immer zum Energieberater.

# www.gebaeude-schnellcheck.de
# Energiecheck und Fördermittel

**Für eine erste Gebäudeeinschätzung auf Basis von Vergleichswerten der „Deutschen Gebäudetypologie" genügen wenige Daten. Zusätzlich zu den Fördermittel-Informationen gibt es eine überschlägige Energieverbrauchseinschätzung.**

Der erste Schritt zur Gebäudeeinschätzung und zu Ihrem individuellen Förderpaket ist einfach. Unter der Web-Adresse www.gebaeude-schnellcheck.de, einer Service-Seite des Bundesverband Gebäudemodernisierung e.V., einige Basis-Informationen zum eigenen Haus eingeben: Postleitzahl, Baujahr, Gebäudetyp, Anzahl der Wohneinheiten, beheizte Wohnfläche, Haupt-Energieträger und „Was wurde bereits saniert?", Kontaktdaten, Datenschutzeinwilligung bestätigen, bezahlen und absenden.

Ihr Gebäude wird dann innerhalb weniger Minuten auf Basis der „Deutschen Gebäudetypologie" über ein passendes Vergleichsgebäude klassifiziert, sodass erste Rückschlüsse auf Ihren heutigen Energieverbrauch gezogen

werden können. Daraus werden im nächsten Schritt sinnvolle Sanierungsempfehlungen abgeleitet. Kurz nach dem Absenden Ihrer Angaben erhalten Sie bereits das Ergebnis.

### Eine kleine Investition für eine relativ genaue Erst-Information

Weiterhin erhalten Sie die Möglichkeit, dass Sie von einem Modernisierungsberater kontaktiert werden, der Sie bei der Fördermittelbeantragung, beim Aufstellen Ihres maßgeschneiderten Energiesparkonzeptes und bei der Modernisierung begleiten kann.

Gebäude-Schnellcheck: Eine kleine Investition für eine relativ genaue Erst-Information.

Auf Grundlage der „Deutschen Gebäudetypologie" können relativ genaue Rückschlüsse auf jedes Wohnhaus gezogen werden.

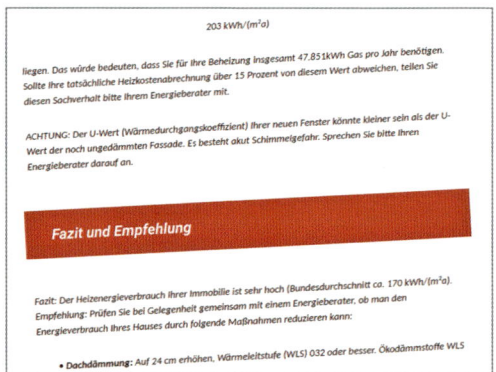

Die individuelle Antwort-E-Mail nennt eine überschlägige Energieverbrauchseinschätzung plus Modernisierungsempfehlungen.

**MODERNISIERUNGSOFFENSIVE**

---

**Angaben zum Gebäude**

| | | | | | |
|---|---|---|---|---|---|
| **PLZ:** | 76829 | **Baujahr:** | 1975 | **Gebäudetyp:** | Ein-/Zweifamilienhaus (freistel ⬍ |
| **Wohneinheiten:** i | 2 ⬍ | **Beheizte Wohnfläche:** i | 171 | **Hauptenergieträger:** | Gas ⬍ |

**Was wurde bereits saniert?**

☐ Dachdämmung — Dicke in cm
☑ Fenstertausch — 2003
☐ Neue Heizung — Jahr
☐ Fassadendämmung

**Personendaten**

**Anrede:** Frau ⬍
**Vorname:** Martina
**Nachname:** Mustermann
**EMail:** martina@mustermann.de
**Telefon:** 0123 4567890

---

☑ Ich möchte von einem Modernisierungsberater angerufen werden, um weitere Informationen zu erhalten

---

☑ Hiermit akzeptiere ich die **Datenschutzbestimmungen**.
☑ Hiermit akzeptiere ich den **Haftungsausschluss**.

**Zahlungsmöglichkeiten**

○ **P** PayPal ● VISA

[ Zahlungspflichtig bestellen ]  [ Zurücksetzen ]

# Der Modernisierungsberater: Ihr zuverlässiger Baumanager

**Modernisierungsberater sind Handwerker, Baufinanzierer, Architekten, Baustoff-händler oder Immobilienmakler. Während früher jeder nur seinen eigenen Bereich im Fokus hatte, betrachtet ein Modernisierungsberater das gesamte Haus.**

Machen wir uns nichts vor: Die zukunftsorientierte Gebäudemodernisierung ist komplex. Aus den Strukturen der Bauszene, der Vielzahl der Fördermittel und nicht zuletzt aus dem richtigen Mix bewährter und innovativer Baustoffe und Bautechniken muss für jedes Haus die jeweils beste, individuelle Lösung entwickelt werden. Das alles berücksichtigt der Modernisierungsberater. Ihren persönlichen Modernisierungsberater finden Sie im Internet unter www.modernisierungsoffensive.de.

Oder Sie kreuzen auf der Eingabe-Oberfläche des Gebäude-Schnellchecks an, dass Sie von einem Modernisierungsberater angerufen werden möchten. Dieser ist dann ab sofort der Baumanager an Ihrer Seite und stellt als erstes

den Kontakt zu einem versierten Energieberater in Ihrer Region her. Denn der Energieberater wird ab sofort die zweite Hauptrolle bei Ihrer Gebäudemodernisierung spielen.

**Hintergrund Energieberatung:** Mit dem Inkrafttreten der Energieeinsparverordnung im Jahr 2002 wurde die Energieberatung zu einem immer wichtigeren Bestandteil der Planung bei Neubau und Modernisierung. Insgesamt hatten sich in der Folgezeit mehrere Formen der Energieberatung entwickelt: Von der oftmals kostenlosen Kurzberatung der Verbraucherzentrale bis zu den mehr oder weniger detaillierten Gebäudeuntersuchungen durch freie Energieberaterbüros. **Gut zu wissen:** Die Berufsbezeichnung „Energieberater"

Bei Häusern, die älter als Baujahr 1985 sind, lohnt es sich besonders, das Haus ausführlich unter die Lupe zu nehmen.

Dach-Check: Wie sieht dort die Wärmedämmung aus? Ist überhaupt eine Dämmung vorhanden?

**Stephan Hartmann**
Zertifizierter Modernisierungsberater und
Energieberater, Stuttgart

## DIGITALE ENERGIEBERATUNG

Zur Erreichung der Klimaziele muss die Sanierungsrate in den kommenden Jahren mindestens verdoppelt werden. Dabei kommt auf unsere Energieberater sehr viel Arbeit und eine zentrale Rolle zu. Damit die Energieberatung nicht zum Nadelöhr wird, sind digitale Tools zur Effizienzsteigerung im Planungsprozess unbedingt nötig. Fazit: Effizienz bei der Planung führt schneller zu einem effizienten Gebäudebestand.

ist bis heute nicht geschützt, und so gibt es auch so manchen Wildwuchs.

### Everyday for Future: Mit digital unterstützter Energieberatung in die Zukunft

Doch es tut sich etwas: Eine junge, nennen wir sie „Everyday-for-future"-Bauexperten-Generation wird immer präsenter, die unvoreingenommen bezüglich der alten Strukturen mit ihren digitalen Tools und bautechnischem Sachverstand auch für eine gut strukturierte, sehr einfache Neuordnung der Energieberatung sorgt. So arbeiten beispielsweise die „Effizienzpioniere" aus Stuttgart mit einer selbst entwickelten App zur vereinfachten Projektabwicklung. Sie führt den Hauseigentümer sowie alle an der Modernisierung Beteiligten erläuternd durch die einzelnen Planungs- und Bauschritte. Diese Baubegleitungs-App listet alle Aufgaben auf und dokumentiert über eine zentrale Datenablage den jeweils aktuellen Stand des Projektes. So werden dem Energieberater bereits vor seinem sogenannten Vor-Ort-Termin (Ersttermin) alle wichtigen Gebäudedaten vom Hauseigentümer geliefert – eine hochwertige Beratung kann erfolgen.

Energieberater Stephan Hartmann berichtet aus der Praxis: „Digitale Tools sind längst ein zentraler Kern meiner Energieberatung. Und während der Coronapandemie hat sich erfreulicherweise gezeigt, dass ein großer Teil der Hauseigentümer die Bereitschaft mitbringt, den Planungs- und Bauprozess digital zu unterstützen."

### Gute Energieberater heißen im Branchenjargon auch „Energie-Effizienz-Experten"

Ein Energieberater, der dank digitaler Tools gut organisiert ist, kann innerhalb weniger Tage das Haus ganz genau unter die Lupe nehmen. Erfreulich: Sein Besuch und der abschließende Bericht (individueller Sanierungsfahr-

plan – „iSFP") kosten zwar rund 1.600 Euro, doch davon gibt es 80 Prozent (maximal 1.300 Euro) als Zuschuss. Die Bürokratie des Förderantrags übernimmt, Sie ahnen es, Ihr Energieberater.

Übrigens: Gute Energieberater heißen auch „Energie-Effizienz-Experten" und sind unter www.energie-effizienz-experten.de gelistet.

**Faustformel:** Wenn das Haus älter als Baujahr 1985 und noch weitgehend im Originalzustand ist, lohnt sich in jedem Fall dieser professionelle Full-Check – zumal er unterm Strich nur rund 300 Euro kostet. Worauf warten?

### Bestandsaufnahme: Das Haus einmal von oben bis unten unter die Lupe nehmen

Der Gebäude-Schnellcheck liegt Ihnen vor. Bevor nun in Kürze der Energieberater kommt, können Sie also selbst einen wertvollen Beitrag zur Verbesserung der Qualität der Energieberatung leisten. Dazu stellen Sie erste Informationen zu Ihrem Haus digital bereit.

Ärgerlich: Wer die Fassade nur anstreicht ohne zu dämmen, verzichtet auf Zuschüsse und hat weiterhin hohe Heizkosten.

Sind die Fenster jünger als 25 Jahre? Dann können sie bleiben. Das Herstellungsdatum steht im Scheibenzwischenraum.

Beim Haus-Check schaut man sich auch die Kellerwände genau an: Sind sie trocken oder erkennt man Feuchteschäden?

Und wenn man schon im Keller ist, auch das Alter der Heizung prüfen. Heizungsanlagen, die älter als 30 Jahre sind, austauschen.

Starten Sie unterm Dach. Wie sieht dort die Dämmung aus? Ist dort überhaupt eine Dämmschicht vorhanden? Eine dünne Dämmlage wird später ergänzt, eine beschädigte Dämmung wird erneuert. Zur Auswahl stehen die Dämmung zwischen den Dachbalken und die Dämmung der obersten Geschossdecke. Bei dieser Gelegenheit unbedingt prüfen: Ist das Dachgebälk noch stabil genug?

Danach nehmen Sie die noch ungedämmte Fassade in Augenschein, die unnötig viel Wärme entweichen lässt. Ist der alte Putz tragfähig genug? Gibt es einen ausreichend großen Dachüberstand, der auch eine Fassadendämmschicht überdecken kann? Ärgerlich: Wer die Fassade nur anstreicht ohne zu däm-men, verzichtet auf Zuschüsse und hat weiter-hin hohe Heizkosten.

### Das Herstellungsdatum der Fenster findet man auf dem Abstandhalter der Scheiben

Und die Fenster? Sind sie älter als 25 Jahre? Dann müssen sie erneuert werden. Das Herstellungsdatum steht übrigens meist im Scheibenzwischenraum. Einfachverglaste Fenster in jedem Fall austauschen. Dann geht es runter in den Keller. Ist dort alles trocken? Im Zuge der Modernisierung die Kellerwände möglichst tief ins Erdreich hinein dämmen. Und wenn man schon im Keller ist, auch das Alter der Heizung prüfen. Heizungen, die älter als 30 Jahre sind,

schnellstens erneuern. Ungedämmte Rohre dämmen. Alles das erzählt Ihnen später auch der Energieberater, der sich darüberhinaus um die Fördermittel kümmert. Das Ergebnis kann sich dann sehen lassen: Hohe Behaglichkeit, geringe Heizkosten. Doch der Reihe nach.

**Es gibt einen lukrativen Sanierungscode: 24.16.10.3.S – 60.000 Euro Zuschuss**

Keine Frage: Energie sparen ist bei unseren Wohngebäuden wichtig. Wer will schon angesichts dauerhaft hoher Energiepreise und steigender $CO_2$-Steuer in einer Energieschleuder wohnen? Ganz abgesehen vom Umweltgedanken. Bei Häusern, die vor 1985 gebaut wurden, ist bei einer Modernisierung als erstes die Gebäudehülle an der Reihe: Dach, Fassade und Kellerwände (oder die Kellerdecke) dämmen, Fenster erneuern. Auch wichtig: Das Haus zur Sonne öffnen, also viele Fenster nach Süden ausrichten. Dabei dreifach verglaste Fenster wählen. Die Fensterflächen nach Norden flächenmäßig reduzieren: das spart Heizkosten. Danach wird die Heizung passend zum geringen Energiebedarf konfiguriert.

Ist Ihnen schon einmal aufgefallen, dass unsere Winterjacken alle quasi dieselbe Materialdicke haben? Dicker als ein Pullover, aber dünner als eine Bettdecke. Es gibt bei Winterjacken eine „optimale Stoffdicke", damit wir uns auch bei Kälte wohlfühlen. Genauso gibt es auch optimale Dämmstoffdicken für Standarddämmstoffe: 24 Zentimeter im Dach („Wärmeleitstufe WLS 032" oder besser. Die WLS-Angabe steht auf der Dämmstoffpackung. Je kleiner der Wert ist, um so besser), 16 Zentimeter an der Fassade (ebenfalls „WLS 032" oder besser) und 10 Zentimeter an Kellerdecke oder Kellerwand („Wärmeleitstufe 040" oder günstiger). Bei Fenstern lautet der Zahlenwert „3fach-Scheiben". Und zur Haustechnik gibt es die Empfehlung „Bitte die Sonne anzapfen".

Wer diese Vorgaben umsetzt, bekommt zudem attraktive Zuschüsse (geschenktes Geld): Beispielsweise bis zu 60.000 Euro pro Wohneinheit über die neue **BEG** (**B**undesförderung für **e**ffiziente **G**ebäude – gilt seit 01.07.2021), wenn das Gebäude zum „Effizienzhaus 70 EE" saniert wird: Die 70 steht für „70 Prozent Energiebedarf des ‚Referenzgebäudes nach Gebäudeenergiegesetz', EE ist die Abkürzung für

Optimale Dämmstoffdicken für Standarddämmstoffe: 24 Zentimeter im Dach, 16 Zentimeter an der Fassade und 10 Zentimeter an der Kellerdecke oder an der Kellerwand. Bei Fenstern lautet der Zahlenwert „3fach-Scheiben". Empfehlung zur Heizung: „Bitte die Sonne anzapfen".

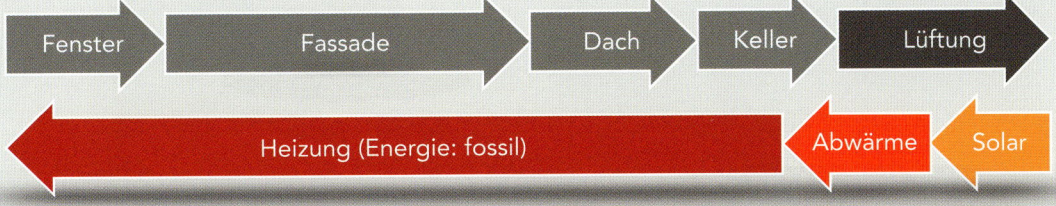

## Deutsches Durchschnittshaus

Fenster → Fassade → Dach → Keller → Lüftung

← Heizung (Energie: fossil) ← Abwärme ← Solar

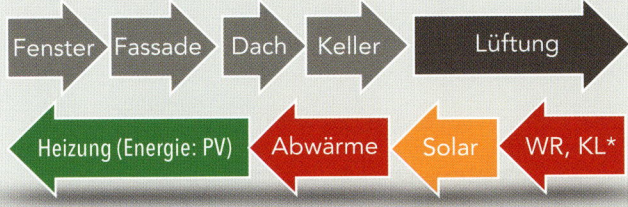

## Effizienzhaus, klimaneutral bewohnbar

Fenster → Fassade → Dach → Keller → Lüftung

← Heizung (Energie: PV) ← Abwärme ← Solar ← WR, KL*

*WR, KL: Wärmerückgewinnung, kontrollierte Lüftung

Erneuerbare Energien. Beim „Effizienzhaus 70 EE" ist meist das Kosten-Nutzen-Verhältnis optimal. Deshalb leiten wir daraus den lukrativen Sanierungscode **„24.16.10.3.S – 60.000 Euro Zuschuss"** ab. Warum kompliziert, wenn's auch einfach geht?

### Grafik zeigt Wärme-Gleichgewicht: Was rausgeht, muss auch wieder reinkommen

Nun ein kleiner Bauphysik-Basis-Crash-Kurs: Einem Gebäude muss man immer nur genau die Wärmemenge hinzufügen, die über die Gebäudehülle verloren geht. Je besser also das Dach, die Fassade und der Keller gedämmt sind, je besser die Fenster und die Haustür sind, je effizienter die Heizungsanlage arbeitet, um so weniger Heizwärme verbraucht das Gebäude.

Mein Bauphysik-Professor stand damals mit ausgebreiteten Armen vor uns Studenten und deutete mit seinen Händen, die er im Abstand von etwa einem Meter hielt, den Energieverbrauch eines Gebäudes an: „Wenn ein Haus in der Heizperiode soooo viel Energie verliert, was muss man tun, damit es nicht auskühlt?" Die Antwort ist leicht: Man muss dem Gebäude dieselbe Wärmemenge wieder hinzufügen.

Was rausgeht, muss auch wieder reinkommen. Dann haben wir Wärme-Gleichgewicht. Die Grafik oben zeigt diesen Zusammenhang.

Die Energieverluste über das Dach, die Fassade, den Keller und durch die Fenster sowie die Lüftungsverluste müssen dem Gebäude komplett wieder hinzugefügt werden, damit es nicht auskühlt. Schön ist, dass man nicht alle Energieverluste durchs Heizen ersetzen muss. Solare Gewinne der tief stehenden Wintersonne, die nahezu waagerecht durch die nach Süden ausgerichteten Fenster das Haus erwärmt, und die Abwärme von Beleuchtung, Geräten und Bewohnern (wir alle sind lebende Heizkörper) tragen einen recht großen Teil zur Energiebilanz eines Hauses bei.

Allerdings reichen diese Energiegewinne nicht aus, um die Wärmeverluste vollständig zu ersetzen. Den großen Rest der benötigten Raumwärme gibt man heute hauptsächlich mit dem umweltschädlichen Verbrennen von Heizöl und Gas dem Gebäude wieder zurück.

Wenn man die Energieverluste durch Dämmung und vernünftiges Lüften halbiert (und jetzt waren die Handflächen unseres Professors nur noch 50 Zentimeter voneinander entfernt), halbiert sich auch die Menge an Wärme, die man dem Haus zurückgeben muss. Da

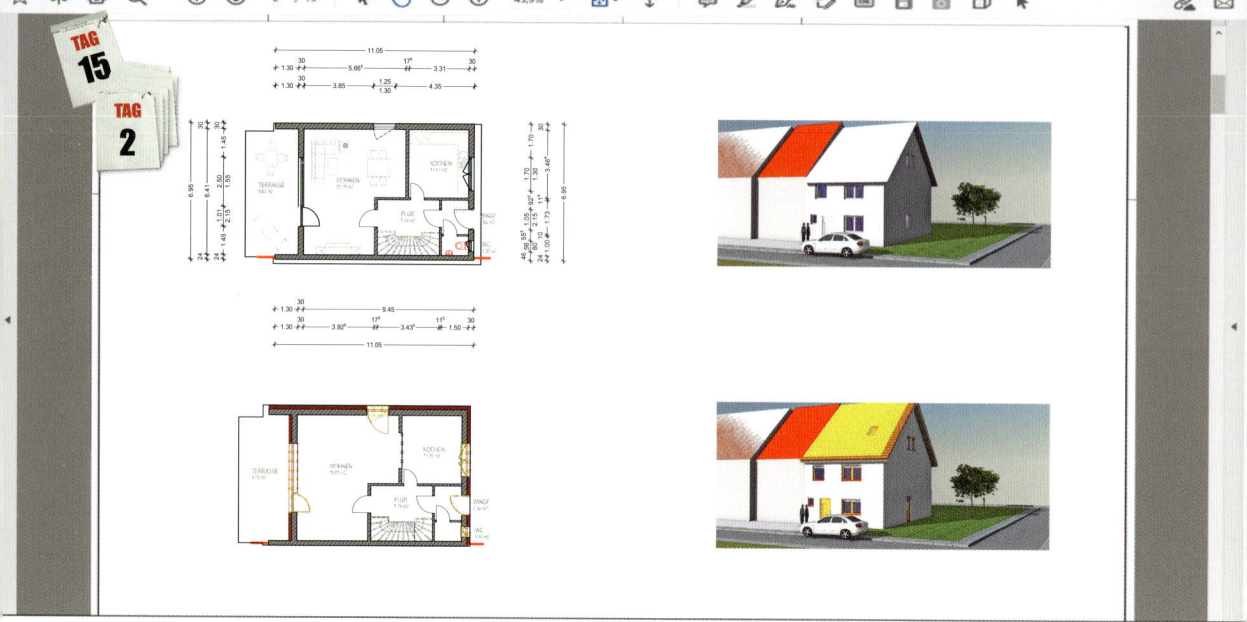

aber die Solar- und Abwärmegewinne nahezu gleich groß bleiben, geht die Einsparung bei den Brennstoffen um mehr als 50 Prozent zurück. Diesen Gedanken hat man übrigens auch als Kern unserer Energiespargesetzgebung gewählt.

### Gebäudedaten: Darauf achten, dass nur einmal die Daten aufgenommen werden

Soweit die Theorie. Jetzt geht es in die Praxis. Der Energieberater schaut sich beim Vor-Ort-Termin das Haus ganz genau an und nimmt die Gebäudedaten auf: Länge, Breite und Höhe der Räume, Lage und Abmessungen von Fenstern und Türen, Dachneigung, Kniestockhöhen, Positionen der vorhandenen Heizkörper, Positionen der Wasser- und Abwasseranschlüsse in Küche und Bad, Lage, Stufenmaße und Schrittmaß der Treppen und, und, und …

Perfekt: Da sich der Energieberater durch die Informationen, die Sie ihm digital bereitgestellt haben, bestens vorbereiten konnte, weiß er schon vor seinem Besuch, worauf er ganz besonders achten muss. Welche kniffeligen Besonderheiten hat das Haus? Gibt es außergewöhnliche Wärmebrücken? Ist etwa die Gasheizung erst drei Jahre alt und muss in das neue Klimaneutral-Wohnen-Konzept integriert

werden? Weiterhin sind auch die alten Pläne und Bauunterlagen (sofern sie noch vorhanden sind) als Planungsgrundlage hilfreich. Falls diese Papierpläne nicht mehr existieren oder sie etwa aufgrund von umfangreichen Um- und Anbauten nicht mehr den aktuellen Zustand dokumentieren, müssen die Räume neu vermessen werden.

Achtung: Unbedingt darauf achten, dass alle Daten, die man aufnimmt, später von allen weiteren Beteiligten gleichermaßen verwendet werden können (Daten-Schnittstelle). Ärgerlich, wenn letztlich jeder Handwerker zur Baustelle kommt und eigene Daten ermittelt. Erstens wäre das Zeitverschwendung und zweitens wäre die Gefahr groß, dass wegen unterschiedlicher Daten später manche Details nicht zusammenpassen.

Sind dann alle Gebäudedaten aufgenommen, beginnt das Anfertigen des energetischen Gesamtkonzepts inklusive detailliertem Modernisierungsablauf mit dem „Digitalen Planungs- und Bauordner" vom Bundesverband Gebäudemodernisierung: Entwickelt wurde dieses hilfreiche Werkzeug von Bautechniker und Energieberater Andreas Klingerbeck aus Sankt Englmar in Niederbayern in Kooperation mit dem Softwarehaus Allplan. Klingerbeck: „Grundrisse, Ansichten, Schnitte, die komplet-

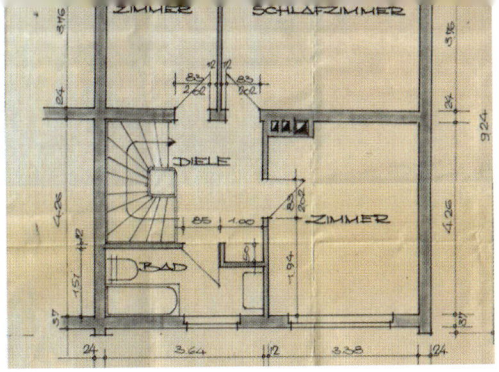

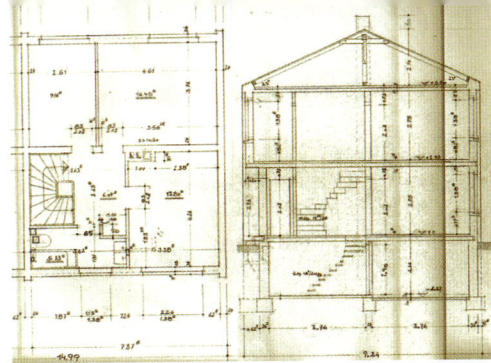

Als Grundlage für die Aufnahme der Gebäudedaten dienen zunächst die alten Baupläne und Bauunterlagen – sofern diese noch …

… vorhanden sind. Falls sie nicht mehr existieren oder sie beispielsweise aufgrund umfangreicher Um- und Anbauten nicht mehr …

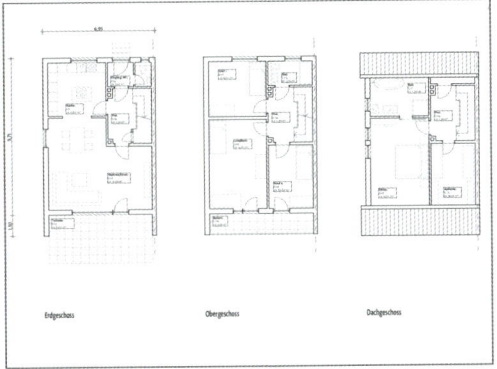

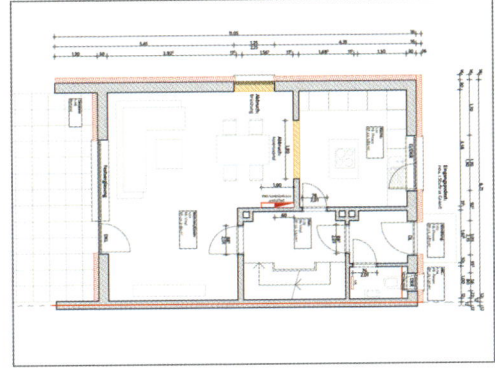

… den aktuellen Zustand dokumentieren, muss der Energieberater oder der Architekt die Räume neu vermessen. Länge, Breite …

… und Höhe der Räume, Lage und Abmessungen der Fenster, Dachneigung, Position der Heizkörper und, und, und.

Wenn die Daten einmal aufgenommen und gespeichert sind, wird eine 3-D-Visualisierung angefertigt. So können auch Laien …

… sehr schnell erkennen, wie die Räume später einmal aussehen und eingerichtet werden können.

te Ausführungsplanung, aber auch Leistungsverzeichnisse und sogar der Bauzeitenplan liegen in kürzester Zeit vor. Kein Problem ist es, jetzt auch 3-D-Ansichten des Hauses zu erstellen und dabei vor allem den geplanten Zustand zu visualisieren. Mittels VR-Brille (virtuelle Realität) kann man bereits zu einem Erlebnisrundgang durchs neue Haus starten."

## Der Energieberater erstellt einen Energieausweis mit Sanierungsfahrplan

Zu Beginn der Planungsphase wird vom Energieberater mit den gespeicherten Daten und Gebäude-Informationen parallel auch der Energieausweis mit „individuellem Sanierungsfahrplan" (iSFP) zusammengestellt: Entweder als Schritt-für-Schritt-Konzept verteilt über mehrere Jahre oder als Einmal-Umbau-Aktion für sofort. Darin sind auch die Bausteine zum

sommerlichen Wärmeschutz wie etwa Verschattungen und eine mögliche Gebäudekühlung enthalten. Vorteil eines All-in-One-Umbaus: Man lebt nur für vergleichbar kurze Zeit auf einer Baustelle und bekommt deutlich höhere Förderzuschüsse.

**Hintergrund Energieausweis:** Dieser war ursprünglich als einfaches Instrument geplant, das auf einen Blick den energetischen Zustand der jeweiligen Immobilie nennt.

Bei der Entwicklung des Energieausweises hat sich dann jedoch in den Jahren vor 2007, als der Energieausweis endlich Pflicht wurde, eine Reihe von Interessengruppen eingemischt, sodass nach langem Ringen um einen Kompromiss am Ende ein eher wenig brauchbares Dokument herausgekommen ist. Wenig brauchbar auch deshalb, da der Energieausweis nicht für alle Häuser Pflicht ist, sondern nur für Gebäude, die neu vermietet oder ver-

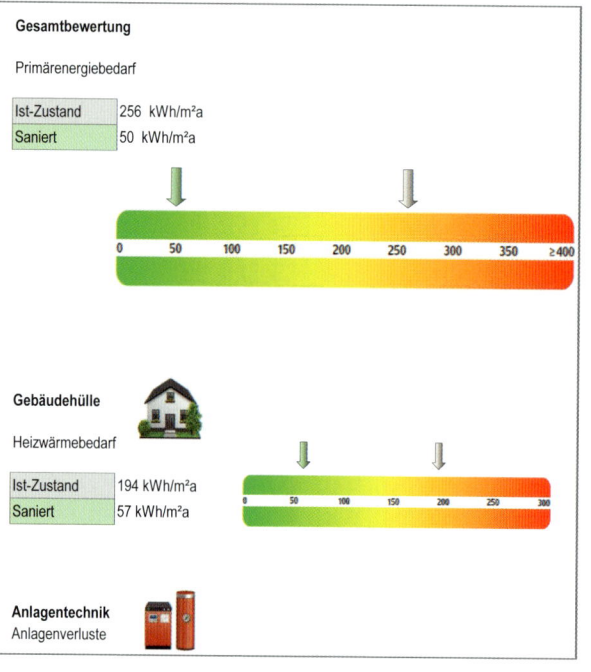

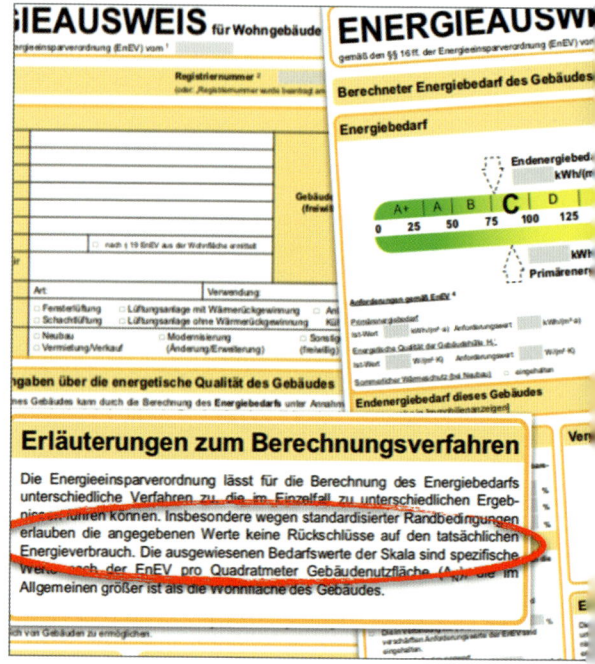

**Timo Schmidt**
Zertifizierter Modernisierungsberater
Bad Kissingen

## ENERGIEVERBRAUCH SELBST ERMITTELN

„Zur Ermittlung des eigenen Energieverbrauchs nimmt man die Heizkostenabrechnungen der vergangenen drei Jahre. Drei Jahre deshalb, um einen brauchbaren Durchschnittswert zu erhalten.

Und so wird dann gerechnet: Wenn das Haus beispielsweise mit Öl beheizt wird, addiert man die verheizten Liter der zurückliegenden drei Jahre und teilt das Ergebnis durch drei. So werden milde und strenge Winter ausgeglichen. Diese Heizöl-Menge dann wiederum durch die Quadratmeter der beheizten Wohnfläche teilen. Liegt das Ergebnis über 15 Liter Heizöl pro Quadratmeter und Jahr, sollte ein Energieberater das Haus untersuchen und Modernisierungsvorschläge nennen (oder den Gebäude-Schnellcheck unter www.gebaeude-schnellcheck.de durchführen).

Liegt der Verbrauch unter 10 Litern, ist alles bestens. Beim Verbrauch zwischen 10 und 15 Litern sollte bei Gelegenheit sicherheitshalber ein Haus-Check vom Energieberater durchgeführt werden.

Wer eine regelmäßige Heizkostenabrechnung etwa vom Energieversorger oder vom Vermieter bekommt, kann sehr leicht aus diesen Unterlagen die energetische Qualität der bewohnten Immobilie ablesen (Drei-Jahres-Verbrauch durch drei und dann durch die Wohnfläche teilen). Auch hier gilt: Unter 10 Liter Öl (oder 10 Kubikmeter Gas oder 100 Kilowattstunden Gas – kWh) pro Quadratmeter und Jahr braucht man sich nicht zu sorgen. Bei über 15 Litern/Kubikmetern (oder über 150 kWh) Energieverbrauch sollte man handeln.

Gut zu wissen: Ein Liter Heizöl oder ein Kubikmeter Gas enthält jeweils rund 10 Kilowattstunden Energie."

verkauft werden. Da man davon ausgehen kann, dass über die Hälfte des deutschen Gebäudebestands einen unnötig hohen Energieverbrauch hat, bleiben die meisten Bewohner im Unwissen darüber und verheizen unnötig Geld. Eine flächendeckende Energieausweis-Pflicht wäre eigentlich eine Energieausweis-Chance: Denn nur wer den wahren Zustand seines Gebäudes kennt, kann gezielt handeln.

### Große Verwirrung, weil es zwei verschiedene Energieausweis-Sorten gibt

Nächstes „Problem": Da es zwei unterschiedliche Energieausweis-Sorten gibt, sind sich viele Menschen unsicher, welcher Ausweis nun geeignet ist: Bei dem einen geht der real gemessene Energieverbrauch ins Ergebnis ein (Verbrauchsausweis), beim anderen wird das Gebäude von einem Energieberater zunächst bautechnisch untersucht und bewertet. Dieser „Bedarfsausweis" wird in der Fachwelt als „der Bessere" bewertet, da er aufgrund einheitlicher Rechenwege die Gebäude vergleichbar macht. Doch Achtung: Teilweise nicht nachvollziehbare, unsinnige Rechenannahmen verwässern die Energiekennwerte derart, dass man mit dem Energieausweis „keine Rückschlüsse auf den tatsächlichen Energieverbrauch" ziehen kann (Zitat aus dem Kleingedruckten im Energieausweis). Wie man recht einfach und genau den eigenen Energieverbrauch ermittelt, steht im roten Kasten links.

**Zwischenbilanz:** Die Energieausweis-Kennwerte, auch wenn sie nicht die Realität widerspiegeln, sind die maßgebenden Größen für die Beantragung von Fördermitteln.

Ansonsten gilt: Wer das Gefühl hat, sehr viel Geld für Heizenergie auszugeben, bestellt einen Energieberater oder macht den Gebäude-Schnellcheck. Man bekommt dann ausreichend genaue Gebäude-Informationen. Und danach wird zielgerichtet modernisiert.

# Einfach mal nachgefragt: Was bedeutet „CO$_2$-Fußabdruck?"

**Wer seine Energiekosten nicht kennt, wird kaum gegensteuern. Wer nicht weiß, welchen Umweltschaden das eigene Verhalten verursacht, kann kein Gespür für Klimaschutz bekommen. Der CO$_2$-Fußabdruck ist ein Maß, um Maß zu halten.**

Es geht zwar um Einschränkung und Verzicht, aber nicht um den Verlust an Lebensfreude. Vielmehr ist es das Ziel, durch Alternativen in der eigenen Lebensweise seinen persönlichen CO$_2$-Ausstoß zu reduzieren und dabei unter Umständen noch mehr Lebensfreude zu entwickeln. Eine überwiegend vegetarische Ernährung schont den Körper, der dann beim Verdauen nicht so hart arbeiten muss wie etwa nach einer Schweinshaxe. Im energieeffizienten Haus ist die Atmosphäre behaglicher.

Seit öffentliche Verkehrsmitttel und Car-Sharing der Großteil meiner Mobilität sind, spare ich nicht nur viel Geld, sondern auch Zeit. Nie mehr in die Werkstatt fahren, keine Winterreifen wechseln. Das mache ich mir bewusst, wenn beispielsweise mal wieder ein Zug ausfällt und meinen Tag durcheinanderwirbelt. Verloren ist dadurch aber nichts. Ein Großteil dieses Buches ist im Zug entstanden. Unabhängig davon, ob er fuhr oder stand.

**Im Bereich „sonstiger Konsum" sind recht einfach große Fortschritte zu erzielen**

Wie berechnet man denn nun seinen eigenen CO$_2$-Fußabdruck? Im Internet gibt es eine Reihe von CO$_2$-Rechnern. Ich habe den vom Umweltbundesamt unter www.uba.co2-rechner.de ausprobiert und war angetan. Der deutsche Durchschnitt liegt noch (05/2021) bei über 11 Tonnen CO$_2$-Ausstoß pro Person und Jahr. Das Ziel ist eine Tonne pro Person und Jahr.

Sechs Bereiche gehen in die eigene CO$_2$-Bilanz ein: Mit klimaneutralem Wohnen (1) und einem achtsamen Stromverbrauch (2), mit kluger Mobilität (3) und leicht geänderten Ernährungsgewohnheiten (4) sowie mit aushaltbaren Einschränkungen beim Konsum (5) kann man bereits in den Vier-Tonnen-pro-Jahr-Bereich kommen. Die öffentlichen Emissionen (6) verbleiben dabei in jeder persönlichen Bilanz als ein recht großer Brocken.

Bei der rechts abgebildeten Muster-Bilanz habe ich meine eigenen Mobilitätserfahrungen und Ernährungsgewohnheiten einfließen lassen. Erkenntnis: Meine Ernährung ist mir bewusst, aber richtig konsequent bin ich noch nicht. Beim „sonstigen Konsum" sind dagegen recht einfach große Fortschritte erzielbar.

Mit bewusster, möglichst fleischreduzierter Ernährung kann der eigene CO$_2$-Fußabdruck deutlich reduziert werden.

# CO₂-Fußabdruck

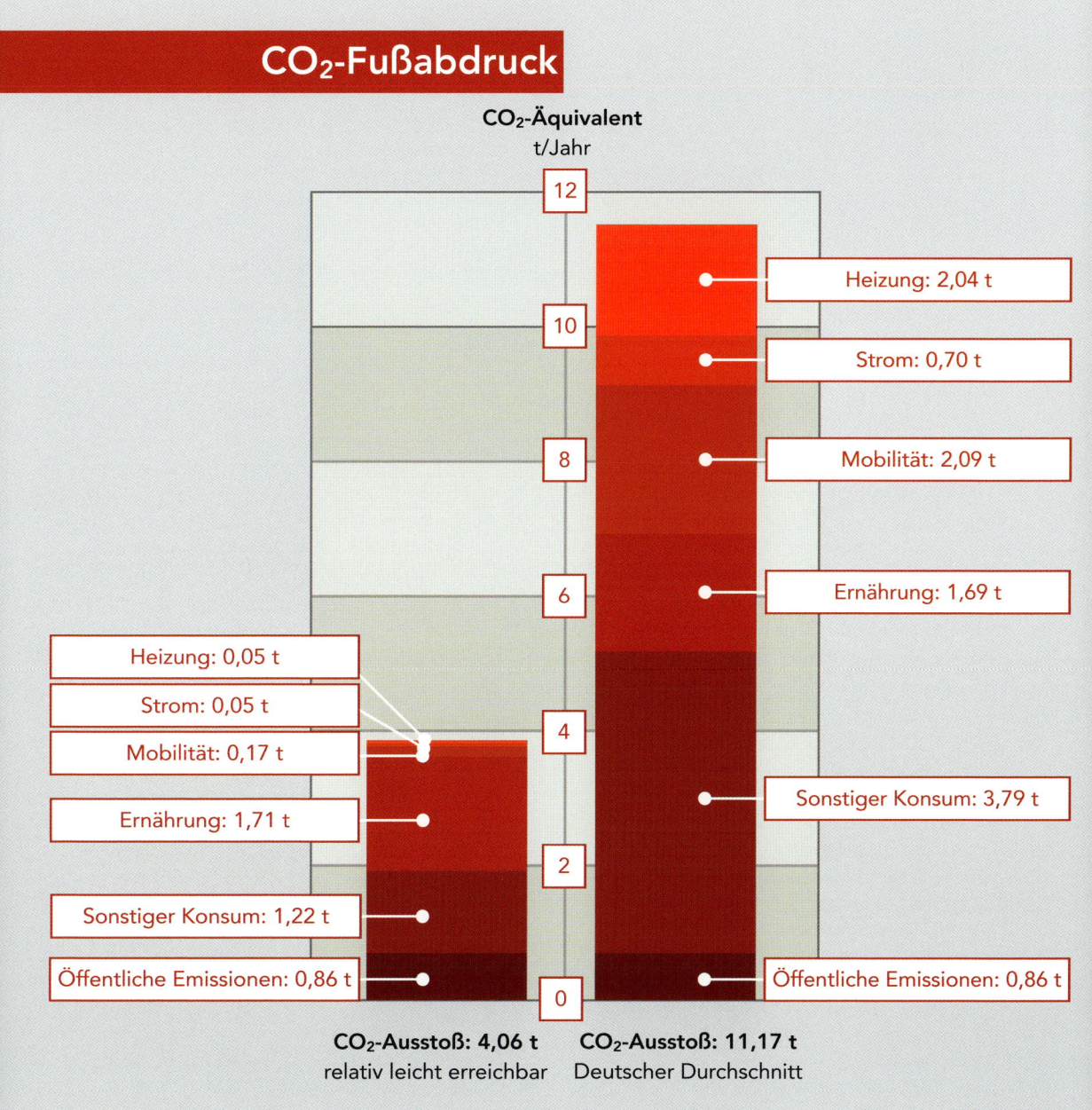

**CO₂-Äquivalent**
t/Jahr

12

Heizung: 2,04 t

10

Strom: 0,70 t

8

Mobilität: 2,09 t

6

Ernährung: 1,69 t

Heizung: 0,05 t

Strom: 0,05 t

Mobilität: 0,17 t

4

Ernährung: 1,71 t

Sonstiger Konsum: 3,79 t

2

Sonstiger Konsum: 1,22 t

Öffentliche Emissionen: 0,86 t

0

Öffentliche Emissionen: 0,86 t

**CO₂-Ausstoß: 4,06 t**
relativ leicht erreichbar

**CO₂-Ausstoß: 11,17 t**
Deutscher Durchschnitt

Quelle: Umweltbundesamt

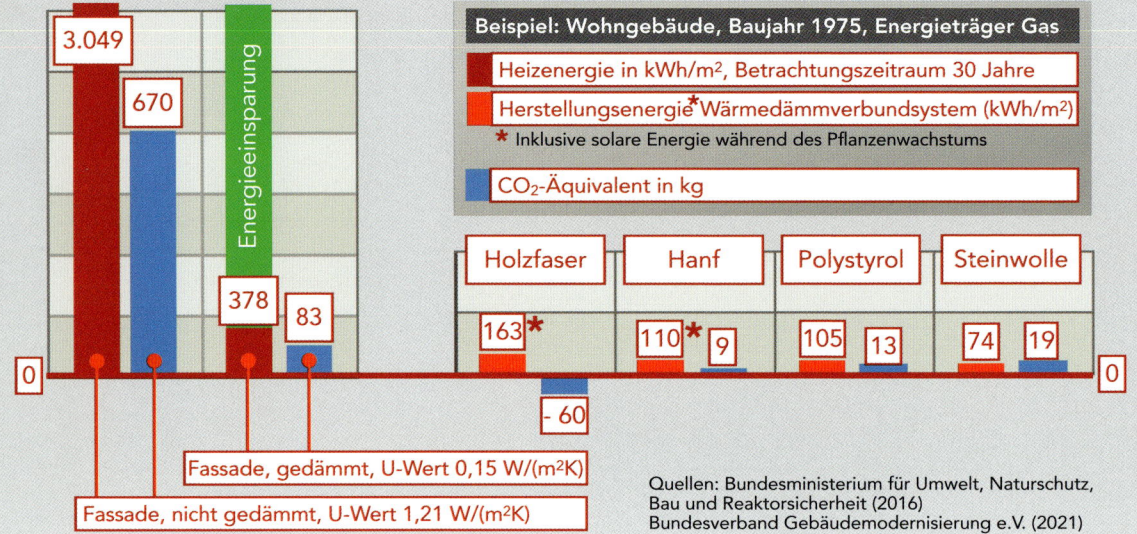

Beispiel: Wohngebäude, Baujahr 1975, Energieträger Gas

Heizenergie in kWh/m², Betrachtungszeitraum 30 Jahre

Herstellungsenergie* Wärmedämmverbundsystem (kWh/m²)

\* Inklusive solare Energie während des Pflanzenwachstums

$CO_2$-Äquivalent in kg

| | Holzfaser | Hanf | Polystyrol | Steinwolle |
|---|---|---|---|---|
| | 163 * | 110 * 9 | 105 13 | 74 19 |

3.049 · 670 · 378 · 83

- 60

Fassade, gedämmt, U-Wert 0,15 W/(m²K)

Fassade, nicht gedämmt, U-Wert 1,21 W/(m²K)

Energieeinsparung

Quellen: Bundesministerium für Umwelt, Naturschutz, Bau und Reaktorsicherheit (2016)
Bundesverband Gebäudemodernisierung e.V. (2021)

„Wir sind die erste Generation, die die Folgen des Klimawandels spürt. Und wir sind die letzte, die etwas dagegen tun kann", sagte der ehemalige US-Präsident Barack Obama im Vorfeld der Weltklimakonferenz 2015 in Paris. Dieses Zitat ist längst ein mahnender Leitsatz.

Wir müssen handeln. Jetzt. Wir dürfen nicht noch mehr Zeit verlieren. Doch wir diskutieren immer weiter. Vorschlag: Lassen Sie uns diese Diskussionen mit einem einfachen Beispiel abkürzen: Wenn es etwa um den Dämmstoff Polystyrol („Styropor") geht, wird häufig berichtet, dieses Material würde bei der Herstellung insgesamt mehr Energie verbrauchen als man mit ihm einsparen könne. **Gut zu wissen:** Polystyrol benötigt bei der Herstellung für eine 16 Zentimeter dicke Dämmplatte rund 100 Kilowattstunden (kWh) Herstellungsenergie (Primärenergie). Wenn nun mit dieser Platte die bisher ungedämmte Fassade eines Hauses aus den 1970er Jahren gedämmt wird, beträgt die Energieeinsparung etwa 90 kWh pro Quadrat-

# Dachbegrünung für besseres Klima

Bei begrünten Dächern liegt der Nutzen vor allem darin, dass die Dachhaut (bei Flachdächern die Abdichtung) vor Extremtemperaturen und extremer Bewitterung – etwa durch Hagel – geschützt wird und sich dadurch die Lebenserwartung der gesamten Konstruktion etwa verdoppelt. Darüber hinaus wird das öffentliche Kanalsystem entlastet (bringt eventuell Einsparung bei den Abwassergebühren). Weiterhin wird das umgebende Klima verbessert: Weniger Staub, Schallreduktion, Luftbefeuchtung plus ökologische Ausgleichsfläche und neuer Lebensraum für Tiere.

meter und Heizperiode, in 30 Jahren fast 2.700 kWh (Grafik links). Noch Fragen? Eine wissenschaftlich haltbare Ökobilanz (Lebenszyklusanalyse) von Baustoffen ist sehr umfangreich und komplex. Die Deutsche Gesellschaft für nachhaltiges Bauen (www.dgnb.de) lässt fast 40 Nachhaltigkeitskriterien in die Bewertung einfließen. Kleine Auswahl: Ressourcenverbrauch und Primärenergie und deren Umweltfolgen (klimaschädliche Gase, Versauerung, Sommersmog). Aber auch gesundheitliche Risiken für Handwerker und Bewohner eines Gebäudes werden berücksichtigt.

Letztlich beschreibt die Ökobilanz die Umweltauswirkungen, die bei der Herstellung, Nutzung und Entsorgung eines Produktes entstehen. Somit hat auch ein Haus einen $CO_2$-Fußabdruck. Die Sanierung eines Altbaus verursacht im Vergleich mit einem Neubau nur einen Bruchteil des Primär-Energieeinsatzes.

Uns muss es heute (noch) fast egal sein, ob ein Baustoff mit Kohlestrom oder mit grünem Strom produziert wurde. Hauptsache, der Baustoff wird überhaupt produziert und kommt zur Anwendung bei einem Gebäude, das dann klimaneutral bewohnt werden kann.

Wenn die Dachbegrünung gut gemacht wird, kommt noch eine optische Aufwertung des Hauses hinzu sowie bei der Einrichtung von Dachterrassen die Schaffung von Nutzraum.

Extensive Dachbegrünungen, die „naturnah" angelegt wenig Pflege bedürfen und sich weitgehend selbst überlassen werden können, sind in aller Regel baugenehmigungsfrei. Bei genutzten Grünflächen wie Dachgärten und Dachterrassen ist das nicht so. Bei der Planung besonders die Statik beachten: Ein Gründach wiegt im wassergesättigten Zustand bis zu 150 Kilogramm pro Quadratmeter.

Natürlich öffnet man Kritikern mit solchen Aussagen Tür und Tor: In oftmals hitzig geführten Debatten wird verlangt, ein Baustoff fürs klimaneutrale Haus möge doch bitte auch klimaneutral hergestellt sein – ohne Schäden für die Umwelt. Alles andere sei eine Mogelpackung. Das würde im Umkehrschluss bedeuten, dass wir zunächst die gesamte Baustoffindustrie auf Klimaneutralität umstellen müssten, bevor wir mit dem Bau des ersten klimaneutralen Hauses überhaupt erst beginnen könnten. Wir würden weitere, wertvolle Jahre verlieren. Da wir uns aktuell (2021) in einer Übergangsphase befinden, ist es legitim, den Prozess zur Klimaneutralität Zug um Zug zu vollziehen und dabei auch hin und wieder ein Auge zuzudrücken. Viele Unternehmen sind längst dabei, ihre Standorte auf Klimaneutralität umzustrukturieren. Dort ist eine Entwicklung in Gang gekommen, die letztlich dazu führen wird, dass alles – oder zumindest fast alles – klimaneutral produziert werden kann.

### Welche Fenster sind nachhaltiger: Holz- oder Kunststofffenster?

Holz ist ohne Frage ein nachhaltiger Baustoff. Doch was ist, wenn das Holz einen langen Weg zur Baustelle zurücklegt und etwa bei der Fensterherstellung noch mit Lacken und Holzschutzmitteln bearbeitet wird? Wie sieht dann die $CO_2$-Bilanz im Vergleich mit einem Kunststofffenster aus, das in Deutschland hergestellt wurde und eine längere Lebensdauer hat?

Ein Haus, das mit der eigenen Photovoltaikanlage mehr grüne Energie erzeugt als es in der Jahresbilanz verbraucht, wird im Laufe der Zeit den Herstellungsenergieeinsatz der verwendeten Baustoffe kompensiert haben. Ob das nach drei, fünf oder zehn Jahren der Fall ist, kann derzeit außer Acht gelassen werden. Wichtig ist, dass wir jetzt anfangen, unsere Millionen Wohnhäuser klimaneutral zu sanieren. Davon handelt dieses Buch. Legen Sie los!

# Die luftdichte Gebäudehülle: Abdichtung und Wahrheit

**Die Gebäudehülle muss luftdicht und dampfdiffusionsoffen sein. Das bedeutet, dass erwärmte Raumluft daran gehindert werden muss, durch Fugen und Ritzen nach außen zu strömen. Feuchtigkeit geht jedoch durch die Haushülle hindurch.**

Auf Grundlage einer realistischen Energieverbrauchsschätzung kann der Energieberater sagen, ob sich eine energetische Modernisierung lohnt oder nicht. Innerhalb seines energetischen Gesamtkonzeptes rund um die Gebäudehülle fokussiert er dann zunächst drei Schwerpunkte: **1.** Sicherstellen der Luftdichtheit. **2.** Lüftungskonzept definieren. **3.** Wärmebrücken reduzieren.

Überall dort, wo unterschiedliche Baustoffe aneinanderstoßen, gibt es Fugen: Fenster an Mauerwerk, Dämmung an Holzbalken, Dachsparren an Mauerwerk, Dachflächenfenster an Dachsparren und so weiter. Diese Übergänge müssen dauerhaft luftdicht abgedichtet sein. Denn durch Fugen und Ritzen in der Gebäude-

hülle würde sonst viel warme Luft und damit teure Wärme aus dem Gebäude heraustransportiert werden – die komplette Heizperiode hindurch. Deshalb gehört zu einer Wärmedämmung immer auch ein luftdichter Abschluss, sodass Wärme nur geringfügig durch Transmission (Wärmeleitung), nicht jedoch durch Konvektion (Wärmeströmung) verloren geht.

**Luftdicht ist Pflicht: Denn selbst kleinste Fugen zerstören den besten Wärmeschutz**

Alle Fugen in der Gebäudehülle – und sind sie auch noch so schmal und winzig – müssen also dauerhaft luftdicht abgedichtet sein. Luftdurchlässige Stellen in der Gebäudehülle wie

---

Verordnung
über einen energiesparenden Wärmeschutz bei Gebäuden
(Wärmeschutzverordnung – WärmeschutzV)

Vom 11. August 1977

Auf Grund des § 1 Abs. 2, des § 4 Abs. 1 und des § 5 des Energieeinsparungsgesetzes vom 22. Juli 1976 (BGBl. I S. 1873) verordnet die Bundesregierung mit Zustimmung des Bundesrates:

1. Abschnitt

Gebäude mit normalen Innentemperaturen

§ 1

Anwendungsbereich

Bei der Errichtung der nachstehend genannten Gebäude ist zum Zwecke der Energieeinsparung ein baulicher Wärmeschutz nach den Vorschriften dieses Abschnittes auszuführen:

1. Wohngebäude,

2. Büro- und Verwaltungsgebäude,

3. Schulen, Bibliotheken,

4. Krankenhäuser, Pflegeheime, Entbindungs- und Säuglingsheime und Aufenthaltsgebäu-

**Historisches Papier: Schon die erste, noch recht kompakte Wärmeschutzverordnung von 1977 (WSVO I) forderte: „Fugen in …**

---

Wert der nichttransparenten Außenwände des Gebäudes nicht überschreiten. Werden Heizkörper vor außenliegenden Fensterflächen angeordnet, sind zur Verringerung der Wärmeverluste geeignete Abdeckungen an der Heizkörperrückseite vorzusehen.

§ 3

Begrenzung der Wärmeverluste bei Undichtheiten

(1) Die Fugendurchlaßkoeffizienten der außenliegenden Fenster und Fenstertüren von beheizten Räumen dürfen die in Anlage 2 genannten Werte nicht überschreiten.

(2) Die sonstigen Fugen in der wärmeübertragenden Umfassungsfläche müssen dauerhaft und entsprechend dem Stand der Technik luftundurchlässig abgedichtet sein.

2. Abschnitt

Gebäude mit niedrigen Innentemperaturen

§ 4

Anwendungsbereich

(1) Bei der Errichtung von Betriebsgebäuden, die nach ihrem üblichen Verwendungszweck auf eine Innentemperatur von mehr als 12°C und weniger als 19°C und jährlich mehr als 4 Monate beheizt werden, ist zum Zwecke der Energieeinsparung ein baulicher Wärmeschutz

**… der wärmeübertragenden Umfassungsfläche müssen entsprechend dem Stand der Technik luftundurchlässig abgedichtet sein."**

Mauerwerk wird mit dem Innenputz luftdicht, den man lückenlos von der Decke bis zum Boden aufzieht.

Leichtbaukonstruktionen, wie etwa Holzbalkendächer, werden mit Folien und Spezialklebeband luftdicht ausgeführt.

Bei diesem Dachdämmsystem wird die luftdichte Ebene in Form einer Folie oberhalb der Zwischensparrendämmung verlegt.

etwa Fugen im Dach sind demnach alles andere als eine „positive Grundbelüftung". Die Wahrheit ist: Selbst kleinste Fugen zerstören den besten Wärmeschutz und können für Schimmelbildung verantwortlich sein, wenn warme Luft während des Durchströmens der Fuge auskühlt und Tauwasser ausfällt: luftdicht ist Pflicht. Der luftdichte Abschluss wird bei Mauerwerk mit dem Innenputz hergestellt, Leichtbaukonstruktionen und Dachstühle werden mit Folien und Spezialklebeband luftdicht.

Denken Sie an einen stürmischen Herbsttag. Sie wissen, dass man friert, wenn man nur einen Pullover trägt. Denn der Wind kann durch die Maschen des Pullovers hindurchblasen (man hat quasi nur eine Dämmung ohne luftdichten Abschluss am Körper).

### Der Pullover ist die Dämmung, die Jacke entspricht der luftdichten Ebene

Wer aber über dem dicken Pullover eine Windjacke trägt, der friert nicht: Die Jacke entspricht der luftdichten Ebene beim Haus. Allerdings muss der Reißverschluss der Jacke dicht geschlossen sein – genauso wie man Folien verklebt und den Innenputz lückenlos von der Decke bis zum Roh-Fußboden aufzieht. Hat man nur eine Jacke mit Knöpfen, wird's trotzdem unbehaglich – so wie in einer Dachgeschoss-Wohnung, bei der zwar luftdichte Folien eingebaut, aber nicht verklebt wurden.

**Gut zu wissen:** Die luftdichte Ebene schließt die gesamte Gebäudehülle vollflächig zum be-

Die umlaufende Fuge rund ums Fenster wird mit einem Spezialkleband dauerhaft luftdicht verschlossen.

Die Wärmeleitung wird sichtbar, wenn Raureif oder Schnee auf dem Dach dort abtaut, wo ungedämmte Wände ins Dach einbinden.

heizten Gebäude ab. Alle Fugen sowie Rohr- und Antennendurchgänge müssen sorgfältig verklebt werden. Dann leistet eine Dämmung das, was sie soll: die Wärme im Haus halten.

Schon die erste Wärmschutzverordnung von 1977, ein Vorvorvorläufer der heutigen Energiespargesetzgebung, forderte: „Fugen in der wärmeübertragenden Umfassungsfläche müssen dauerhaft und entsprechend dem Stand der Technik luftundurchlässig abgedichtet sein." Die Sache mit dem „Stand der Technik" heißt heute „entsprechend den anerkannten Regeln der Technik".

### Die Luftdichtheit wird im Zuge der Sanierung mit dem Luftdichtheitstest überprüft

Die Dichtheit des Gebäudes wird mit einem Luftdichtheitstest (auch „Blower-Door-Test") überprüft: Schwachstellen in der Gebäudehülle können auf diese Weise lokalisiert werden und müssen dann abgedichtet werden (kann einige hundert Euro Heizkosten pro Jahr sparen). Der beste Zeitpunkt für eine Überprüfung der Luftdichtheit ist, wenn die neuen Fenster eingebaut sind und die Dachdämmung inklusive aller Folien fertiggestellt ist. Dann kann man im Fall von Leckagen noch gut nachbessern und muss dafür keine Verkleidungen entfernen oder gar Fensterbänke demontieren.

Und so wird der Test dann in der Praxis durchgeführt: Ein Ventilator, der in eine Fenster- oder Türöffnung montiert wird, erzeugt eine künstliche Druckdifferenz zwischen außen

Martin Dudek
Zertifizierter Modernisierungsberater und Immobilienmakler, Rodgau

## WÄRMESTRÖMUNG UND WÄRMELEITUNG

Mit der luftdichten Ebene werden Energieverluste durch Wärmeströmung verhindert. Aber auch durch Wärmeleitung geht Wärme verloren.

Wir wissen, dass Häuser Wärme durch die Dachfläche hindurch, durch die Fassade, durch die Fenster sowie durch die Kellerwände und den Kellerboden verlieren. Wenn kein Keller vorhanden ist, geht die Raumwärme über die Bodenplatte direkt ins Erdreich verloren.

Wie das Durchströmen einer Fuge funktioniert, braucht man nicht extra zu erläutern. Jeder weiß, was ein Luftzug ist. Der Wärmetransport durch ein geschlossenes Bauteil hindurch heißt „Wärmefluss" oder „Wärmeleitung" (Fachbegriff: „Transmission"). So, wie durch einen Kaffeefilter das Wasser hindurch geht, so ähnlich kann man sich den Wärmefluss durch ein Bauteil (Wand, Dach, Fenster) vorstellen.

Sichtbar wird die Wärmeleitung im Winter, wenn der Raureif oder Schnee beispielsweise oben auf der Dachfläche genau dort abtaut, wo ungedämmte Wände in die Dachhaut einbinden. Der Weg der Wärme ist übrigens immer eine Einbahnstraße: Wärme wandert immer vom Warmen zum Kalten.

Sobald es zwischen zwei Orten einen Temperaturunterschied gibt, findet Wärmeleitung statt. Die Wärme ist automobil, sie bewegt sich von selbst. Den Wärmefluss kann man bedauerlicherweise nicht stoppen, man kann ihn nur abbremsen. Deshalb gibt es auch keine Wärme-Isolierung, sondern nur Wärme-Dämmung.

Luftdichtheitstest: Ein Ventilator, der in eine Fenster- oder Türöffnung montiert wird, erzeugt eine künstliche Druckdifferenz.

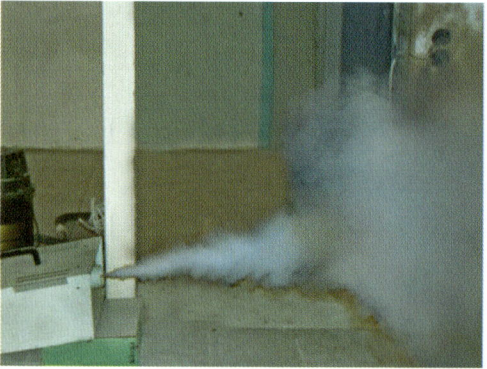

Bei einer Überdruckmessung wird häufig das Haus mit Bühnennebel eingenebelt, um Fugen sichtbar zu machen.

und innen. Die Messung der Luftmenge, die ins Haus hineingedrückt wird, lässt Rückschlüsse auf die Fugen zu: Je größer der Wert ist, um so größer sind die Fugen, die dann sorgfältig verschlossen werden müssen. Bei so einer Überdruckmessung können Fugen mit Bühnennebel sichtbar gemacht werden. Achtung: Vorher die Feuerwehr informieren. Nachbarn könnten dort einen „Brand" melden (der Nebel kann mit Rauch verwechselt werden).

Während der Durchführung eines Luftdichtheitstestes sorgt die Vorwandinstallation im Bad immer wieder für einen großen Aha-Effekt, falls diese auf eine unverputzte Außenwand geschraubt wurde: Luft strömt durch den Spalt zwischen Abflussrohr und Fliesenbelag in die Vorwand und gelangt dann durch Fugen im Mauerwerk nach außen.

Aber auch der „Orkan aus der Steckdose" ist bemerkenswert. Durch unvermörtelte Mauerwerksfugen oder durch Leerrohre entstehen Luftströme innerhalb der Wandkonstruktion (kalte Luft strömt ins Haus, warme Luft strömt aus dem Haus). Besser: luftdichte Leerdosen wählen. Und auch die Fenster sorgfältig einbauen: Zwischen Mauerwerk und Fensterrah-

# Das Lüftungskonzept

Allein schon aus dem Grund, dass man immer saubere, frische Luft im Haus haben möchte, ist richtiges Lüften wichtig: Unabhängig davon, welche Qualität die luftdichte Ebene des Gebäudes hat. Oder anders formuliert: Nicht nur bei luftdichten Häusern muss man sich Gedanken über die Art der Lüftung machen.

Dass man sich heutzutage gerne für eine Lüftungsanlage mit Wärmerückgewinnung entscheidet, ist nur konsequent. Man profitiert dabei dann auch von eingesparten Heizkosten. Zur Optimierung der energetischen Bilanz sollen die Fenster während der Heizperiode gef

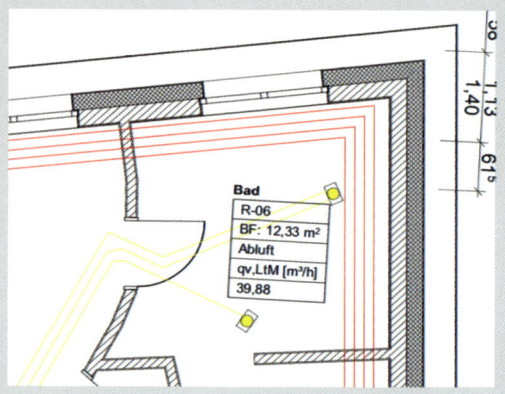

men gehört immer eine Dichtfolie. Es gibt übrigens ein schönes Bild, um die luftdichte Ebene zu verdeutlichen: Man muss in jeder Schnittebene des Hauses die luftdichte Ebene zeichnen können, ohne den Stift abzusetzen.

**Gut zu wissen:** In einem luftdichten Haus braucht man keine Angst zu haben, ersticken zu müssen. Die sogenannten Luftwechselraten sind auch bei dichten Häusern immer noch so hoch, dass immer ausreichend frische Luft nachströmt.

Dort, wo Nebel austritt, nachbessern. Vorm Luftdichtheitstest die Feuerwehr informieren. Falls Nachbarn einen „Brand" melden.

### Luftdicht und dampfdiffusionsoffen: beides geht – und zwar gleichzeitig

In diesem Zusammenhang nicht zu vergessen: Es wird oft erzählt, luftdichte Gebäude könnten nicht atmen, sie seien nicht „atmungsaktiv". Das ist ein weit verbreiteter **Energiespar-Irrtum**. Die Wahrheit: Mit „atmungsaktiv" ist gemeint, Feuchtigkeit aufzunehmen und wieder abzugeben (Wasserdampfdiffusion). Und das können einwandfrei ausgeführte Konstruktionen auch dann, wenn sie luftdicht sind. Blinder Alarm also. Luftdicht und dampfdiffusionsoffen: beides geht – gleichzeitig.

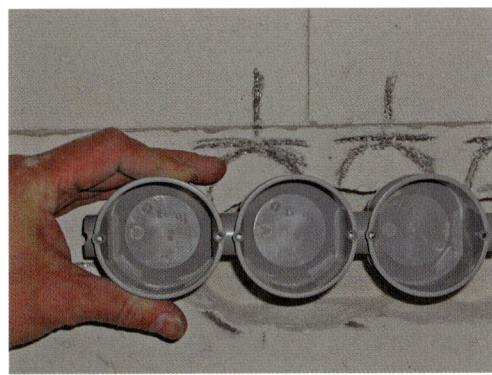

Der „Orkan aus der Steckdose" (spürbarer Luftzug durch unvermörtelte Mauerfugen) wird mit luftdichten Leerdosen vermieden.

geschlossen bleiben. Im Hochsommer, wenn es tagsüber unerträglich heiß werden kann, ist es ebenfalls ratsam, die Fenster nicht zu öffnen.

Der Energieberater dimensioniert im Zuge der haustechnischen Planung auch das individuelle Lüftungskonzept. Die Funktionsweise einer zentralen Lüftungsanlage mit Wärmerückgewinnung: Die warme, verbrauchte Luft wird durch einen Gegenstrom-Wärmetauscher geführt. Dort heizt sich im Winter die kalte, frische Außenluft auf und kommt vorgewärmt über Zuluftventile in die Räume (Bild links).

# Wärmebrücken:
# Identifizieren und reduzieren

**Wenn ein Bauteil durch Wärmeleitung deutlich mehr Wärme hindurchlässt als ein direkt benachbartes Bauteil, dann spricht man von einer Wärmebrücke: Zum Beispiel ein ungedämmter Betonsturz im Mauerwerk.**

Weitere typische Wärmebrücken sind etwa ein alter, klappriger Rollladenkasten oder die Balkonplatte, die früher ohne thermische Trennung an die Erdgeschossdecke dranbetoniert wurde und seit dem wie die Kühlrippe eines Motors Wärme von innen noch außen abführt.

Jeder kennt die bunten Wärmebilder (Thermogramm), auf denen diese energetischen Schwachstellen meist rot „glühen". Doch nicht jeder weiß, was bautechnisch dahinter steckt. Ganz zu schweigen von den Konsequenzen, die von Wärmebrücken ausgehen. Zunächst: In der Bauphysik spricht man nur von „Wärmebrücke". Die inzwischen auch bei Fachleuten eingebürgerte „Kältebrücke" gibt es streng genommen nicht. Denn in der Physik fließt nur

Wärme, niemals Kälte. Deshalb heißt es auch Wärmedämmung und nicht Kältedämmung.

**Bei einem Effizienzhaus fallen kleinste Ausführungsfehler schwer ins Gewicht**

Und so reduziert man Wärmebrücken beim Altbau: Ungedämmte Betonstürze verschwinden beispielsweise hinter der Fassadendämmung, alte Rollladenkästen werden durch bestens wärmegedämmte Kästen ersetzt und in die Fassadendämmung integriert.

Besonders wärmebrückengefährdet sind auch die Fensterlaibungen (Bereiche links und rechts am Fenster). Auch hierfür gibt es längst fertige Formteile, um diese Schwachstellen zu

Eine Balkonplatte, die ohne thermische Trennung etwa an die Erdgeschossdecke betoniert wurde, ist eine „Wärmebrücke", die ...

... wie die Kühlrippe eines Motors die Wärme aus dem Innenraum abführt. Beim Motor ist das erwünscht, beim Haus nicht.

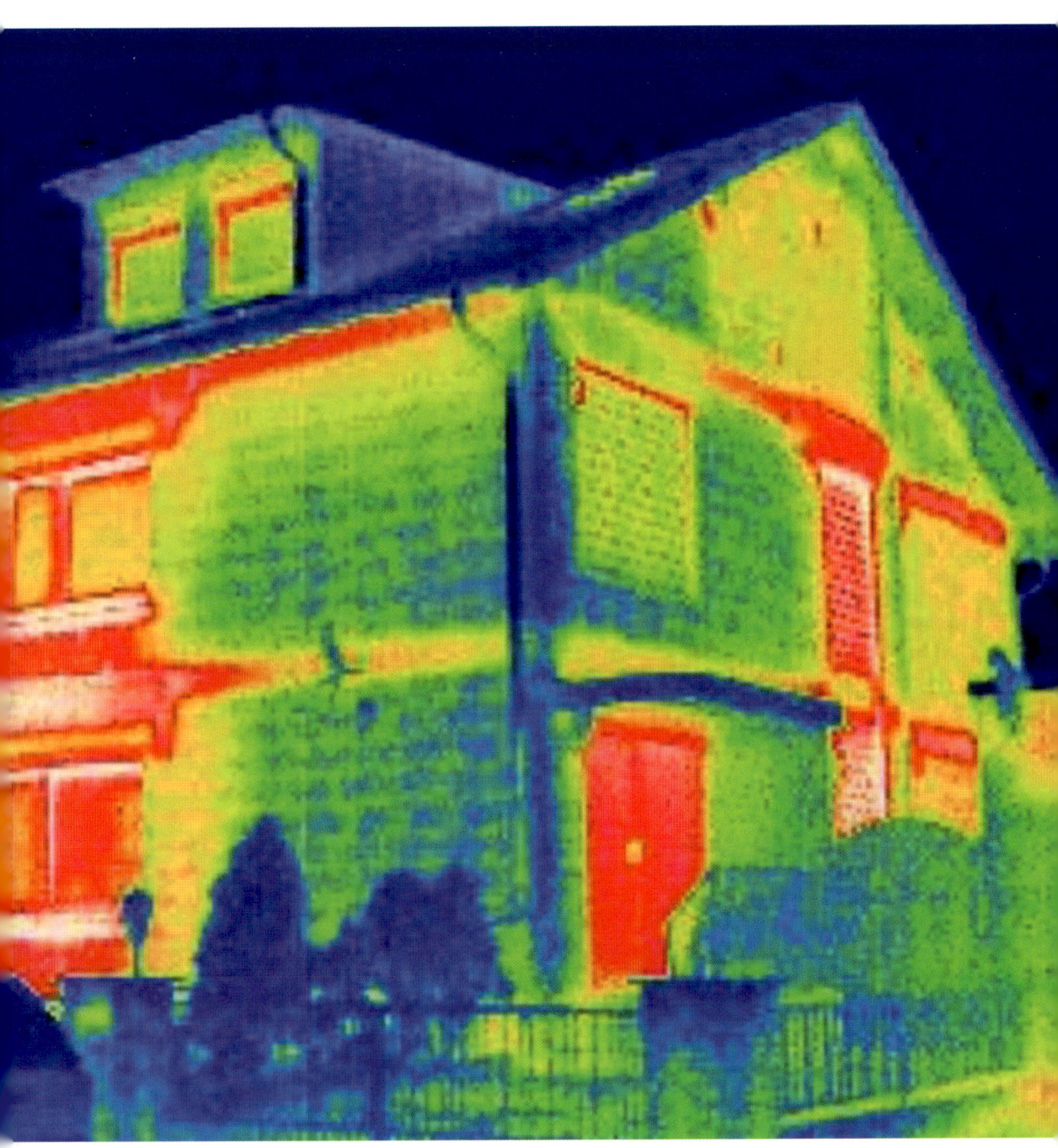

**Der Energieberater fertigt Wärmebilder an, um energetische Schwachstellen der Gebäudehülle auch für Laien sichtbar zu machen.**

eliminieren. **Gut zu wissen:** Bei einem Haus, das mit geringstem Wärmebedarf auskommt, fallen bereits kleinste Ausführungsfehler überproportional schwer ins Gewicht. Zum Vergleich: Bei einem alten Einfamilienhaus mit einem jährlichen Heizenergiebedarf von beispielsweise 45.000 Kilowattstunden (4.500 Liter Heizöl oder 4.500 Kubikmeter Gas oder neun Kubikmeter Pellets) ist eine Schwachstelle (Wärmebrücke) in der Gebäudehülle, die etwa 500 Kilowattstunden zusätzlich verursacht, kaum messbar und in der Heizkostenabrechnung kaum zu spüren (die Wärmebrücke bewirkt gerade mal ein Prozent höhere Heizkosten). Bei einem energieeffizienten Gebäude dagegen, das beispielsweise nur rund 5.000 Kilowattstunden Heizenergie (500 Liter Heizöl, 500 Kubikmeter Gas, ein Kubikmeter Pellets) pro Jahr benötigt, würde eine solche Schwachstelle rund zehn Prozent des Energieverbrauchs verursachen. Es wird deutlich: Bei Planung und Umsetzung eines energieeffizienten Gebäudes muss – unabhängig davon, ob wir vom Neubau oder von einer Bestandsimmobilie sprechen – die Betrachtung und Reduktion der Schwachstellen (sprich „Wärmebrücken" aber auch Fugen) als einer der wichtigsten Punkte immer im Vordergrund stehen.

Wärmebrücken sind „Störungen" im Bauteil. Die Gründe hierfür sind oftmals Materialwechsel innerhalb der Konstruktion wie der schon erwähnte schlecht oder gar nicht gedämmte Betonsturz in einer Wand.

Aber auch die Bauteilgeometrie (jede Hausecke ist eine Wärmebrücke) und sogenannte „konstruktive Zwänge" (durchbetonierte Balkonplatte aus einer Zeit, in der die „thermische Trennung" noch nicht erfunden war) sowie sicherlich nicht selten auch eine mangelhafte Ausführung, wenn etwa die Dämmung den Raum zwischen den Dachsparren nicht vollständig ausfüllt, führen zu Wärmebrücken. Dort geht viel mehr Wärme verloren, als durch den „ungestörten" Bereich des Bauteils dane-

ben und dadrüber. Deshalb gehören Stürze, Rollladenkästen, durchlaufende Balkonplatten aus Beton und andere Schwachstellen auch in puncto Wärmebrücken genau berechnet. Und dann wird bei der anschließenden Modernisierung besonders sorgfältig gearbeitet.

**Wärmebrücken vermeiden:**
**Von vier Vorteilen profitieren**

Die Vermeidung von Wärmebrücken bringt insgesamt vier große Vorteile:
**1.** Energieverbrauch: Die Heizkosten und auch die Umweltbelastung werden reduziert.
**2.** Durch den geringeren Wärmefluss im Bereich einer ehemaligen Wärmebrücke bekommt man im Winter auf der Innenseite des Außenbauteils eine höhere Oberflächentemperatur. Dadurch gibt es keine Tauwassergefahr mehr, das Schimmelrisiko geht auf Null, die „thermische Behaglichkeit" (Raumklima) wird verbessert.
**3.** Durch die Vermeidung von Wärmebrücken wird die Bausubstanz nachhaltig verbessert. Dadurch bekommt die Immobilie eine Wertsteigerung.
**4.** Mit einer Wärmebrückenberechnung reduziert man den Energiebedarf in der Wärmeschutzberechnung. Wegen des kleineren Wertes gelangt man leichter an lukrative Fördermittel und Zuschüsse: Diese steigen, wenn der Energiebedarf sinkt.

**Fazit:** Wärmebrücken reduzieren lohnt sich nicht nur doppelt und dreifach, sondern vierfach. Deshalb sollte jeder wissen, was Wärmebrücken sind und wie man sie reduziert.

### „Alarmstufe rot": Wärmebilder richtig lesen – „Blau" ist nicht immer gut

Der Energieberater fertigt Wärmebilder an, um energetische Schwachstellen des Gebäudes sichtbar zu machen. Anhand der unterschiedlichen Farben lässt sich sehr schön der Zustand von Dach, Fassade und Fenstern ablesen.

Für Wärmebilder, die von außen aufgenommen wurden, gilt: Kalte Oberflächen sind blau, was den Rückschluss zulässt, dass die Wärme im Haus bleibt (gut) und dass das jeweilige Bauteil nicht sonderlich aufgewärmt wird. Rote bis weiße Flächen bedeuten überdurchschnittliche Wärmeabflüsse: warm = schlecht! – es „glüht". Beispiel: ungedämmte Betonstürze.

Wärmebilder sind jedoch nur dann brauchbar, wenn die Randbedingungen der Aufnahmen korrekt waren. Dazu zählt auch der richtige Zeitpunkt der Aufnahme. Er ist in der kalten Jahreszeit, morgens, bei einer Außentemperatur von maximal plus 5 Grad Celsius. Wird das Haus etwa nachmittags, an einem sonnigen Tag, untersucht, dann sind auch gedämmte Fassaden rot oder gelb (von der Sonne aufgewärmt), obwohl sie eigentlich blau sein müssten (lassen keine Wärme durch). Das Wärmebild wäre wertlos. **Gut zu wissen:** Das Haus vor der Aufnahme drei Tage lang aufheizen. Sonst würde man beispielsweise eine dünne Heizkörpernische in einem unbeheizten Schlafzimmer nicht als Schwachstelle erkennen.

### Hausecken sind kalt, weil sie auskühlen – wie unsere Nasen beim Winterspaziergang

Wenn die Randbedingungen bei den Thermografie-Aufnahmen in Ordnung waren, muss man beim Lesen der Wärmebilder dennoch einige Details beachten. Hausecken sind beispielsweise immer relativ kalt, weil sie eben auskühlen, wie unsere Nasen beim Winterspaziergang. Auch bei ungedämmten Fassaden, die ständig Wärme-Nachschub von innen bekommen, sind die Hausecken grün oder blau und nicht rot. Obwohl sie Wärme verlieren.

Eine Rotfärbung unter dem Dachüberstand ist meist keine Schwachstelle. Dort sammelt sich warme, aufsteigende Luft, etwa aus einem darunterliegenden, gekippten Fenster.

Ein Ziegeldach ist (fast) immer dunkel. Denn Dachpfannen sind hinterlüftet und kühlen nachts aus. Eine schlechte Dämmung unter der Dacheindeckung kann als Wärmeleck auch schon mal übersehen werden. Nur größere Schwachstellen, wie etwa Fugen in der Dämmung, sind dort als warme, hellere Bereiche erkennbar. Hinweis: Das Dach von innen thermografieren: Dort sind dann aber die schlechten Stellen blau (kalt), die guten rot (warm).

**BASISWISSEN BAUPHYSIK**

MODERNISIERUNGSOFFENSIVE
MITTELFRANKEN

Dr. **Harald Cura**
Zertifizierter Modernisierungsberater und Immobilienmakler, Nürnberg

### DER U-WERT

Der U-Wert ist der Wärmedurchgangskoeffizient. Er gibt Auskunft darüber, wie gut oder schlecht ein Bauteil bezüglich seiner Wärmedämmeigenschaften ist. Je kleiner der U-Wert ist, umso besser.

Guter Dach- oder Fassaden-U-Wert: 0,2 W/(m²K) oder kleiner. Guter Fenster-U-Wert: 0,9 W/(m²K) oder kleiner.

**Temperaturverlauf durch eine gedämmte Außenwand**

- 20° C
- 19° C
- Außenputz
- Dämmung
- Mauerwerk
- -4° C
- Innenputz
- -5° C

# Energieberatung mit Arthur Schopenhauer

**Viele Sprüche, geniale Gedanken und alltagstaugliche Lebensweisheiten haben die frappierende Eigenschaft, dass sie heute noch genauso gültig sind, wie im Moment ihres Entstehens vor vielen hundert oder gar tausend Jahren.**

Es spielt offenbar keine Rolle, in welcher Zeit und unter welchen Umständen kluge Gedanken entstanden sind – ob vor tausend Jahren oder gestern. Schon der Philosoph Friedrich Nietzsche sprach von der ewigen Wiederkunft des Gleichen: Es war alles schon einmal da. Vielleicht nur in einem anderen Gewand oder Kontext.

Durchforstet man die Sammlungen schlauer Redewendungen und Sprichwörter mit einem parallel verlaufenden Blick auf die energetische Gebäudemodernisierung, wird man nicht nur fündig – man wird auch nachdenklich. Und manchmal muss man schmunzeln. Diese Erkenntnis könnte zu einem informativ-unterhaltsamen Gesellschaftsspiel für Handwerker und

Hauseigentümer werden: Die „Energieberatung großer Philosophen". Die Würfel sind gefallen: Das Spiel ist eröffnet – viel Vergnügen.

### Mut steht am Anfang des Handelns, Glück am Ende
Demokrit, griechischer Philiosoph, um 400 v.Chr.

Braucht man wirklich Mut, um sein Haus energetisch zu modernisieren? Auf jeden Fall „ja". Denn es kursieren derart viele irreführende und falsche Aussagen, die man sehr oft hört, und die einem die Orientierung rauben. Es braucht Mut, sich über manches hinwegzusetzen, was man immer wieder in der Zeitung liest. Etwa: „Gedämmte Wände schimmeln."

Vor 20 Jahren wurde man noch – „Phase 1" – belächelt, wenn man dicke Dämmstoffschichten einbaute. Aktuell sind wir in ...

... „Phase 2": Es wird vor dicker Dämmung gewarnt. In Kürze dürfte „Phase 3" beginnen: Dämmung ist selbstverständlich.

Fachleute wissen: Gedämmte Wände können nicht schimmeln. Das ist schon deshalb nicht möglich, weil sie auf der Innenseite warm sind. Und auf warmen Flächen fällt kein Tauwasser aus. Und wo kein Wasser ist, kann kein Schimmel wachsen. Das Glück sind am Ende nicht nur niedrige Heizkosten und ein behagliches Zuhause. Wer etwa noch eine Lüftungsanlage einbaut, kümmert sich damit auch um seine Gesundheit. Stichwort: saubere Atemluft. Gibt es ein größeres Glück als Gesundheit? Insofern stimmt der Spruch auch hier: Mut steht am Anfang des Handelns, Glück am Ende.

### Die Sanierungsquote von unter einem Prozent ist bestimmt kein „Dämmwahn"

Wenn eine Lebensweisheit auf die energetische Modernisierung zutrifft, dann diese über 150 Jahre alte von Arthur Schopenhauer: „Ein jedes Problem durchläuft bis zu seiner Anerkennung drei Stufen: In der ersten wird es lächerlich gemacht, in der zweiten bekämpft, in der dritten gilt es als selbstverständlich."

Wie recht der Mann hatte. Noch vor ein paar Jahren hat man sich über dicke Dämmstoffdicken lustig gemacht. Ich erinnere mich noch gut daran, als wir im Jahr 2000 unsere erste gedämmte Bodenplatte bauten. Eine 15 Zentimeter dicke Dämmplattenschicht wurde in der Baugrube verlegt. Manche Nachbarn standen oben am Baugrubenrand und schmunzelten. Damals, als der Heizölpreis bei etwa 25 Cent (ca. 50 Pfennig) pro Liter lag, konnte man sich nicht vorstellen, was so eine Bodenplattendämmung denn bringen soll. Jetzt, da sich die Heizölkosten etwa verdreifacht haben (Tendenz weiter steigend), wäre eigentlich längst die Zeit gekommen, dass Dämmung selbstverständlich ist. Aber nein, wir müssen erst noch ganz im Sinne von Schopenhauer „Phase 2" durchleben: Die Phase der Bekämpfung.

Es wird ungewöhnlich viel Negatives zum Thema „Dämmung" berichtet und erzählt: Ne-

**Gehen Sie in Ihrem Wohngebiet auf die Suche nach veralgten Fassaden. Ist das Problem wirklich so groß, wie oft berichtet wird?**

**Warum tragen wir im Winter Mantel, Schal und Mütze? Damit wir nicht frieren. Ein Haus braucht auch „Winterkleidung".**

**Handwerk hat goldenen Boden – und goldene Dächer, sofern sie gut gedämmt sind. Vieles wird am Bau noch von Hand erledigt.**

**Pan Hoffmann**
Architekt, Seeheim

▶ ▶❙ 🔊 20:49 / 43:12

YouTube: Die wichtigsten Fragen rund um die Wärmedämmung werden in der Magazinsendung „Dein Haus, mein Haus" sachlich und vor allem fachlich korrekt beantwortet. Im Internet modernisierungsoffensive.com eingeben und auf den YouTube-Button klicken.

ben der unberechtigten Schimmel-Sorge gibt es auch dramatisch inszenierte Berichte von Algen-, Specht und Brandschäden. Und es wird von „Dämmwahn" gesprochen. Sachlich nachgedacht: Eine Sanierungsquote von unter einem Prozent pro Jahr (bezogen auf den gesamten Gebäudebestand) ist alles andere als ein „Dämmwahn".

**Gut zu wissen:** Brände an gedämmten Fassaden sind so selten, dass diese geringe Anzahl eher eine Auszeichnung für funktionierenden Brandschutz in Deutschland ist. Statt Warnungen müsste man eher ein Kompliment unseren Ingenieuren und technischen Entwicklern am Bau aussprechen. Wie gesagt „Dämmung ist noch in „ Phase 2".

Die gute Nachricht zum Schluss: Nun kann es nicht mehr lange bis „Phase 3" dauern: Dämmung ist dann genauso selbstverständlich wie ein dicker Mantel, den wir uns im Winter anziehen, damit wir nicht frieren und „nicht auskühlen" wie ein Haus ohne Dämmung.

**Immobilienmakler oder Goethe? Drei Dinge sind an einem Gebäude zu beachten**

Vor rund 3.000 Jahren soll König Salomo schon festgestellt haben: „Durch Weisheit wird ein Haus erbaut und durch Verstand erhalten." Das, was Salomo mit „Weisheit" meinte, präzisierte Goethe (1749 bis 1832) mit folgendem Spruch: „Drei Dinge sind an einem Gebäude zu beachten: dass es am rechten Fleck stehe, dass es wohlgegründet, dass es vollkommen ausgeführt sei." Das kommt uns irgendwie bekannt vor. Jeder Immobilienmakler erläutert heute in Anlehnung an Goethe, dass nur der erste Punkt („rechte Fleck") maßgebend sei. Im Maklerdeutsch heißt Goethes Spruch nämlich: Drei Dinge sind an einem Gebäude zu beachten: Lage, Lage, Lage.

Vielleicht hat doch eher Goethe mit einer „Prise Salomo" Recht? Ein Haus ist mit Weisheit wohlgegründet und durch Verstand vollkommen ausgeführt und erhalten. Wer ein Gebäude erhalten möchte, muss es immer wieder mal instand setzen. Hierzu zählt heute ohne Frage auch die „energiesparende Modernisierung", an die man mit (Sach)Verstand herangehen sollte.

Lassen Sie uns bei soviel Philosophenweisheit dem Thema „Fassadendämmung" unvoreingenommen begegnen, zumal die ersten Wärmedämmverbundsysteme (WDVS) inzwischen rund 60 Jahre alt sind. Beachtlich, dass diese gedämmten Fassaden bis heute funktio-

Kompliment unseren Ingenieuren und technischen Entwicklern am Bau für hochwertige Brandschutzlösungen.

Zur Auswahl stehen eine ganze Reihe von Dämmstoffen mit unterschiedlichen Wärmeleitstufen (WLS).

nieren und dort in all den Jahren lediglich immer wieder mal ein Auffrischungsanstrich notwendig war.

### Wie ist das denn nun mit der Fassadendämmung?

Häuser, deren Fassaden beispielsweise vor 50 Jahren gedämmt wurden, haben im Laufe der Jahre geschätzte 200 Euro Heizkosten pro Quadratmeter eingespart. Pro Quadratmeter gedämmte Fassadenfläche. Wieviel hat damals die Fassadendämmung gekostet? Vielleicht 10 Mark pro Quadratmeter, bei einem Heizölpreis von 5 Pfennig pro Liter. Womit noch eine andere Frage beantwortet ist: Eine Fassadendämmung war aus Sicht von 1965 eher nicht lohnend. Aus heutiger Sicht doppelt, dreifach, zwanzigfach.

Im Jahr 2014 haben Handwerker und Bauexperten der Modernisierungsoffensive unter dem Titel „Dein Haus, mein Haus" eine 43minütige Magazinsendung produziert, in der die wichtigsten Fragen rund um das Thema „Wärmedämmung" sachlich und vor allem fachlich korrekt beantwortet werden.

# Die Laibung dämmen

Wenn die Laibungen etwa aus Kostengründen ungedämmt bleiben, wird es in diesem Bereich innen relativ sicher schimmeln (Wärmebrücke). Niedrige Oberflächentemperaturen bewirken innen höchstwahrscheinlich Tauwasserausfall.

Eine der wichtigsten Energiespar-Botschaften lautet, dass man das Haus rundum, inklusive Laibungen und Sockel lückenlos dämmen muss, wenn man bauphysikalisch alles richtig machen möchte. Für die Fensterlaibung gibt es eine Reihe einfacher Systemlösungen, sodass dort die Dämmung nicht mehr so kleinteilig und aufwendig ist wie früher.

Im Internet modernisierungsoffensive.com eingeben und auf den YouTube-Button klicken. So gelangt man zu dem Beitrag.

## Goldener Boden für goldene Zeiten

Zurück zu den Philosophen: „Handwerk hat goldenen Boden." Am Bau ist vieles noch so wie früher, ein Haus wird weiterhin „von Hand" gebaut oder modernisiert, wenn auch künftig manche Gewerke durch vorgefertigte Elemente preiswerter und hochwertiger werden.

Gerade in jüngster Zeit ist der Trend erkennbar, dass viele Menschen wieder bereit sind, etwas mehr Geld für gutes Handwerk zu bezahlen. Es begann beim Biobauern und führt nun zunehmend Richtung Hausbau und Renovierung: „Handwerk hat goldenen Boden" bedeutet nicht nur, dass der Handwerker auf einen grundsoliden Beruf zurückgreift, sondern auch, dass auch ein Bauherr oder Hauseigentümer mehr von einem soliden als von einem billigen Handwerk profitiert. Vielleicht verbringt er in seinem – vom goldenen Handwerk – modernisierten Haus künftig goldene Zeiten.

**Monika Peters**
Zertifizierte Modernisierungsberaterin und Immobilienmaklerin, Schwäbisch Hall

## OPTIMALE DÄMMSTOFFDICKE

So dick muss eine Dämmung ausgeführt werden, wenn der U-Wert nach der Modernisierung besser als 0,2 W/(m²K) sein soll (überschlägig ermittelte Richtwerte für eine kleine Auswahl der gängigsten Dämmstoffe, gegebenenfalls Kombinationen wählen):

**Fassade WDVS,** U-Wert besser 0,20 W/(m²K)
20 cm   Holzweichfaserplatte (WLS 040)
21 cm   Mineralschaumplatte (WLS 042)
16 cm   Polystyrol (WLS 032)
17 cm   Steinwolle (WLS 035)
**Fassade Einblasdämmung**
17 cm   Polystyrol (WLS 035)
17 cm   Mineralwolle (WLS 035)
19 cm   Zellulose (WLS 039)
**Dachdämmung,** U-Wert besser 0,15 W/(m²K)
30 cm   Hanf (WLS 045)
26 cm   Holzweichfaserplatte (WLS 040)
24 cm   Mineralwolle (WLS 035)

(WLS = Wärmeleitstufe)

# Die Welt sind drei Scheiben – was neue Fenster alles können

**Fenster müssen sich mit einem Handgriff bequem öffnen und schließen lassen. Mehrmals am Tag, zehntausend Mal in 20 bis 30 Jahren. Aber nie darf ein Fenster zu öffnen sein, wenn man es von außen mit der Brechstange versucht.**

Auch Schlagregen und Stürme müssen draußen bleiben. Tageslicht soll ganzjährig, Sonnenwärme soll nur während der Heizperiode von außen durchs Fenster hineinkommen. Die Wärme soll dann aber so langsam wie möglich wieder entweichen. Fenstertüren müssen zudem barrierefrei sein, dürfen keine Schwelle haben – nicht einmal 10 oder 20 Millimeter. Das steht zunächst im Widerspruch zur DIN 18195, die eine 15 Zentimeter hohe Schwelle als Spritzwasserschutz und Sicherung gegen stauendes Wasser und eindringenden Schneematsch fordert. Lösung: Vor dem Türaustritt eine Rinne mit wasserdurchlässigem Belag anordnen: Das Regenwasser verschwindet, der Übergang ist barrierefrei („Nullschwelle").

In Kombination mit einem großen Dachvorsprung oder einem weit auskragenden Vordach ist das Problem des eindringenden Wassers von vornherein reduziert. Bereits hier wird deutlich, welche verantwortungsvolle Aufgabe der Planer hat. Das Haus muss nach der Sanierung in jeder Richtung voll funktionsfähig sein.

### Neue Fenster sind ohne Wenn und Aber multitask

Das nächste Dilemma gibt's beim Klimaschutz: Dreifachverglaste Fenster haben den besten U-Wert, sparen viel Energie, lassen aber zuwenig Tageslicht durch. Tageslicht ist lebenswichtig, hat Einfluss auf unsere Gesundheit.

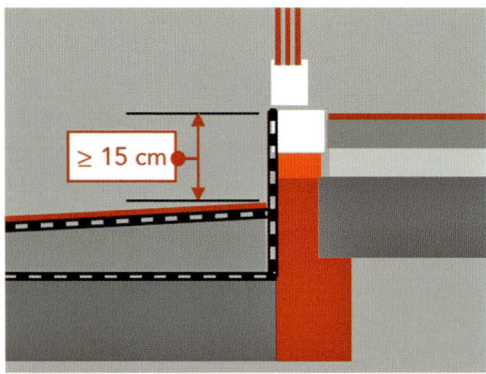

Fenstertüren müssen barrierefrei sein. Das steht im Widerspruch zur DIN 18195, die eine Schwelle als Spritzwasserschutz fordert.

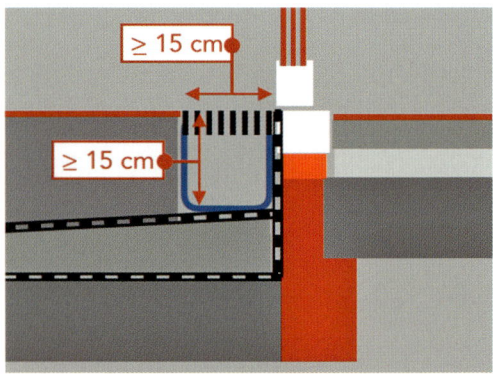

Lösung: Vor die Tür kommt eine Rinne mit wasserdurchlässigem Belag: Das Wasser verschwindet, der Übergang ist barrierefrei.

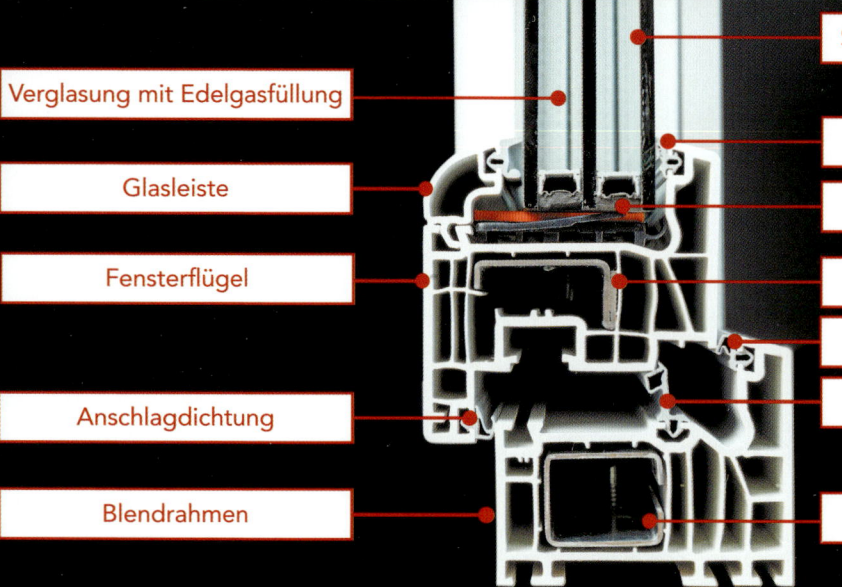

Verglasung mit Edelgasfüllung

Glasleiste

Fensterflügel

Anschlagdichtung

Blendrahmen

Sonnenschutzbeschichtung

Glasdichtung

Abstandhalter

Stahlverstärkung

Anschlagdichtung

Mitteldichtung

Stahlverstärkung

Hier muss letztlich ebenfalls ein Kompromiss gefunden werden.

Bei Mehrfamilienhäusern müssen Fenster in Brandschutzwänden als Brandschutzfenster ausgeführt werden, in Wohnlagen mit viel Außenlärm zudem noch als Schallschutzfenster. Und noch eine Eigenschaft müssen Fenster haben: Sie müssen bezahlbar sein. Fenster sind also – ohne Wenn und Aber – multitask.

**7-Punkte-Plan: Das optimale Fenster für Ihre Sanierung**

In dem Maß, indem sich das Anforderungsprofil an Fenster entwickelt hat, ist auch der technische Fortschritt von einer Stufe auf die nächste geprescht. Es ist absolut sinnvoll und notwendig, sich im Vorfeld einer Gebäudemodernisierung mit allen Themen rund ums Fenster mit viel Zeit auseinanderzusetzen:
1. Verglasung
2. Übergang Glas zum Flügel
3. Flügel und Rahmen, inklusive Dichtungen
4. Beschläge
5. Fensterbänke
6. Rollläden und Verschattung
7. Fachgerechter Einbau
Manche Fachbegriffe sind beim Fenster-Stu-

dium selbsterklärend (Dreifachverglasung, einbruchhemmendes Glas, integrierter Rollladenkasten), für andere benötigt man Hintergrundwissen („warme Kante", „Multifunktionsband", „U-Wert").

Fenster und Haustüren sind längst technische Produkte mit genau definierten Eigenschaften auf allerhöchster Stufe.

**Leistungsklassen sagen, was ein neues Fenster alles kann – erstaunlich viel**

Bei aller Begeisterung für das technisch Machbare lautet auch zum Beginn der Fensterplanung die erste Frage: „Muss man wirklich immer das Beste vom Besten wählen?"

Die Vielzahl an Normen und Vorschriften, mit denen die Eigenschaften von Fenstern und Haustür sowie deren Einbau definiert werden, können mit einem Fahrzeugschein verglichen werden. Unterschiede sind – genau wie beim Auto – zulässig. Ob Kleinwagen für den Stadtverkehr oder Lastwagen für den Fernverkehr. Alle Autos müssen sicher funktionieren. Beim Wohnen müssen alle Fenster und Türen – vom Gäste-WC-Fenster über die barrierefreie Hebeschiebetür zur Terrasse bis zur repräsentativen Haustüranlage sicher funktionieren.

| CE |
| --- |
| Widerstand gegen Windlast: Prüfdruck **Klasse 5** |
| Widerstand gegen Windlast: Rahmendurchbiegung **Klasse B** |
| Schlagregendichtheit: ungeschützt (A) **Klasse 7A** |
| Schallschutz: 33 (-1; -5) |
| Wärmedurchgangskoeffizient: **1,6** |
| Strahlungseigenschaften – Gesamtenergieduchlaßgrad: **0,6** |
| Luftdurchlässigkeit: **Klasse 3** |
| Tragfähigkeit der Sicherheitsvorrichtung: **npd** |
| Gefährliche Substanzen: **npd** |
| DIN EN 14351-1: 2007 |

Einheitliche „Leistungsklassen" beschreiben das Fenster technisch. Alle Eigenschaften sind in der CE-Kennzeichnung enthalten.

Alte Verglasungen haben eine recht niedrige Oberflächentemperatur auf der Innenseite. Die Fenster beschlagen.

Modernes Glas mit günstigem U-Wert hat hohe Oberflächentemperaturen. Statt Tauwasser gibt es vor allem Behaglichkeit.

Früher gab es für Fenster unterschiedliche „Beanspruchungsgruppen". Heute sind es die europaweit einheitlichen und materialunabhängigen „Leistungsklassen", die ein Fenster technisch beschreiben. Diese Eigenschaften sind in der CE-Kennzeichnung enthalten. Auf Grundlage von Standardprüfungen werden genormte Eigenschaften und die Ermittlung der Gebrauchstauglichkeit unter Berücksichtigung von Beanspruchung und erwarteter Lebensdauer definiert. Fenster sind also mehr als nur Glas und Rahmen. Sie sind Technik auf allerhöchster Stufe.

### Was müssen meine neuen Fenster leisten? Punkt 1: Verglasung

Wir betrachten jetzt das Fenster von der Mitte bis zum Rand und beginnen mit der alten Verglasung, die während der Heizperiode eine recht niedrige Oberflächentemperatur auf der Innenseite hat. Die warme Raumluft, die sich in der Nähe der Fenster befindet, kühlt dort schlagartig ab und „fällt" nach unten. Es entsteht ein kalter Luftzug. Unangenehm! Gleichzeitig beschlagen die Fenster von innen – Tauwasserausfall.

### Wärmeschutzglas: zweifach oder dreifach?

Neue Verglasungen mit kleinem, also günstigem U-Wert haben hohe Oberflächentemperaturen. Statt Zugluft und Tauwasserausfall gibt es vor allem Behaglichkeit. Somit sind neue Fenster nicht nur Energiesparer, sondern eben auch „Behaglichkeitslieferanten". Damit sind wir beim Wärmeschutz.

Die Empfehlung geht zunächst zur Dreifach-Wärmeschutzverglasung (anstatt Doppelscheiben) mit Edelgasfüllung (meist Argon oder Krypton) und Sonnenschutzbeschichtung, die die sommerliche Aufheizung des Gebäudes reduziert (reflektiert die Infrarotstrahlung). Kos-

tenmäßig ist der Unterschied zur Doppelverglasung – wenn überhaupt – nur noch gering.

Neue, dreifachverglaste Fenster haben einen U-Wert, der schon seit vielen Jahren unter 1,0 W/(m²K) liegt. Das ist für eine energieeffiziente, klimaneutrale Gebäudehülle auch notwendig. Aufschlussreich ist der U-Wert-Vergleich mit alten Fenstern (siehe Bauschild-Kasten rechts „Wissenswert"). Die enorme Entwicklung, die Fenster bezüglich Wärmeschutz hinter sich haben, wird dabei deutlich.

### Ein Beschlagen der neuen Fenster ist kein Mangel, sondern ein Qualitätszeugnis

Dreifach-Wärmeschutzglas kann ebenfalls beschlagen: allerdings von außen, meist morgens und abends, wenn draußen die Oberflächentemperaturen niedrig sind. Das ist ein gutes Zeichen dafür, dass die Raumwärme außen nicht ankommt, sondern im Haus bleibt. Die Scheiben sind außen kalt, Tauwasser bildet sich, das aber morgens ein bis zwei Stunden nach Sonnenaufgang wieder verdunstet ist, wenn die Lufttemperatur außen steigt und sich die Fensterscheiben von außen erwärmen. Ein Beschlagen der Dreifach-Fenster ist demnach kein Mangel, sondern ein täglich wiederkehrendes Qualitätszeugnis: Der Wärmeschutz der Verglasung funktioniert.

### Neben dem U-Wert ist auch der g-Wert von Bedeutung: Der solare Energiegewinn

Der g-Wert ist der Energiedurchlassgrad. Der Wert nennt den prozentualen Anteil der Energie durch Sonneneinstrahlung. Ein g-Wert von 0,55 besagt, dass 55 Prozent der einstrahlenden Energie durch die Verglasung durchgelassen wird. Je besser der Wärmeschutz der Verglasung ist, um so weniger Sonnenlicht lässt sie durch. Nachgerechnet: Was ist wichtiger: Ein kleiner U-Wert (Dämmung) oder ein großer g-Wert (Wärmegewinn durch die Sonne)?

### Wissenswert
**Übersicht Fenster-U-Werte:**
**Einfachverglasung: U-Wert 4,80 W/(m²K)**
**Doppelverglasungen ...**
**... bis Baujahr 1978: U-Wert ca. 3,00 W/(m²K)**
**... bis Baujahr 1990: U-Wert ca. 2,60 W/(m²K)**
**... bis Baujahr 1995: U-Wert ca. 2,00 W/(m²K)**
**Dreifachverglasungen ...**
**... bis Baujahr 2005: U-Wert ca. 1,70 W/(m²K)**
**seit Baujahr 2015: U-Wert ca. 0,90 W/(m²K)**

**Gut zu wissen:** Auch an knackig kalten Tagen kann man die Sonne anzapfen. 15 bis 20 Quadratmeter Fensterfläche, die nach Süden ausgerichtet sein müssen, genügen, um die Wärme der tief stehenden Wintersonne spürbar einzufangen. Die Sonnenstrahlen treffen nahezu waagerecht auf die Fenster und erwärmen den Raum, der dahinter liegt. Doch wieviel Wärme kommt genau im Haus an?

### Fenster, die nach Süden ausgerichtet sind, beeinflussen die Energiebilanz positiv

Fensterflächen, die nach Süden ausgerichtet sind, wird eine solare Einstrahlung von 270 Kilowattstunden pro Quadratmeter und Jahr – kWh/(m²a) – zugrunde gelegt. Allerdings muss man hiervon etwa 40 Prozent für den Rahmenanteil und für die Verschattung abziehen. Von den 270 kWh kommen somit im Durchschnitt nur etwa 160 kWh jährlich pro Quadratmeter auf der Glasfläche an. Wenn nun der g-Wert bei 0,55 liegt, hat man pro Jahr einen Wärmegewinn von knapp 90 Kilowattstunden. Das entspricht einer Einsparung von rund 9 Liter Heizöl oder 9 Kubikmeter Gas.

Der Wärmeverlust über einen Quadratmeter Wärmeschutzverglasung mit dem Ug-Wert 0,7 W/(m²K) liegt etwa bei 60 Kilowattstunden pro Jahr. In der Energie-Jahresbilanz bringen die Südfenster jährliche solare Gewinne von rund (90 minus 60) 30 kWh pro Quadratmeter Fensterfläche. **Erstes Fazit:** Südfenster beeinflussen die Energiebilanz positiv. Nordfenster, die

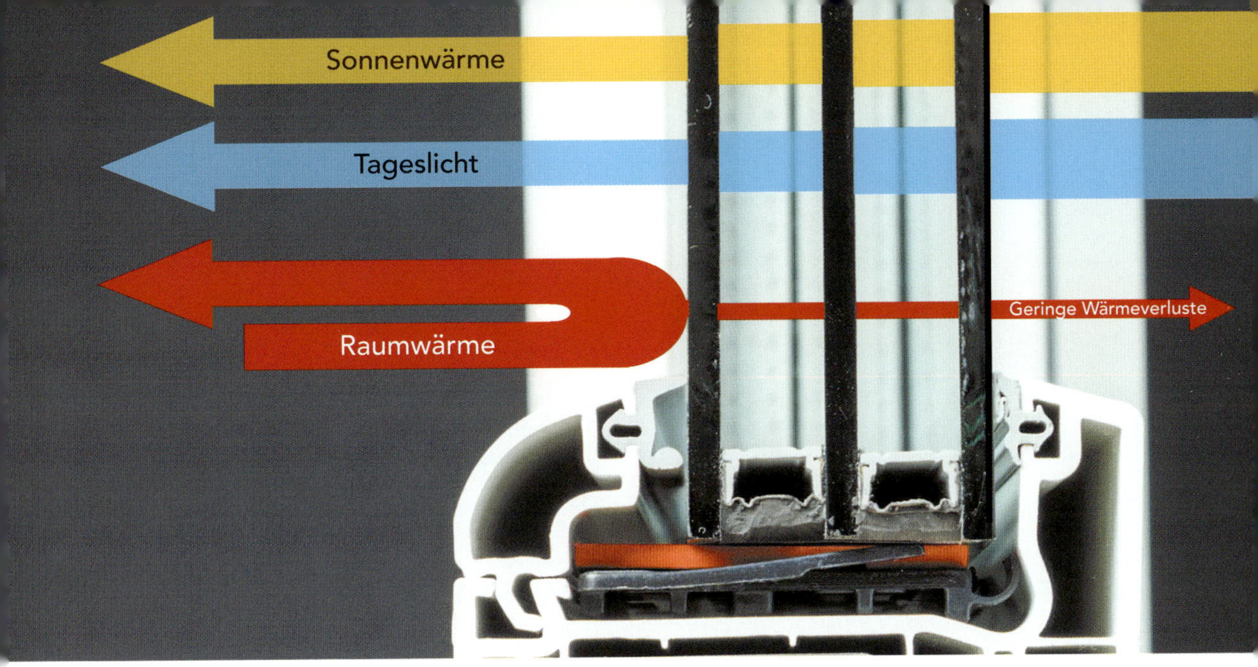

**Sonnenwärme**

**Tageslicht**

**Raumwärme**

Geringe Wärmeverluste

lediglich eine Einstrahlung von 100 kWh/(m²a) haben, bringen in der Bilanz nur Verluste. Deshalb hier der wichtige Hinweis: Nur wenige Fenster nach Norden ausrichten.

West- und Ost-Verglasungen verhalten sich in ihrer Energie-Jahresbilanz nahezu neutral.

Nun die ganz große Frage: Soll man die Süd-Fassade mit Fenstern „öffnen", um noch mehr Sonnenwärme einzufangen? Schnelle Antwort: Das lohnt sich nicht. Der jährliche Wärmege-

winn beträgt pro Quadratmeter Glasfläche nur 30 Kilowattstunden (rund zwei Euro Energiekosten kann man pro Jahr sparen – muss dafür aber 400 bis 500 Euro ins Fenster investieren).

**Zweites Fazit:** Die Fenster werden nur dann vergrößert, wenn man es möchte: etwa, weil der Tageslichtanteil erhöht werden soll. Den Mini-Energiegewinn nimmt man dann gerne mit. Oder anders formuliert: Neue Fenster sparen rund zwei Euro pro Quadratmeter, eine

Fensterflächen, die nach Süden ausgerichtet sind, beeinflussen zwar die Energiebilanz positiv – doch zu einem hohen Preis.

Nord-Fenster bringen in der Energiebilanz nur Verluste. Deshalb auf der Nordfassade möglichst wenige Fenster anordnen.

| Widerstandsklasse Fenster gesamt | Widerstandsklasse Verglasung |
|---|---|
| RC 1 N | Keine Anforderungen |
| RC 2 N | Keine Anforderungen |
| RC 2 | P4 A |
| RC 3 | P5 A |
| RC 4 | P6 B |
| RC 5 | P7 B |
| RC 6 | P8 B |

Die Schutzklassen P1A bis P5A werden als „durchwurfhemmend" bezeichnet und gehen bei einem Steinwurf nicht zu Bruch.

Tauwasserausfall am Übergang zum Rahmen ist ein Indiz für ältere, schlecht dämmende Abstandhalter zwischen den Scheiben.

Fassadendämmung, die nur ein Viertel kostet, lässt im Vergleich mit einer Dreifachscheibe gerade mal nur ein Fünftel der Wärme entweichen. Das lohnt richtig.

## Tageslichtbedarf versus Wärmeschutz

Eine Dreifachverglasung ist in aller Regel bezüglich Wärmeschutz deutlich besser als der dazugehörige Fensterflügel mit Rahmen: Glas-$U_g$-Werte von 0,6 bis 0,7 W/(m²K) sind heute üblich. Das ist Spitzenklasse. Damit nun genug Tageslicht ins Haus gelangt, müssen die Fensterflächen nach Süden, Westen und Osten so groß wie möglich gemacht werden. Das hat dann zwar zur Folge, dass man eine funktionierende Verschattung für die heißen Sommermonate zwingend braucht, doch insgesamt leistet die Verglasung dann alles, was man von ihr erwartet: Wärmeschutz, Tageslicht, Hitzeschutz.

Wenn insgesamt jedoch nur kleine Fensterflächen möglich sind (weniger als 20 Prozent der Zimmerfläche), ist es besser, dort auf eine Zweifachverglasung auszuweichen. Dann ist zwar der Wärmeschutz nicht ganz so gut – die $U_g$-Werte der Zweischeiben-Verglasung liegen in einer Dimension von 1,1 W/(m²K) – aber man bekommt ausreichend Tageslicht. Den etwas schlechteren Dämmwert der Fenster kann man in der Energiebilanz des Hauses beispielsweise mit einer geringfügig dickeren Dach- oder Fassadendämmung ausgleichen.

Jetzt geht es mit dem Einbruchschutz weiter. Die DIN EN 356 gibt Auskunft über die Schutzklassen von Fensterscheiben. Die niedrigen Klassen P1A bis P5A werden als „durchwurfhemmend" bezeichnet und gehen etwa bei einem Steinwurf nicht zu Bruch. Einem Angriff mit einem Vorschlaghammer können sie aber nur wenige Sekunden – also gar nicht – standhalten.

## Einbruchhemmende Verglasung der Widerstandsklasse P6B, P7B oder P8B

Als Sicherheitsverglasung, die auch vor einem massiven Einbruch schützt, ist die nächste Qualitätsstufe geeignet: „durchbruchhemmendes" Glas der Widerstandsklassen P6B (hält 30 bis 50 Schläge mit einer 2-Kilogramm-Axt aus), P7B (51 bis 70 Schläge) oder P8B (über 70 Schläge).

Die Klassifizierungen BR 1 bis BR 7 sowie SG 1 und SG 2 nach DIN EN 1063 gelten für „durchschusshemmendes" Verbund-Sicherheitsglas („VSG-Panzerglas"), das bei der normalen Wohnungssanierung jedoch so gut wie gar nicht zum Einsatz kommt.

## Schallschutzfenster der Klassen 1 bis 6

In manchen Wohngebieten ist der Lärm etwa durch Autos, Flugzeuge oder die Bahn so groß, dass es notwendig ist, die Gebäudehülle inklusive Fenster mit bestem Schallschutz aus-

**Dirk Neumeyer**
Zertifizierter Modernisierungsberater und
Fenster-Experte, Krefeld

## DER FASSADEN-U-WERT MUSS BESSER ALS DER FENSTER-U-WERT SEIN

Alte Fenster haben im Winter raumseitig eine Temperatur von 10 Grad Celsius oder weniger, es entsteht Tauwasser, die Scheiben beschlagen. Das ist aber kein Problem, weil man das Wasser wegwischen kann.

Ungedämmte Altbauwände sind in ihrer Dämmwirkung nicht ganz so schlecht wie alte Fenster, die Oberflächentemperatur der Wände liegt innen dadurch etwas höher (rund 13 bis 15 Grad Celsius – in den Ecken etwa 12 Grad Celsius). Da der sogenannte Taupunkt etwas darunter liegt, ist es im Raum zwar unbehaglich, dennoch gibt es kein Tauwasser und keinen Schimmel auf der Wand. Nicht mal in den Ecken, da dort die Oberflächentemperatur gerade noch oberhalb des Taupunkts liegt. Bis auf die hohen Heizkosten ist alles in Ordnung.

Jetzt werden neue Fenster eingebaut, die raumseitig wegen der guten Dämmwirkung eine hohe Oberflächentemperatur haben: rund 18 Grad Celsius. Im Raum wird es deshalb behaglicher, man dreht die Heizung etwas runter, spart Heizkosten. Durch die kühlere Raumluft sinkt aber auch die Temperatur der Wände, dort wird der Taupunkt leicht unterschritten, es fällt Tauwasser aus. Schimmelgefahr. Die 18 Grad warmen Fensterscheiben bleiben dagegen trocken.

Hintergrund: Die U-Werte ungedämmter Altbau-Außenwände liegen zwischen 1,0 und 2,0 W/(m²K). Wenn der U-Wert der neuen Fenster besser als der U-Wert der ungedämmten Außenwand ist, kann es ein Tauwasserproblem geben. Deshalb gehört zu neuen Fenstern, die im Altbau montiert werden, immer eine Fassadendämmung. Mit der Dämmung wird der U-Wert der Fassade auf etwa 0,2 W/(m²K) gesenkt, zugleich steigt die Temperatur innen auf der Wand auf bis zu 19 Grad an – es kann weder Tauwasser noch Schimmel entstehen.

Die Schnittstelle von der Verglasung zum Rahmen nennt man „warme Kante", da dort keine nennenswerte Wärmeleitung erfolgt.

zustatten. Wenn für die Dreifachverglasung unterschiedlich dicke Scheiben in asymmetrischer Anordnung verwendet werden, wird die Schallweiterleitung erheblich reduziert, weil jede Scheibe eine andere akustische Resonanz hat. Zur Weiterleitung des Schalls müssen die Glasscheiben in Schwingung versetzt werden. Deshalb haben Schallschutzfenster außen eine Doppelscheibe aus Verbundglas. Diese zum Schwingen zu bringen, kostet viel Schall-Energie. Der „Rest-Schall", der auf der anderen Seite noch ankommt, muss nun die zweite, dünnere Scheibe zum Schwingen anregen. Da diese aber eine andere Resonanz hat als die erste Scheibe, geht erneut Schall-Energie verloren. Bei der dritten Scheibe wiederholt sich dieses Spiel noch einmal, sodass im Innenraum nur noch ein leises Rauschen ankommt, selbst wenn jenseits des Gartenzauns ein Güterzug vorbeidonnert.

Schallschutzfenster werden in die Schallschutzklassen 1 (Schalldämmmaß 25 bis 29 Dezibel – dB) bis 6 (über 50 dB) eingeteilt. Eine Reduzierung um 10 dB wird bereits als eine Halbierung der Lautstärke wahrgenommen.

**Punkt 2: Übergang Glas zum Flügel: Die „Warme Kante"**

Die erste Schnittstelle, die wir nun genauer betrachten, ist der Übergang von der Verglasung zum Fensterflügel oder bei Festverglasungen zum Fensterrahmen. Da sind zunächst die Abstandhalter zwischen den Scheiben, die früher

häufig aus Aluminium gefertigt wurden. Aluminium leitet Wärme sehr gut ab, sodass sich der Bereich am Scheibenrand an kalten Tagen stark abkühlte. Tauwasserausfall am Übergang zum Fensterflügel oder Rahmen ist ein Indiz für ältere, schlecht dämmende Abstandhalter (Wärmebrücke). Heute verwendet man für die Abstandhalter Kunststoffe mit einer hauchdünnen Ummantelung aus Edelstahlfolie („warme Kante"), sodass an dieser Stelle keine nennenswerte Wärmeleitung mehr erfolgt.

Dass man mit einem Blick auf die Abstandhalter das Alter von Fenstern erkennen kann, wurde bereits erwähnt: Denn dort ist das Herstellungsdatum eingeprägt.

Wie befestigt man nun das „Scheibenpaket" am Flügel oder Rahmen? Auch bei diesem Fertigungsschritt sind die Zeiten modern geworden. Wie beim Auto oder etwa bei ICE-Zügen wird nicht mehr „verklotzt", sondern geklebt. Der Flügel erhält dadurch mehr Stabilität, auf die schwere Stahleinlage kann häufig verzichtet werden (erleichtert buchstäblich den Einbau, freut die Handwerker). Der Verzicht auf die Stahleinlage wiederum verbessert den U-Wert. Schlagregendicht ist die geklebte Kon-

struktion allemal, auch der Einbruchschutz wird verbessert: Ein Herausdrücken der Scheiben ist nicht möglich.

**Punkt 3: Flügel und Rahmen inklusive drei Dichtungsebenen**

Es gibt drei Basiswerkstoffe für Fensterrahmen: Holz, Kunststoff, Aluminium. Aus allen dreien kann man inzwischen perfekte Fenster herstellen. Alle Anforderungen an Wärme-, Schall-, Wetter- und Einbruchschutz werden bestens erfüllt. Man kann also beim Rahmenmaterial auf sein Bauchgefühl hören und voll und ganz den persönlichen Geschmack berücksichtigen. Hier ein paar Hinweise, was bei der Auswahl wichtig ist.

**Gut zu wissen:** Kunststofffenster gibt es heute mit täuschend „echter" Holzoberfläche (Pflegeaufwand sehr gering), manche Holzfenster sind wiederum so gut lackiert, dass sie sich wie Kunststofffenster anfühlen.

Bei echten **Holzfenstern** Rahmen mit Zusatzdämmung wählen, bei **Kunststofffenstern** sollte der Rahmen aus Mehrkammerprofilen (6 oder 7 Kammern) bestehen, eventuell eben-

# Doppelter Spartipp: Festverglasung

Bei der Fensterplanung sollte man darauf achten, überall dort Festverglasungen einzubauen, wo es möglich ist (im Erdgeschoss oder an Balkonen). Denn Festverglasungen lassen aufgrund ihrer kompakten Bauweise weniger Wärme entweichen als ein Fenster mit Flügeln zum Öffnen. Zudem liegen Festverglasungen um bis zu 40 Prozent günstiger als gleichgroße Fenster mit Dreh-Kippmechanismus. Festverglasungen sparen also doppelt. Bessere Wärmedämmung, dadurch gesparte Energiekosten plus ein niedriger Preis – und zusätzlich gibt's noch besseren Einbruchschutz.

Kunststofffenster gibt es heute mit täuschend „echter" Holzoberfläche: Der Pflegeaufwand ist sehr gering.

Wärmebrückenfreie Fenstermontage mit einem Formteil, das auf die Fensterbrüstung gesetzt wird.

Holzfenster sind heute so gut lackiert, dass sie bestens wettergeschützt sind. Sie fühlen sich dann aber eher wie Kunststofffenster an.

**Dieter Färber**
Zertifizierter Modernisierungsberater und Fenster-Experte, Reichelsheim

## AUFMESSEN DER FENSTER

Die Fenster müssen später beim Einbau genau zur jeweiligen Maueröffnung passen. Deshalb muss das Aufmaß vor der Fensterbestellung sorgfältig durchgeführt werden. Wenn die Fenster zu klein oder zu groß sind, hat das Auswirkungen auf das gesamte Erscheinungsbild der Fassade. Die Konsequenz wäre ein Baustopp und ein wochenlanges Warten auf die neuen Fenster. Von den Zusatzkosten ganz abgesehen.

falls mit Zusatzdämmung. Gleiches gilt für **Alu/Verbundfenster:** Auf jeden Fall auf eine Zusatzdämmung achten.

Die zweite große Schnittstelle liegt zwischen Flügel und Rahmen. Dort haben sich Fenster mit Mitteldichtungssystem etabliert. Die Mitteldichtung ist zusätzlich zu einer innen liegenden und einer außen liegenden Anschlagdichtung eine zusätzliche, dritte Dichtungsebene, um etwa Schlagregen wirkungsvoll davon abzuhalten, ins Gebäude zu gelangen. In diesem Zusammenhang: Alte Fenster mit verzogenen Flügeln mit Klebedichtbändern aus Schaumstoff reparieren zu wollen, kann bestenfalls eine akute Sofortmaßnahme sein. Eine dauerhaft haltbare Abdichtung ist so etwas nicht.

### Punkt 4: Beschläge – Dreh- und Angelpunkt für Stabilität und Einbruchschutz

Die Beschläge sorgen für eine sichere Verbindung zwischen Fensterflügel und Fensterrahmen. Der sichtbare Teil der Beschläge sind der Fenstergriff („Olive") zum Öffnen und Schließen sowie als Dreh- und Angelpunkt die Bänder. Eine besondere Aufgabe der Beschläge ist – ergänzend zur Sicherheitsverglasung – der Einbruchschutz. Polizeiliche Beratungsstellen empfehlen für private Häuser und Wohnungen Fenster in den Widerstandsklassen RC 2 oder RC 3 (DIN EN 1627). Besser sind in jedem Fall RC-3-Fenster: Sie haben innenliegende Beschläge mit Rundumverriegelung und Pilzzapfen sowie einen abschließbaren Fenstergriff

plus mindestens P6B-Verglasung: Damit leisten sie professionellen Einbrechern mindestens fünf Minuten Widerstand. Nur bei den oberen Geschossen, wenn man von außen an die Fenster nicht herankommt, kann auf erhöhten Einbruchschutz verzichtet werden.

### Punkt 5: Fensterbänke auswählen – Standard-Alu oder beschichtetes Polystyrol?

Üblich sind die robusten Fensterbänke aus Aluminium, die einfach zu montieren sind. Eine Alternative sind Fensterbänke aus beschichtetem Polystyrol. Bei der Planung der Fensterbänke sind drei Punkte zu beachten. **1.** Der Fensterbanküberstand vor der Fassade beträgt 3 bis 4 Zentimeter. **2.** Aluminiumfenster sollen wegen ihrer thermischen Längenänderung nicht breiter als 3 Meter sein. **3.** Das Gefälle der Fensterbänke beträgt rund 5 Grad.

### Punkt 6: Rollläden und Verschattung – sommerlicher Wärmeschutz

Sonnenhitze kann durch die Verglasung ungehindert ins Haus gelangen. Es gibt zwar spezielles Sonnenschutzglas, doch dieses reduziert auch im Winter die Wärmeeinstrahlung, wenn man sie benötigt. Dieses Problem lässt sich sehr gut mit außen liegenden Rollos, Rollläden oder Jalousien lösen.

Perfekt ist eine automatische Verschattung, die durch Temperatursensoren gesteuert wird. An heißen Sommertagen sind die Fenster zuverlässig verdunkelt, sodass die Aufheizung der Räume verhindert wird. Sobald sich dann abends oder nach einem Gewitter die Luft wieder abgekühlt hat, öffnen sich die Rollläden oder Rollos automatisch und man kann die Fenster zum Lüften öffnen.

### Punkt 7: Fachgerechter Einbau – Schritt für Schritt

Den fachgerechten Einbau der Fenster zeigt die Schritt-für-Schritt-Anleitung ab Seite 178.

### Glasbausteine und einfach verglaste Scheiben schnellstens austauschen

Glasbausteine sind ein typisches Element von Häusern aus den 1950er bis 1970er Jahren. In

Üblich sind bei Neubau und Modernisierung die robusten Fensterbänke aus Aluminium, die einfach zu montieren sind.

Fensterbänke aus beschichtetem Polystyrol sind eine gute Alternative: Sie sind wärmebrückenfrei und sehen gut aus.

der Innenarchitektur wurden diese Glasbausteine kürzlich wiederbelebt – und das sogar ziemlich ansprechend. Doch aus gutem Grund nur für die Innengestaltung und nicht wie früher als lichtdurchlässiges Fassadenelement. Denn Glasbausteine innerhalb der Fassade verursachen Energieverluste bei gleichzeitig unbehaglichem Raumklima. Besonders besorgniserregend sind Treppenhäuser, die mit Glasbausteinen verglast sind. Warme Raumluft wandert aus den beheizten Zimmern oder Wohnungen durch dünne Wände und dünne Türen ins Treppenhaus und von dort durch die Glasbausteine nahezu ungebremst ins Freie.

**Gut zu wissen:** Ein Austausch der Glasbausteine gegen Dreifachscheiben bringt spürbare Heizkosteneinsparungen und ein deutlich besseres Raumklima.

Und dann sind da noch die einfach verglasten Fenster. So wichtig und gut Denkmalschutz und Nostalgie sind: Wenn in einem Gebäude noch die hauchdünnen Glasscheiben der Nachkriegszeit eingebaut sind, dann hat man mit diesen einfach verglasten Fenstern Energieverschwender mit Faktor 6. Denn der U-Wert eines Einscheiben-Fensters liegt bei $5{,}8$ W/(m²K) während moderne Dreifach-Wärmeschutzfenster – Sie wissen es längst – unter $1{,}0$ W/(m²K) liegen. Glasbausteine rangieren übrigens bei $3{,}5$ W/(m²K). Die sind zwar eine Spur besser als einfach verglaste Scheiben, aber insgesamt dennoch inakzeptabel, wenn es ums klimaneutrale Wohnen geht.

**Tipp für Mieter:** Mit dem Hauseigentümer Kontakt aufnehmen und eine Modernisierung besprechen. Clevere Vermieter holen sich ohnehin in diesen zinsgünstigen Zeiten einen Energieberater ins Haus und lassen das gesamte Gebäude begutachten und dann sanieren. Stichworte: „Werterhalt" und „langfristige Vermietbarkeit."

Das Bundesamt für Wirtschaft- und Ausfuhrkontrolle (BAFA) übernimmt bei Häusern ab drei Wohneinheiten übrigens satte 1.700 Euro der Energieberaterkosten. Und wenn ein Energieberater seinen Bericht bei einer Wohnungseigentümerversammlung erläutert, gibt's nochmals 500 Euro obendrauf. Also auch hier die Frage: Worauf warten? Wenn sich Mieter und Eigentümer geschlossen die Möglichkeiten der Energieeffizienz erläutern lassen, hat das auch den Vorteil, dass die Nachbarschaft im Haus gestärkt wird. Vielleicht lernt man sich durch diese Aktion als Hausgemeinschaft überhaupt erst richtig kennen und gründet eine klimaneutrale Wohngemeinschaft.

# Welche Heizung ist die beste Wahl?

**Wenn aus einer vorhandenen, veralteten Heizungsanlage eine moderne effiziente Heizung gemacht werden soll oder wenn eine vollständig neue Heizung dimensioniert und montiert wird, gibt es zunächst sieben goldene Regeln.**

Es ist nicht nur wichtig, die richtige Auswahl und die richtige Dimensionierung der einzelnen Haustechnik-Komponenten vorzunehmen, sondern man muss auch auf eine korrekte Ausführung achten. Denn eine durchdachte Planung kann durch eine mangelhafte Ausführung zunichte gemacht werden. Eine Maßnahme, wie etwa der hydraulische Abgleich (siehe Seite 100/101), gehört nicht nur zum Standardprogramm, weil der Gesetzgeber das fordert: Diese Form der Heizungseinstellung ist absolut sinnvoll. Im Folgenden nun zunächst die sieben goldenen Regeln, wie die Energieeffizienz einer Heizung positiv beeinflusst wird:
**1.** Den richtigen, passenden Wärmeerzeuger wählen. Wenn im Haus nur normale Heizkör-

per vorhanden sind, ist beispielweise eine Wärmepumpe eher ungeeignet, weil diese für niedrige Energiekosten große Heizflächen benötigt (Fußbodenheizung, Wandheizung).

**Man kann's gar nicht oft genug erwähnen: Einen hydraulischen Abgleich durchführen**

**2.** Der hydraulische Abgleich gehört gleich auf Position Nr. 2. Wenn jeder Raum dank richtig eingestellter Heizungsrohr-Durchflüsse die richtige Wärmemenge erhält, führt das zu einem niedrigen Energieverbrauch. Man kann es gar nicht oft genug erwähnen.
**3.** Die Heizkurve muss mit ihrer Tag- und/oder Nachtabsenkung genau auf die Gewohnheiten

Goldene Regel Nummer eins: Den richtigen Wärmeerzeuger wählen. Zu einer Wärmepumpe (Bild) gehört eine Flächenheizung.

Alte Heizkörper sind für Effizienzhäuser ungeeignet. Besser sind Flächenheizungen wie eine Fußboden-, Wand- oder Deckenheizung.

der Bewohner und auf das Gebäude insgesamt abgestimmt werden. Die Folge ist ebenfalls ein niedriger Energieverbrauch.

**4.** Die Zirkulationspumpe für den Warmwasserbedarf muss bedarfsgerecht eingestellt werden. Das vermeidet unnötig hohe Stillstandsverluste (es wird optimalerweise nur das Wasser erwärmt, das man auch braucht).

**5.** Ungedämmte, zugängliche Rohrleitungen, die warmes Wasser führen, dämmen. Auch das spart viel Energie.

**6.** Alte Umwälzpumpen des Heizwasserkreislaufs, die ohnehin zu den großen Stromfressern im Haushalt zählen, bitte korrekt einstellen. Das führt dann zu nicht ganz so hohen Stromkosten. Besser: Alte Pumpen tauschen.

**7.** Fehlende Einzelraumregelungen (beispielsweise programmierbare Heizkörper-Thermostatventile) einbauen: dann ist eine bedarfsgerechte Temperatureinstellung möglich.

**Wissenwert: Primärenergie, Endenergie, Heizenergie, Nutzenergie: Was ist was?**

Im Zusammenhang mit einer energetischen Modernisierung und vor allem beim Aufstellen einer Energiebilanz im Zuge der Heizungsplanung gibt es Begriffe, die ähnlich klingen, doch etwas Unterschiedliches meinen. Beispiel: Primäreneregie, Endenergie, Heizenergie, Nutzenergie. Was ist denn nun was?

Die Primärenergie ist die Summe aller Energien, die aufgewendet werden musste, um die Endenergie (auch Heizenergie) „herzustellen" und an den Kunden zu liefern. Man spricht bei der Primärenergie auch von der Summe der „Energien der vorgelagerten Prozesskette", die eben alle in der Primärenergie enthalten sind: Alle Energien, die vom Öl-Bohrturm bis zur Pipeline oder bis zum Tankwagen eingesetzt werden müssen. Und dann immer weiter in der Produktions- und Transportkette, bis die Energie schließlich ins Haus gelangt.

**Die Endenergie ist das, was der Kunde bezahlen muss**

Die Endenergie ist das, was beim Hauseigentümer angeliefert wird und was er letztlich bezahlen muss: Ein Liter Heizöl, ein Kubikmeter Gas, ein Kubikmeter Pellets, eine Kilowattstunde Strom und so weiter.

# Hydraulischer Abgleich

Für eine effiziente Anlagentechnik reicht es nicht aus, einfach nur die alte Technik gegen eine neue zu ersetzen. Die einzelnen Komponenten müssen auch aufeinander abgestimmt werden. Genauso muss nach einer energetischen Modernisierung, wenn wesentlich weniger Raumwärme als zuvor gebraucht wird, die gesamte Heizung neu eingestellt werden. Stichwort: Hydraulischer Abgleich.

Hydraulik ist die Lehre von fließenden Medien. Im Falle der Haustechnik ist damit das Heizungswasser im Wärmeverteilsystem, also in den Rohrleitungen, Heizkörpern und in der aaaa

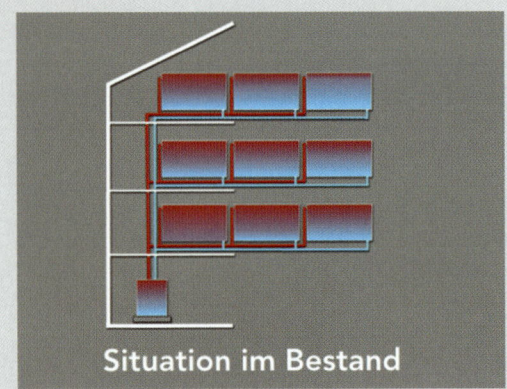

**Situation im Bestand**

Einer der großen Energiespar-Klassiker: Die alten, stromfressenden Umwälzpumpen gegen Effizienz-Stromsparmodelle tauschen.

Im Zuge einer Sanierung erledigt man den Tausch sowieso. Bild: Integrierte Hocheffizienz-Umwälzpumpe einer Wärmepumpe.

Das Dämmen der Heizungsrohre gehört ebenfalls zum kleinen Energiespar-Einmaleins und kann sogar selbst erledigt werden.

Mit programmierbaren Raumthermostaten werden mit wenig Aufwand einzelne Räume gezielt beheizt. Oder eben nicht.

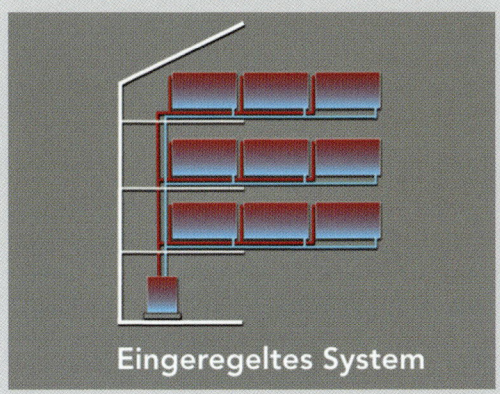

**Eingeregeltes System**

Fußbodenheizung gemeint. Beim hydraulischen Abgleich werden die Rohrquerschnitte mittels spezieller Ventile so justiert, dass jeder Heizkörper oder Heizkreis der Fußbodenheizung die richtige Menge an Heizungswasser erhält, um die Räume je nach gewünschter Raumtemperatur zu erwärmen.

Das Heizungswasser fließt den Weg des geringsten Widerstands: Großer Rohrquerschnitt, viel Wärme – kleiner Querschnitt, wenig Wärme. Resultat: Bei hydraulisch nicht abgeglichenen Systemen werden oftmals manche Räume zu warm, andere wenig bis gar nicht.

**Andreas Klingerbeck**
Zertifizierter Modernisierungsberater und
staatl. geprüfter Bautechniker, Sankt Englmar

Die Nutzenergie ist die Energie, mit der zum Schluss das Wasser erwärmt und die einzelnen Räume beheizt werden. Nach Abzug aller „technischen Verluste" ist das die Energiemenge, die tatsächlich noch zur Beheizung zur Verfügung steht.

Bis aus der Endenergie/Heizenergie letztlich Raumwärme und warmes Wasser (sprich Nutzenergie) geworden ist, geht auch im Haus Energie verloren: Etwa bei der Umwandlung in Wärme und beim Transport in die einzelnen Räume. Die Endenergie ist somit größer als die Nutzenergie (Grafik rechts).

**Drei Wege zu einer effizienten Heizung im Altbau: einstellen, nachrüsten, austauschen**

Neben Dämmung und neuen Fenstern gibt es noch einen dritten Energiespar-Joker, den jeder im Ärmel hat: Nämlich die Heizung im Keller. Dabei ist es fast egal, wie alt die Anlage ist. Es gibt drei sinnvolle Wege, die man mit der vorhandenen Heizung gehen kann.

**1. Die vorhandene Heizung richtig einstellen.** Ist die Haustechnik noch relativ neu? Dann prüfen Sie folgende Punkte: Wurde ein hydraulischer Abgleich durchgeführt, sodass jeder Heizkörper und jeder Fußbodenheizungskreislauf genau die Wärmemenge erhält, die er auch braucht? Den Heizungsbauer bei der nächsten Wartung darauf ansprechen.

Die nächsten Punkte sind „Heizkurve" einstellen (optimales Verhältnis von Außentemperatur zu Heizungs-Vorlauftemperatur, siehe rechts), stromsparende Umwälzpumpen einbauen, ungedämmte Leitungen dämmen und programmierbare Thermostatventile montieren.

**2. Nachrüstung** einer „jungen" Anlage. Wenn alles richtig eingestellt ist, kann eine „junge" Heizungsanlage wirkungsvoll nachgerüstet werden (Förderprogramme beachten). Der erste Schritt ist die Berechnung des tatsächlichen Wärmebedarfs („Gebäudeheizlast") in-

## DIE HEIZKURVE

Die Heizkurve zeigt die notwendige Vorlauftemperatur (Wärmezufluss) der Heizkreise in Abhängigkeit zur Außentemperatur, um die gewünschte Raumtemperatur zu erhalten. In Häusern mit Heizkörpern und Flächenheizungen laufen beide Systeme mit unterschiedlichen Kurven.

In Altbauten mit Heizkörpern stellt man die Heizkurve auf höhere Werte ein (über 1,0). In gut gedämmten Energiesparhäusern mit Flächenheizungen verläuft die Heizkurve flach (0,1 bis 0,5) und wird in aller Regel zudem noch nach unten parallel verschoben, sodass die Heizung erst bei einer Außentemperatur von 15 °C oder noch darunter anspringt.

Hintergrund: Die Wärmeverluste durch die Gebäudehülle sind abhängig von der gewählten Raumwärme und von der jeweiligen Außentemperatur. Wenn innen und außen die Temperatur genau 20 °C beträgt, fließt aus dem Raum keine Wärme ab, die Heizungsanlage muss keine Wärme liefern. Sind draußen aber nur 19 °C, benötigt man eine Wärmezufuhr, um im Raum konstant 20 °C sicherzustellen.

In gut gedämmten Häusern werden diese geringen Temperaturunterschiede durch interne Wärmequellen (Abwärme der Bewohner, Lampen, Geräte) ausgeglichen. Deshalb muss dort die Heizung erst bei 15 °C oder darunter anspringen.

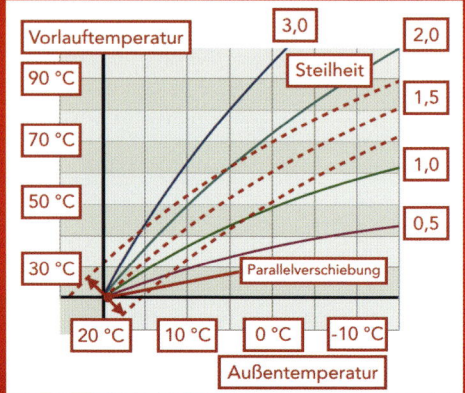

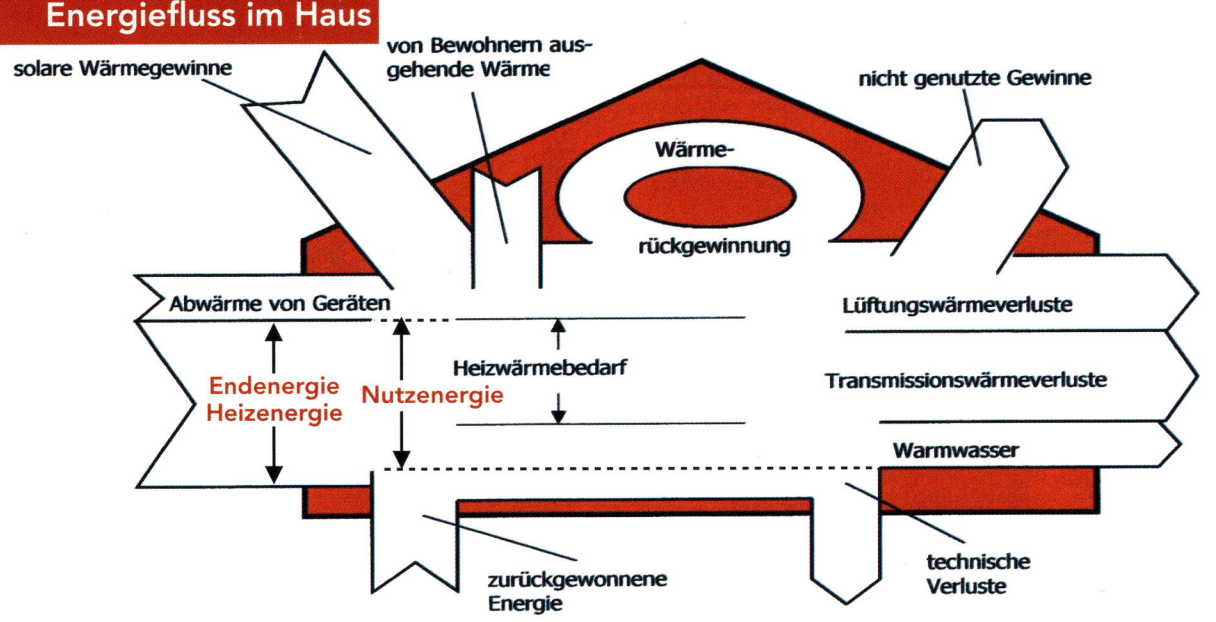

solare Wärmegewinne

von Bewohnern ausgehende Wärme

nicht genutzte Gewinne

Wärmerückgewinnung

Abwärme von Geräten

Lüftungswärmeverluste

Endenergie
Heizenergie

Nutzenergie

Heizwärmebedarf

Transmissionswärmeverluste

Warmwasser

zurückgewonnene Energie

technische Verluste

klusive Wärmebedarf fürs Warmwasser durch einen Fachmann. Es muss eine Überdimensionierung der Heizung vermieden werden. Folgende Nachrüstungsmöglichkeiten gibt es: Neue Regelung (eventuell fernsteuerbar – Smarthome), Kaminofen zur Heizungsunterstützung, Einbau eines modernen Warmwasserspeichers, Nachrüstung mit Photovoltaik (Stromerzeugung mit der Sonne) und/oder Solarthermie (warmes Wasser mit der Sonne).

**3. Austausch** einer „alten" Anlage, selbst wenn sie noch läuft. Denn moderne Heizungen sind deutlich effizienter als Oldtimer, zudem ist die Förderung optimal. Also nicht bis Weihnachten warten, wenn der alte Kessel pünktlich am 24. Dezember seinen Geist aufgibt. Am besten mit dem Energieberater vor Ort ein Gespräch führen, solange die alte Heizung noch ihren Dienst tut. Man hat dann mehr Zeit und steht nicht so unter Druck.

Eine „junge" Heizungsanlage, die noch mit Heizöl oder Gas betrieben wird, kann von einem Pellets-Kaminofen und von einer …

… Solaranlage (Photovoltaik oder Solarthermie) unterstützt werden, um einen Schritt in Richtung Klimaneutralität zu gehen.

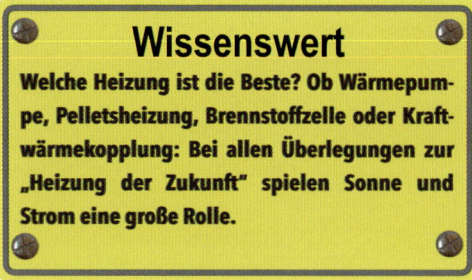

Sie möchten Ihr Haus von Grund auf sanieren? Eine der Fragen, die wir immer wieder in unseren Beratungen hören, ist diese hier: Welche Heizung ist die beste Wahl? Vor allem möchte man jetzt die richtige Entscheidung für die nächsten 20 Jahre teffen. Schwierig.

### Die Heizung der Zukunft: Wo wird die Reise wohl hingehen? – Ein Selbstgespräch

Ehrlich gesagt: Niemand weiß, wo die Reise in Sachen Heiztechnik hingeht. Deshalb kann ich Ihnen zu diesem Thema jetzt nur ein Selbstgespräch anbieten:

„Auch wenn jeder von uns schon hundert Mal mit seinen Prognosen daneben lag, wir wagen immer wieder einen neuen Anlauf. Etwa so: Ich bin mir sicher, dass Onkel Karl zu Tante Hildes Geburtstag kommt. Jetzt, da sich beide wieder so gut verstehen – warten wir's ab: Vielleicht hat Onkel Karl gerade an diesem Tag einen schmerzhaft verstauchten Fuß und kommt eben doch nicht!

Oder: Wenn einer sagt, dass es heute in einem Jahr regnen wird, ein anderer aber behauptet, dass heute in einem Jahr kein Tropfen Wasser vom Himmel fällt, wird in jedem Fall einer Recht gehabt haben. Ist der dann aber wirklich ein Hellseher?

### Wärmepumpe mit Photovoltaik plus Lüftungsanlage: klingt logisch!

Ein befreundeter Heizungsbauer sagte kürzlich sehr einleuchtend: ‚Was heute noch Gas-Brennwert plus Solarthermie ist, wird morgen die Wärmepumpe mit Photovoltaik plus Lüftungsanlage sein. Mit eigenem Strom, den

man sehr gut speichern kann, wird die eigene Haustechnik betrieben.' Klingt logisch.

Andere Profis sagen, dass die Kraft-Wärme-Kopplung (KWK) die ganz große Lösung sei, da man quasi in Millionen Haushalten Kleinst-Kraftwerke installiert, deren Strom selbst genutzt, aber auch ins öffentliche Netz eingespeist werden kann. Der Begriff ‚Schwarmstrom' macht inzwischen die Runde: Millionen kleine Kraftwerke in unseren Kellern können schneller und flexibler auf Stromschwankungen reagieren als wenige Großkraftwerke. Auch das würde ich unterschreiben.

Und dann gibt's noch die Brennstoffzellen-Fraktion, die sagt: ‚Der Siegeszug der Brennstoffzelle beginnt in Kürze.' Sind damit die Lösungen eins und zwei schon wieder überholt? Dann gibt es noch die Aussage Nr. 4: ‚Die beste Lösung sind Infrarot-Strahlungsheizungen, die einfach wie ein Bild an die Wand gehängt werden.' Das könnte auch gut passen, wenn der Strom dafür von der Sonne kommt.

Oder es wird einen regelrechten Durchbruch für die sogenannten Sonnenhäuser geben, die komplett auf Solarthermie setzen, also Heizwärme plus warmes Wasser zu 100 Prozent mit der Sonne erzeugen.

Mindestens vier von diesen fünf Ansätzen werden nicht die Heizung der Zukunft werden. Andererseits: Bei allen Aussagen spielen Sonne und Strom eine große Rolle. Das behalten wir für unsere folgenden Überlegungen im Hinterkopf."

### Für welche Heizung soll man sich nun bei der Modernisierung entscheiden?

Es hilft alles nichts: Wir brauchen eine Antwort. Für welches Heizsystem entscheidet man sich optimalerweise, wenn eine alte Heizung ersetzt werden soll? Zunächst brauchen alle Heizungssysteme beste Rahmenbedingungen: Wärmedämmung und dichte Fenster. Weiterhin möglichst große Heizflächen: Fußboden-

Vielleicht die Heizung der Zukunft: Eine Wärmepumpe (hier das Außengerät einer Luft-Wasser-Wärmepumpe) ist die Basis eines …

oder Wandheizung (das reduziert die Vorlauftemperatur, spart Energie). Suchen Sie jetzt eine Heizung aus, die gefühlsmäßig gut zu Ihnen passt und besprechen Sie dann das Ergebnis mit Ihrem Energieberater.

### Es bleibt die steigende CO$_2$-Steuer und dass einen die Freunde schräg anschauen

Es ist ein wenig wie bei der Geldanlage: Jeder Typ wird sich anders entscheiden, anders investieren.

**Der konservative Sicherheitstyp** nimmt einen Standard Gas-Brennwertkessel mit Solar-Unterstützung. Geringe Anschaffungskosten, hohe Versorgungssicherheit, ausgereifte Technik. Das Risiko steigender Energiepreise kann mit einer gut gedämmten Gebäudehülle, mit besten Fenstern und einer optimalen Anlageneinstellung weitgehend abgefedert werden. Was bleibt, ist die steigende CO$_2$-Steuer und dass einen die Nachbarn und Freunde schräg anschauen, wenn man sich heute noch für eine Heizung auf Basis fossiler Energien entscheidet. Bio-Gas könnte auch ein Werbegag sein. Schließlich liegen in der Ostsee zwei Gaspipelines, die uns mit fossilem Gas versorgen.

**Der aufgeklärte, umweltbewusste, eher konservative Typ** wird eine Biomasseheizung mit Sonnenkollektoren (Solarthermie) wählen. Vor allem, wenn er im ländlichen Bereich wohnt und einen privaten Zugang zu einem Stück Wald hat. Für ihn ist es eher ein Sport, den Brennstoff zu organisieren.

**Für den eher bequemen, aber dennoch umweltbewussten Typ** ist die Wärmepumpe mit Solarunterstützung (Photovoltaik und Solarthermie) das Non-Plus-Ultra.

**Der umweltbewusste, gut positionierte Pionier** lässt sich von Beiträgen wie diesem hier überhaupt nicht beeindrucken und ist von der Idee der Kraft-Wärme-Kopplung oder der Brennstoffzelle begeistert. Da ist nichts gegen einzuwenden. Dieser Personengruppe ist es

… vielversprechenden Trios. Die Wärmepumpe erhält ihren Strom aus der eigenen Photovoltaik-Anlage. Damit erfolgt die …

… Beheizung des Hauses klimaneutral. Die Effizienz wird mit einer Lüftungsanlage mit Wärmerückgewinnung weiter optimiert.

schließlich zu verdanken, dass man in den kommenden Jahren verlässliche Daten hat, die eine langfristige Bewertung ermöglichen. Wer weiß: Vielleicht liegt dort tatsächlich die Zukunft der Heizung.

**Der engagierte, umweltbewusste, professionelle Bastler** ist meist selbst Energieberater oder hat aus einem anderen Grund beruflich mit Energiesparen und Energieeffizienz zu tun. Er ist fasziniert von der Idee, eigene Lösungen zum Thema Energiewende zu erarbeiten und zeigt, dass man sich tatsächlich energieunabhängig machen kann: Passivhaus, Solarhaus, Solar-Eis-Speicher (Wärme aus Eis), Energie-PlusHaus. Wir werden von dieser Personengruppe in den kommenden Jahren noch viel hören.

### Die billigste Energie ist immer noch die, die man nicht braucht

Eine vollständige Energie-Unabhängigkeit für alle gibt es noch nicht. Die beste und billigste Energie ist nach wie vor die, die man nicht braucht. Immer wieder derselbe Gedanke: Wenn Dach, Fassade und Kellerwände vernünftig gedämmt und die Fenster neu sind, ist man der Klimaneutralität schon recht nah.

Nächster Punkt. Jede neu installierte Heizungsanlage – ob Alt- oder Neubau und egal welcher Energieträger eingesetzt wird – muss richtig dimensioniert sein: Die Leistung des Wärmeerzeugers muss immer zum Haus passen („Heizlastberechnung").

### Heizlast festlegen: Räume und Brauchwasser werden mit wenig Energie warm

Ob neue Heizungsanlage oder Nachrüstung der vorhandenen: Während der Planung berechnet der Energieberater den Wärmebedarf und damit die „Gebäudeheizlast". Hierbei wird auch die Energie fürs warme Brauchwasser berücksichtigt.

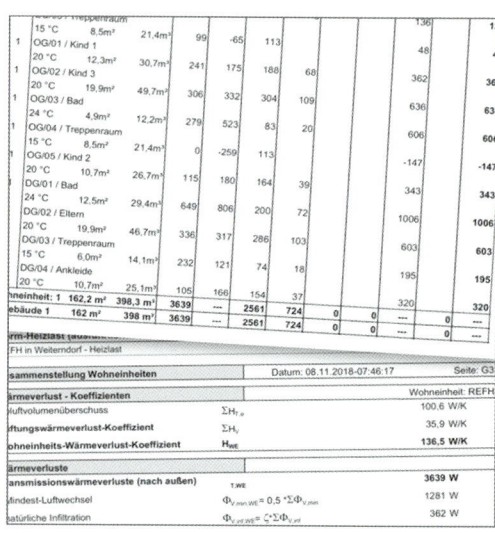

Während der Planung berechnet der Energieberater den Wärmebedarf und damit die Heizlast des Hauses.

In einem Liter Heizöl sind rund 10 Kilowattstunden (kWh) Energie enthalten. Eine Heizung, die mit Öl betrieben wird, ist für …

… klimaneutrale Häuser genauso wenig geeignet, wie eine Haustechnik, die auf Gas setzt. Gas: rund 10 kWh pro Kubikmeter.

Damit kommen wir zu den späteren Heizkosten: Wer sich für eine neue Heizung entscheidet, möchte gerne im Vorfeld wissen, wie viel er später für seine Energie zu bezahlen hat. Es stellt sich jetzt die Frage, wie viel Heizwärme in den einzelnen Energieträgern enthalten ist. Dieser sogenannte Heizwert, der oftmals salopp aber unpräzise auch „Energiegehalt" oder „Energiewert" genannt wird, ist die bei einer Verbrennung maximal nutzbare Wärmemenge.

### Der Heizwert sagt, wie viel Wärme Öl, Gas, Brennholz oder Holzpellets enthalten

Ein „10-Liter-Haus" (unser Beispielhaus) verbraucht pro Jahr und Quadratmeter beheizter Fläche 10 Liter Heizöl. Der Heizwert („Wärme-Inhalt") beträgt pro Liter Heizöl knapp 10 Kilowattstunden (kWh). Ein 10-Liter-Haus ist somit zugleich auch ein 100-Kilowattstunden-Haus.

Jetzt kann man einfach mal weiterrechnen, um sich die Größenordnungen vorstellen zu können, um die es geht. Wenn unser 10-Liter-Haus eine beheizte Fläche von 150 Quadratmetern hat, dann liegt der Jahresverbrauch in unserem Beispielhaus bei 1.500 Litern Heizöl. Jetzt muss man diese Menge nur mit dem aktuellen Heizölpreis oder prognostizierten Ölpreissteigerungen multiplizieren, und erhält eine Übersicht über seine künftigen Heizkosten. Wer dieses Haus alternativ mit Erdgas beheizen würde, kommt je nach Qualität des Erdgases (Heizwert 8,6 bis 11,4 kWh/m³) auf einen Verbrauch, der zwischen 1.315 und 1.744 Kubikmeter liegt. Wie hoch ist der Preis für Gas? Wert ermitteln und Heizkosten ausrechnen.

### Das Ziel nach einer Altbaumodernisierung sollte mindestens das „6-Liter-Haus"sein

Mit einer Holzpellets-Heizung würde man im Musterhaus jährlich 3.061 Kilogramm Holzpellets verheizen (Heizwert 4,9 kWh/kg). Brennholz: In einem Kilogramm sind rund 4 kWh enthalten, 1 Raummeter bringt etwa 1.800 kWh.

Wieviel kosten Pellets oder Brennholz? Wer sich die aktuellen Preise geben lässt, kann auch hier seine Heizkosten auf Basis des Brennstoffs Holz schnell ausrechnen.

Achtung: Das deutsche Durchschnittshaus ist etwa ein „20-Liter-Haus", moderne Neubauten sind „3- bis 5-Liter-Häuser". Das Ziel nach einer Altbaumodernisierung sollte mindestens das „6-Liter-Haus"-Niveau sein.

An dieser Stelle nun die Gegenüberstellung der benötigten Energiemengen pro Jahr jeweils vor und nach der Modernisierung bei einem 150-Quadratmeter-Durchschnittshaus inklusive $CO_2$-Ausstoß:

**Heizöl** (3,17 Kilogramm $CO_2$ pro Liter):
3.000 Liter/900 Liter – 9,5 t $CO_2$/ 2,9 t $CO_2$.
**Erdgas** (0,22 Kilogramm $CO_2$ pro kWh):
30.000 kWh/9.000 kWh – 6,6 t $CO_2$/ 2,0 t $CO_2$.
**Holzpellets** (0,21 Kilogramm $CO_2$ pro kg):
6.125 kg/1.836 kg – 1,3 t $CO_2$/ 0,4 t $CO_2$.
**Brennholz** (0,00 Kilogramm $CO_2$ pro kWh bei

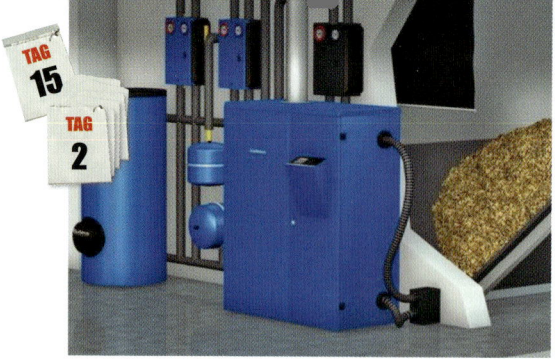
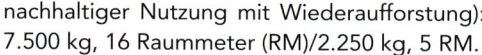

Pelletsheizungen gibt es als Zentralheizungs-system inklusive Steuerungs- und Regelungs-technik. Wird die Pelletsheizung mit ...

... Sonnenkollektoren kombiniert (Solarther-mie), leistet man einen sehr guten Beitrag zum Klimaschutz.

nachhaltiger Nutzung mit Wiederaufforstung): 7.500 kg, 16 Raummeter (RM)/2.250 kg, 5 RM.

Für jedes Haus gibt es also die optimale Hei-zungsanlage, sofern diese genau auf das Ge-bäude abgestimmt wird. Oft ist die Pellets-heizung optimal. Der Brennstoff („Pellets") sind genormte, zylindrische „Presslinge" mit einem Durchmesser von 4 bis 10 Millimetern, die aus naturbelassenem Restholz aus Sägewerken oder der holzverarbeitenden Industrie stam-men und ohne chemische Bindemittel herge-stellt werden.

### Pellets weisen einen höheren Heizwert auf als Scheitholz und Holzhackschnitzel

Pellets haben gegenüber Scheitholz und Holz-Hackschnitzel den Vorteil, dass sie durch ihre Trockenheit und hohe Dichte einen höheren Heizwert aufweisen und bei der Verbrennung deutlich geringere Kohlenmonoxid- und Fein-staubwerte verzeichnen. Zudem weisen sie eine sehr hohe Rohdichte auf, was sich in ei-nem geringen Lagerraumbedarf niederschlägt. Deshalb können sie ähnlich gut wie Heizöl in Tankwagen oder in Säcken gehandelt, trans-portiert und in Lagerräume eingeblasen wer-den. Zwei Kilogramm Pellets entsprechen etwa einem Liter Heizöl oder einem Kubikmeter Gas.

Pelletsheizungen gibt es als zentrale Hei-zungssysteme inklusive Steuerungs- und Rege-lungstechnik (also Pellets-Zentralheizungen) und als Pellets-Einzelöfen mit direkter Wärme-

abstrahlung in den Wohnraum. Kleine Pellets-kessel sind als Notheizung im Passivhaus ge-eignet. Der Betrieb ist ähnlich komfortabel wie bei einer Ölheizung („automatische Be-schickung" etwa über Förderschnecken). Die Umweltverträglichkeit ist aber deutlich günsti-ger als bei Gas und Heizöl: Pellets haben eine deutlich bessere $CO_2$-Bilanz als Heizöl oder Gas, wie wir schon gesehen haben. Wird die Pelletsheizung mit Sonnenkollektoren kombi-niert (Solarthermie), leistet man einen sehr guten Beitrag zum Klimaschutz.

Bilanz: Relativ hohe Investition, Unabhängig-keit von fossilen Brennstoffen, relativ niedrige Verbrauchskosten, kaum $CO_2$-Emissionen.

### Wärmepumpen nutzen Umwelt-Wärme, optimal ist die Kombination mit Photovoltaik

Der erste Wärmepumpen-Boom in den 1970er Jahren ebbte schon bald wieder ab. Die Wär-mepumpen-Technik steckte noch in den Kin-derschuhen, Öl und Gas waren – trotz „erster Ölkrise" – noch vergleichsweise billig. Etwa ab dem Jahr 1995 begann im Zuge der massiven Energiepreissteigerungen der zweite Boom bei Wärmepumpen. Inzwischen war die Tech-nik ausgereift.

Wärmepumpen (in Deutschland üblicherwei-se Elektro-Wärmepumpen) nutzen die in der Umwelt gespeicherte Wärme, die durch Kom-pression auf ein höheres Temperaturniveau ge-bracht wird. Das kann man sich sehr schön ver-anschaulichen, wenn man eine Luftpumpe

**Wärmepumpen können mit selbst produziertem Photovoltaikstrom CO$_2$-neutral betrieben werden.**

nimmt, die man vorne mit dem Daumen verschließt und dann kräftig pumpt – am Daumen wird es warm.

Bei einer Wärmepumpe ist das Medium, das verdichtet wird, aber nicht Luft, sondern eine Flüssigkeit („Kältemittel"). Sie nimmt – je nach Typ und System – Umweltwärme aus der Erde, aus dem Grundwasser oder aus der Umgebungsluft auf. Optional ist im Sommer mit den meisten Wärmepumpen auch eine Kühlung möglich.

Man unterscheidet je nach Wärmequelle drei Arten der Wärmepumpen:

**Wasser-Wasser-Wärmepumpe**
**Sole(Erdreich)-Wasser-Wärmepumpe**
**Luft-Wasser-Wärmepumpe**

Bei dieser Terminologie wird immer erst das Medium genannt, dem Energie entzogen wird, zum Beispiel Luft. Die gewonnene Energie wird dann in ein wasserführendes System abgegeben, das über einen Wärmetauscher wiederum das Kältemittel erwärmt, bevor es verdichtet und so auf ein höheres Temperaturniveau befördert wird. Die so erzeugte Wärme gelangt über einen weiteren Wärmetauscher ins Heizsystem (vorzugsweise Flächenheizungen). Das Kältemittel kühlt bei diesem Prozess ab, verflüssigt sich und wird erneut mit Umweltwärme aufgetankt.

Besonders wirkungsvoll sind Wärmepumpen, die Wärme aus der Erde (Geothermie) oder aus dem Grundwasser ziehen. Preiswerter in der Anschaffung sind jedoch Luft-Wasser-Wärmepumpen.

Im Gebäudebestand sind Wärmepumpen am sinnvollsten in gedämmten Gebäuden zu nutzen. Weiterhin braucht es für einen effizienten Betrieb niedrige Vorlauftemperaturen (Fußbodenheizung, Wand-/Deckenheizung oder Heizkörper mit niedriger Vorlauftemperatur).

Durch die Nutzung der Umweltwärme einerseits und die Nutzung von vergünstigtem Wärmepumpenstrom oder gar selbstproduziertem Photovoltaikstrom andererseits, sind die Heizkosten bei optimaler Betriebsweise sehr günstig. Bei diesen Randbedingungen sind die Zukunftsaussichten der Wärmepumpe sehr gut.

### Die Jahresarbeitszahl nennt das Verhältnis von Energiezufuhr zu Wärmegewinn

Die wichtigste Kennzahl bei Wärmepumpen ist die Jahresarbeitszahl, die sich aus dem Verhältnis von erzeugter Wärmeenergie zur Stromaufnahme über ein Jahr errechnet. Hierbei erfolgt die Berechnung individuell bezogen auf die jeweilige Anlage. Die Jahresarbeitszahl einer Wasser-Wasser-Wärmepumpe sollte größer als 4,0 sein: Es wird maximal eine Kilowattstunde Strom benötigt, um 4,0 Kilowattstunden Wärme zu erzeugen. Für Sole-Wasser-Wärmepumpen sollte die Jahresarbeitszahl bei ebenfalls mindestens etwa 4,0 liegen – bei Luft-Wasser-Wärmepumpen bei mindestens etwa 3,0. Neben der Jahresarbeitszahl wird häufig auch der COP-Wert genannt (coefficient of performance), der sich auf zuvor festgelegte Ausgangsgrößen wie etwa die Temperatur der Außenluft und die Vorlauftemperatur des Heizkreislaufs bezieht, um Wärmepumpen vergleichbar zu machen. Die Jahresarbeitszahl ist letztlich der Wert, der für den Hauseigentümer der interessantere ist.

Wasser-Wasser-Wärmepumpen nutzen relativ warmes Grundwasser, das durch einen Brunnen gefördert wird. Nachdem es seine Wärme

abgegeben hat, wird es über einen Schluck-brunnen dem Erdreich wieder zugeführt. Bei Sole-Wasser-Wärmepumpen wird die Erdwär-me über Sonden gefördert. Diese sind meist bis zu 100 Meter tief. Alternativ kann ein Flä-chenkollektor im Garten verlegt werden. Dann sind meist mehrere 100 Quadratmeter Fläche notwendig.

Die Luft-Wasser-Wärmepumpe saugt Außen- oder Abluft an und bringt deren Temperatur auf ein höheres Niveau. Klar ist, dass an sehr kalten Tagen kaum Wärme in der Außenluft steckt. Für diese Zeit schaltet sich ein elektri-scher Heizstab zu, was die Jahresarbeitszahl herabsetzen kann. Bei der Luft-Wasser-Wärme-pumpe ist daher die korrekte Dimensionierung umso wichtiger, damit sich der elektrische Zu-heizer nicht zu häufig einschaltet. Gängig ist eine Auslegung, bei der die Luft-Wasser-Wär-mepumpe bis minus 5 Grad Celsius den Wär-mebedarf ohne Zuheizer decken kann.

## Hauptmotive für den Wärmepumpenkauf: Umweltschutz und Wirtschaftlichkeit

Die Verbraucherzentrale Rheinland-Pfalz hat 2019 eine aufschlussreiche Studie zu Wärme-pumpen auf Grundlage einer Hauseigentümer-befragung veröffentlicht. Zitat: „Die Ergebnis-se der Umfrage zeigen, dass auf der einen Sei-te eine hohe Zufriedenheit mit der Wärme-pumpe unter den Hausbesitzern besteht. An-dererseits ist ein deutliches Defizit in der Kenntnis der Verbräuche und Kosten sowie der wichtigsten Kennzahlen zur Bewertung der Effizienz einer Wärmepumpe festzustellen. ... Die Hauptmotive für den Kauf einer Wärme-pumpe sind Umweltschutz (72 %) und Wirt-schaftlichkeit (71 %). Trotzdem kann die knap-pe Hälfte der Teilnehmer den jährlichen Strom-verbrauch der Wärmepumpe (42 %) und die Stromkosten (49 %) nicht benennen."

Deshalb empfiehlt die Verbraucherzentrale Rheinland-Pfalz, dass jeder Wärmepumpen-

## Wissenswert

Eine Luft-Wasser-Wärmepumpe saugt Außen-luft an und bringt deren Temperatur auf ein höheres Niveau. An sehr kalten Tagen steckt kaum Wärme in der Außenluft. Für diese Zeit schaltet sich ein elektrischer Heizstab zu, was die Jahresarbeitszahl herabsetzen kann. Bei der Luft-Wasser-Wärmepumpe ist daher die korrekte Dimensionierung besonders wichtig.

besitzer die Effizienz seiner Anlage regelmäßig überprüfen sollte, um bei ungünstigem Betrieb handeln zu können. Hierfür ist es notwendig, dass Strom- und Wärmemengenzähler mon-tiert werden, die man auch als Laie ablesen und verstehen kann.

Die Wärmeverteilung sollte über Fußboden-, Wand- oder Deckenheizungen erfolgen. Denn dort liegt die Vorlauftemperatur bei rund 30 Grad (Heizkörper: 50 bis 60 Grad – das würde unnötig Energie kosten).

Nochmals erwähnt: Eine Wärmepumpe nur in einem gut gedämmten Haus einbauen. Är-gerlich, wenn die wertvolle Umweltwärme durch dünne Wände und schlecht gedämmte Dächer entweicht. Optimal: Die Wärmepumpe mit selbst produziertem Photovoltaik-Strom betreiben.

## Es lohnt sich, die Heizung mit Sonnen-Energie zu unterstützen

„Die Sonne schickt uns keine Rechnung", hatte vor Jahren der Journalist Franz Alt ein Buch betitelt und damit eine spannende Dis-kussion bei Hauseigentümern und Handwer-kern angeregt: „Aber der Installateur schickt uns sehr wohl eine Rechnung", konterten viele Menschen und fügten richtigerweise hinzu: „So gesehen bekommt man die Nutzung der Sonnen-Energie dann doch nicht gratis".

Allerdings sollte man an dieser Stelle die Kalkulation rund um die Sonnen-Energie nicht beenden, sondern beginnen. Los geht's:

Bei Sole-Wasser-Wärmepumpen wird die Erdwärme über Sonden gefördert. Diese sind meist bis zu 100 Meter tief.

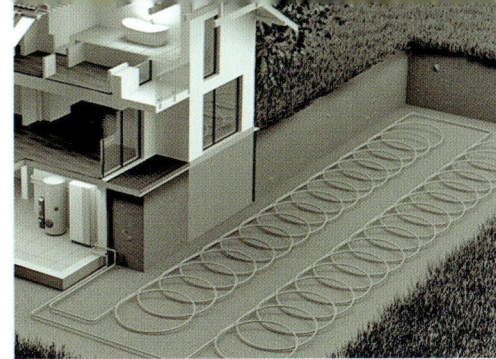

Alternativ kann ein Flächenkollektor im Garten verlegt werden. Diese sind oft mehrere 100 Quadratmeter groß.

Übersicht: Wärmepumpen nutzen Umweltwärme aus der Tiefe des Erdreichs, aus dem Grundwasser oder aus der Umgebungsluft.

HINTERGRUND

**Thomas Fischer**
Zertifizierter Modernisierungsberater und Energieeffizienzexperte, Rödermark

## WÄRMEMENGENZÄHLER

Die Verbraucherzentrale Rheinland-Pfalz empfiehlt, dass jeder Wärmepumpenbesitzer die Effizienz seiner Anlage regelmäßig überprüfen sollte, um bei ungünstigem Betrieb handeln zu können. Diese Empfehlung kann ich als Modernisierungs- und Energieberater dick unterstreichen. Hierfür ist es notwendig, dass Strom- und Wärmemengenzähler montiert werden, die man auch als Laie ablesen und verstehen kann.

Die Sonne schickt uns tatsächlich keine Rechnung, womit die Sonnen-Energie zur Unterstützung von gewöhnlichen Heizungsanlagen grundsätzlich erst einmal interessant ist. Wir betrachten jetzt zunächst nur die „Solarthermie" (solare Brauchwassererwärmung). Die „Photovoltaik" (Stromerzeugung mit der Sonne) schauen wir uns danach an.

### Ein Staubsauger braucht regelmäßig einen frischen Beutel, die Heizung braucht Energie

Genauso wie ein Staubsauger immer wieder einen frischen (teuren) Beutel braucht, so benötigt eine gewöhnliche Heizung nun mal immer wieder „Nachschub" in Form von (teurem) Heizöl, Gas, Pellets oder Strom. Eine Heizung, die man vollständig mit der Sonne betreiben würde, ist also mit einem beutellosen Staubsauger vergleichbar. Man muss in beiden Fällen aber deutlich mehr fürs Gerät bezahlen.

Zwar gibt es längst „Sonnenhäuser", die vollständig durch „Solarthermie" beheizt werden (www.sonnenhaus-institut.de – siehe Kasten auf der nächsten Seite), doch wir sprechen jetzt an dieser Stelle „nur" über die typischen rund 10 bis 15 Quadratmeter Kollektorfläche beim Einfamilienhaus, mit der man geschätzte zehn bis 25 Prozent seiner Heizenergie (Heizung plus Warmwasser) einsparen kann.

Es wird immer die Frage gestellt, ob sich die Nutzung von Sonnenenergie lohnt. Je nach Kalkulationsansatz und Höhe der Zuschüsse und natürlich auch in Abhängigkeit der künf-

tigen Energiepreise, kann man eine mehr oder weniger genaue Wirtschaftlichkeitsbetrachtung aufmachen. Gedanke: Selbst wenn die Nutzung der Sonnenenergie monatlich 10 oder 20 Euro mehr kosten würde als das übliche Heizen mit Öl oder Gas, dann wäre das dennoch eine sehr überschaubare und lohnende Investition in den Klimaschutz. Zumal es ein gutes Gefühl ist, wenn man weiß, dass das warme Wasser von der Sonne kommt. Wie hoch sind Ihre monatlichen Ausgaben für Konsum, Urlaub, Auto, Freizeit?

### Bei der Photovoltaik geht der Trend zum selbstgenutzten Sonnenstrom

Wer für einen Alt- oder Neubau eine neue Elektroinstallation plant, sollte die Photovoltaik (Stromerzeugung mit der Sonne – „PV") auf dem Schirm haben. Denn es ist längst ein Trend erkennbar, der lang ein Traum war: Den eigenen Strom mit der Sonne produzieren. Das Problem war bis vor ein paar Jahren, dass der Sonnenstrom vorwiegend im Sommer zur Verfügung stand, wenn man ihn gar nicht brauchte. Zumindest nicht in der angebotenen

Menge. Jetzt, da Solarstromspeicher immer leistungsfähiger und preiswerter geworden sind, kommt unsere Energie-Unabhängigkeit immer näher. Sonnige Zeiten stehen uns buchstäblich bevor.

### Den Stromverbrauch im Blick haben: Stand-by-Verzicht, LED statt Glühbirne

Wer heute schon seinen Stromverbrauch bewusst im Blick hat, für den hat diese Zukunft längst begonnen. Für alle anderen gilt: Alte Gewohnheiten überdenken – weniger Geräte nutzen, überall auf „Strom sparen" setzen, wo es geht (Stand-by-Verzicht, LED statt Glühbirne oder Halogenspot und so weiter). Doch zurück zum Solar-Stromspeicher.

Ganz vorn steht die Lithium-Technologie mit der höchsten Lebensdauer. Blausäure- oder Blei-Gel-Speicher sind etwas schwächer, dafür aber auch preiswerter zu haben. So stellt sich die Frage: Welcher Speicher passt zu welcher Photovoltaik-Anlage? Grundsätzlich gilt, dass die Speichergröße genau zum Bedarf passt (wie bei der Heizung). Bei zu großen Batterien bleibt die Kapazität ungenutzt, ist der Spei-

# Sonnenhaus: Autark in die Zukunft

Dass man auch in Deutschland ein Haus vollständig mit der Sonne beheizen kann, ist längst mehrfach bewiesen. Das erste Haus dieser Art wurde bereits 1989 von Energiespar-Pionier Josef Jenni in der Schweiz ausgetüftelt und dann gebaut.

Bei diesen sogenannten Sonnenhäusern wird im Sommer das Wasser in einem großen, sehr gut gedämmten Pufferspeicher (Neubauten 30.000 bis 40.000 Liter Fassungsvermögen) mittels Sonnenkollektoren erwärmt. Dabei liegt die benötigte Kollektorfläche bei 40 bis 80 Quadratmetern (Ein- bis Zweifamilienhaus).
dann

Seit man den selbst produzierten Sonnenstrom wirtschaftlich speichern kann, kommen wir der Energie-Unabhängigkeit näher.

cher zu klein, muss oft Strom dazugekauft werden. Wichtig ist auch die Entladungstiefe, die besagt, wieviel Prozent des Speichers überhaupt genutzt werden kann. Sie reicht Herstellerangaben zufolge von 50 bis 100 Prozent. Auch der Wirkungsgrad (aktuell üblich zwischen 70 und 95 Prozent) und die Lebensdauer (aktuell bis zu knapp 15 Jahren) sind wichtige Faktoren zur Entscheidung.

Ein weiterer Gedanke: Es ist unerheblich, ob Öl und Gas noch 20, 30 oder 50 Jahren reichen. Fakt ist, dass nach dem Zeitalter von Öl und Gas die Sonne einer der Haupt-Energielieferanten sein wird. Wer also heute ein altes Haus saniert, kann guten Gewissens auf PV-Strom setzen, der mehr und mehr selbst ge-

nutzt wird. Das gute Gefühl auch hier. Das ist vielleicht der wichtigste Punkt. Bei Sonnenschein hat man ohnehin schon gute Laune. Und die steigt nochmals, wenn man weiß, dass man gerade viel Geld spart und die Umwelt schützt.

### Mit einer Fußbodenheizung heizt man energiesparender als mit Heizkörpern

Ein elementarer Beitrag beim energiesparenden Modernisieren ist der Austausch von Heizkörpern gegen Fußbodenheizung oder Wandheizung. Denn durch die größere Wärmeabstrahlfläche können dieses sogenannten Flächenheizungen mit deutlich geringeren Vorlauftemperaturen betrieben werden als normale Heizkörper: Wenn nämlich das Wasser im Heizungskreislauf nur auf 25 bis 30 Grad anstatt auf 50 bis 60 Grad erhitzt werden muss, führt das zu erheblichen Energieeinsparungen.

Bisher war jedoch in Altbauten, die entweder mit den allseits bekannten, gusseisernen Heizkörpern bestückt waren oder sogar noch über Einzelöfen beheizt wurden, der Schritt zur Fußbodenheizung aufgrund der erforder-

Dieser mit der Sonne erzeugte Wärmevorrat reicht dann aus, um damit im darauffolgenden Winter die Heizung zu betreiben und das Brauchwasser zu erwärmen – zumindest teilweise. Denn der „solare Deckungsgrad" für Raumheizung und Warmwasser liegt bei Sonnenhäusern per Definition bei mindestens 50 Prozent. Oft werden aber auch bis zu 80 Prozent erreicht. Altbauten erhalten mehrere kleine Wasserspeicher. Sonnenhäuser, die nicht vollständig mit Sonnenwärme beheizt werden, verfügen konsequenterweise über einen Holz- oder Pelletsofen.

lichen Bauhöhen von bis zu acht Zentimetern nicht möglich. Man denke nur an den Verlust der Raumhöhe oder an die nicht zumutbare Reduzierung der Türhöhen und niedrigeren Fensterbrüstungen (erhöhte Absturzgefahr).

## Warmwassergeführtes Fußbodenheizungssystem: Bauhöhe nur knapp 20 Millimeter

Seit ein paar Jahren gibt es Fließestrich-Fußbodenheizungssysteme, die eine Bauhöhe von nur noch knapp 20 Millimetern haben (plus die Dicke des Bodenbelags). Dabei handelt es sich nicht um eine Elektro-Fußbodenheizung, sondern – kaum zu glauben – um eine warmwasserbasierte Fußbodenheizung. Die Nachrüstung ist also jetzt auch bei der Sanierung relativ bequem machbar. Somit müssen weder Türen höher gesetzt, noch muss mit nennenswerten Zusatzlasten durch die Fußbodenheizung gerechnet werden (die alte Statik des Gebäudes kann selten verbessert werden). Weiterhin ist es möglich, die Leitungen der Fußbodenheizung innerhalb des bestehenden, alten Estrichs zu verlegen. Hierfür werden Leitungs-Hohlräume gefräst.

**Gut zu wissen:** Die möglichen Bodenbeläge auf solch dünnen Heizestrichen sind – wie nahezu überall – beispielsweise Fliesen, Laminat und Parkett.

Dennoch an dieser Stelle noch ein paar Sätze zu Heizkörpern. Wenn ein Haus sehr gut gedämmt ist und damit die Energieverluste über die Gebäudehülle reduziert wurden, benötigt das Haus nur noch geringste Wärmeübertragungsflächen für ein behagliches Raumklima. In Bad und Flur etablieren sich immer mehr schöne Designer-Heizkörper, die man in bestens gedämmten Häusern auch mit niedrigen Vorlauftemperaturen von rund 30 Grad betreiben kann. „Barrierefreie Heizkörper" haben die Thermostatventile in einer Höhe, die auch für Rollstuhlfahrer gut erreichbar ist.

## Wenn die Fußbodenheizung nicht in Frage kommt: Deckenheizung wählen

Statt einer Fußboden- oder Wandheizung kann die Deckenheizung eine gute Alternative sein. Wenn etwa der alte Parkettboden erhalten bleiben soll, dann packt man die Fußbodenheizung (und Kühlung) eben an die Decke.

Für die Altbaumodernisierung gibt es warmwasserbasierte Fußbodenheizungen mit nur rund 20 Millimeter Aufbauhöhe.

Die Leitungen für die Fußbodenheizung können auch im alten Estrich verlegt werden. Die Hohlräume hierfür werden gefräst.

Wenn die Gebäudehülle gut gedämmt ist, genügen zur Beheizung des Hauses ein paar wenige Heizkörper.

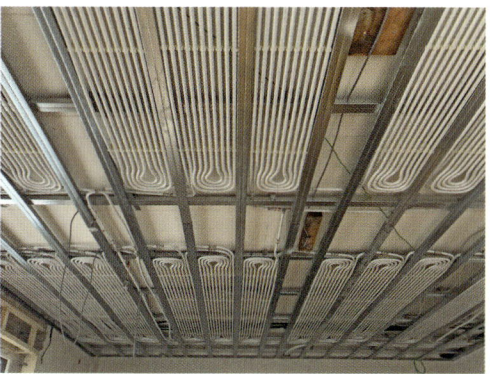

Alternative zur Fußbodenheizung: Auch eine Deckenheizung liefert angenehme Raumwärme. Und im Sommer kann sie kühlen.

**Simon Ritzinger**
Zertifizierter Modernisierungsberater,
Bautechniker und Zimmerermeister
Kiefersfelden

# NACHTABSENKUNG?
# VORMITTAGSABSENKUNG?

Mieter und Hauseigentümer grübeln: Soll man nachts durchheizen oder spart ein Herunterdrehen oder vollständiges Abschalten der Heizung Energie?

Für eine konstante Raumtemperatur muss der Wärmezufluss genauso hoch sein wie der Wärmeabfluss. Nachts geht bei der Nachtabsenkung mehr Wärme verloren als dem Raum zugeführt wird, sodass der Raum einige Grad abkühlt (bei der Nachtabschaltung wird gar keine Wärme mehr den Räumen zugeführt).

Bei ungedämmten Altbauten bringt die Nachtabsenkung eine geschätzte Energieeinsparung von drei bis zehn Prozent. Allerdings muss man beachten, dass die Raumtemperatur nie unter 16 Grad Celsius fällt (Wände und Decken können auskühlen – Tauwassergefahr und Schimmebildung).

Das morgendliche Aufheizen bei massiv gebauten Häusern kostet viel Energie, sodass ungedämmte Massivbauten vermutlich eher nur drei Prozent sparen. Bei Effizienzhäusern ist – wenn überhaupt – eine Nachtabschaltung sinnvoller, da diese Häuser über Nacht auch bei niedrigen Außentemperaturen kaum auskühlen. Man spart zusätzlich zur Heizenergie den Strom für die Umwälzpumpe.

Nachgedacht: Gut gedämmte Häuser haben ohnehin niedrige Heizkosten. Drei Prozent von wenig ist dann ganz wenig.

Vormittagsabsenkung: Nachts ist es kälter als tagsüber, eigentlich müsste man nachts mehr heizen, weil mehr Wärme abfließt und eine Vormittagsabsenkung wählen, zumal man nachts zuhause ist und nicht frieren möchte. Tagsüber ist man häufig unterwegs, das Haus steht leer. Da kann es ruhig etwas kühler sein.

# 16. Tag: Heute werden 60.000 Euro Förderzuschuss beantragt

**Es gibt über 6.000 Förderprogramme fürs Bauen und Modernisieren. Da verlieren selbst Fachleute den Überblick. Wir bringen System in den Förderdschungel und finanzieren Zins und Tilgung vollständig mit den eingesparten Heizkosten.**

Die Auto-Abwrackprämie war damals ein einziges Förderprogramm, die Randbedingungen hierfür konnten in der Tagesschau in 15 Sekunden vorgelesen werden. Man wusste danach genau, was zu tun ist: Ein neues Auto muss her! Mit dem Initiieren der über 6.000 Förderprogramme, die es in Deutschland fürs energiesparende und klimaschützende Bauen und Modernisieren gibt, hat man dagegen eine ganz große Verkomplizierungsmaschine angeworfen – mit einem unüberschaubaren Förderdschungel, der zu allem Überfluss auch noch ständig ergänzt, geändert, gekürzt und erneut aufgestockt wird. Da müsste die Tagesschau vermutlich 15 Tage dauern, bis alle Randbedingungen vorgelesen sind.

Gar nicht so unwahrscheinlich, dass das mit den über 6.000 Förderprogrammen in der Begeisterung für die Sache passiert ist, jeder wollte seinen Beitrag leisten. Die Kehrseite: Über 6.000 Programme wollen definiert, formuliert, verwaltet und kontrolliert werden. Was für ein Aufwand. Kein Wunder, dass man vor lauter Bürokratie nicht ins Handeln kommt.

**Leitstudie „Aufbruch Klimaneutralität" wird von der Energiewirtschaft mitfinanziert**

Auch das noch: Im März 2021 veröffentlichte die Deutsche Energie-Agentur (dena) ihre Leitstudie „Aufbruch Klimaneutralität", die von der Energiewirtschaft mitfinanziert wurde. Er-

Verkomplizierungsmaschine: Bei über 6.000 Förderprogrammen fürs Modernisieren verlieren selbst Fachleute den Überblick.

1. Effizienzhaus-70-EE wählen: 40 Prozent der Investition als Zuschuss

2. Bezuschussung der Energieberaterleistungen: Energieberatung und Baubegleitung.

3. On Top, sofern vorhanden: regionale Förderprogramme.

Unsere praxistaugliche Finanzierungsstrategie für die Gebäudemodernisierung passt übersichtlich auf einen Bierdeckel.

# Energiespar-Aktienkurs

| | | Heizkosten VOR | Heizkosten NACH | Heizkosten-ersparnis | Aufwand für | Aufwand für Tilgung | Überso... Sanie... |
|---|---|---|---|---|---|---|---|
| 2021 | 50 | 2.860 | 910 | 1.950 | 948 | 0 | 1.0 |
| 2022 | 51 | 3.003 | 956 | 2.048 | 569 | 0 | 1.4 |
| 2023 | 52 | 3.153 | 1.003 | 2.150 | 563 | 0 | 1.5 |
| 2024 | 53 | 3.311 | 1.053 | 2.257 | 569 | 0 | 1.6 |
| 2025 | 54 | 3.476 | 1.106 | 2.370 | 569 | 0 | 1.8 |
| 2026 | 55 | 3.650 | 1.161 | 2.489 | 552 | 4.155 | |
| 2027 | 56 | 3.833 | 1.219 | 2.613 | 514 | 4.192 | |
| 2028 | 57 | 4.024 | 1.280 | 2.744 | 476 | 4.230 | |
| 2029 | 58 | 4.226 | 1.344 | 2.881 | 438 | 4.268 | |
| 2030 | 59 | 4.437 | 1.412 | 3.025 | 399 | 4.307 | |

Ende der KfW-Zinsbindung nach 10 Jahren:     bis dahin aus eigenen Mitteln in

| Neufestschreibung: | | | neuer Zins p.a.: | Laufzeit: |
|---|---|---|---|---|
| | | | 2,50 % | 10 |

| | | | | | | | |
|---|---|---|---|---|---|---|---|
| 2031 | 60 | 4.659 | 1.482 | 3.176 | 1.008 | 3.745 | |
| 2032 | 61 | 4.892 | 1.556 | 3.335 | 914 | 3.843 | |
| 2033 | 62 | 5.136 | 1.634 | 3.502 | 816 | 3.940 | |
| 2034 | 63 | 5.393 | 1.716 | 3.677 | 717 | 4.039 | |
| | | 5.663 | | | | 4.141 | |
| | | 5.946 | | | | 4.246 | |
| | | 6.243 | | | | 4.354 | |
| | | 6.555 | | | | 4.464 | |
| | | 6.88 | | | | 4.577 | |
| 2040 | 69 | 7.227 | 2.300 | 4.928 | 64 | 4.692 | 17 |
| 2041 | 70 | 7.588 | 2.415 | 5.174 | 0 | 0 | 5.1 |
| 2042 | 71 | 7.968 | 2.535 | 5.433 | 0 | 0 | 5.4 |
| 2043 | 72 | 8.366 | 2.662 | 5.704 | 0 | 0 | 5.7 |
| 2044 | 73 | 8.785 | 2.795 | 5.989 | 0 | 0 | 5.9 |
| 2045 | 74 | 9.224 | 2.935 | 6.289 | 0 | 0 | 6.2 |
| 2046 | 75 | 9.685 | 3.082 | 6.603 | 0 | 0 | 6.6 |
| 2047 | 76 | 10.169 | 3.236 | 6.934 | 0 | 0 | 6.9 |

> **5 tilgungsfreie Jahre.** Gesparte Heizkosten sind größer als die Zinszahlungen

> **6. Jahr bis 16. Jahr:** Die eingesparten Heizkosten sind jetzt kleiner als Zins und Tilgung

> **Ab dem 17. Jahr:** Die eingesparten Heizkosten sind größer als Zins und Tilgung

**Angela Callsen-Jensen**
Zertifizierte Modernisierungsberaterin und
Baufinanz-Expertin, Schleswig

Lukrativ: Beim „Effizienzhaus 70 EE" gibt es bis zu 60.000 Euro Zuschuss pro Wohneinheit für die Sanierungsmaßnahmen.

# AMORTISATION oder „5.000 EURO FÜR DIE ENKELKINDER"

„Amortisieren" bedeutet wörtlich das „allmähliche Abtragen einer Schuld". Sobald die Investition in Dämmung und Solar-Module abgezahlt ist, fließen die eingesparten Energiekosten in die eigene Tasche. Doch ist der Begriff „Amortisation" in diesem Zusammenhang richtig? Schließlich liefern Dämmung und Sonnen-Energie mehr als nur ein wirtschaftliches Plus. Höhere Behaglichkeit und das gute Gefühl, die Sonne zu nutzen, sind nur zwei der nicht bezifferbaren Vorteile. Nachgedacht: Ab wann amortisiert sich ein Urlaub, ein Gartenteich oder etwa die Abstellkammer? Das Grundstück im Wohngebiet kostet ein Vielfaches von dem, was ein Grundstück neben der Kläranlage kosten würde. Lohnt sich ein Grundstück im teuren Wohngebiet?

Betrachten wir nun eine Lüftungsanlage. Die spart Geld durch die eingebaute Wärmerückgewinnung. Diese Wärme würde bei der Fensterlüftung ungenutzt nach draußen verloren gehen. Zugleich sorgt eine Lüftungsanlage für beste Atemluft: Mit welchem Betrag will man das beziffern? In diesem Zusammenhang von „Amortisation" zu sprechen, ist inhaltlich nicht korrekt.

Nun kann man zwar die eingesparten Energiekosten zur Refinanzierung der Lüftungsanlage verwenden. Man kann aber auch eine andere Rechnung aufmachen. Das gesparte Geld zahlt man auf ein Konto für die Kinder oder für die Enkelkinder. Die rund 20 Euro, die monatlich zusammenkommen, bringen in 18 Jahren gut und gern 5.000 Euro. Dieser Betrag steht später zur Verfügung. Was für einen schönes Wortspiel: Die saubere Luft für die Großeltern liefert dem Enkelkind später finanziell die „Luft zum Atmen".

gebnis (Zitat aus dem Vorwort): „Es gibt (noch) keine vorgezeichneten Pfade, keine ausgefeilten Szenarien mit Zahlen und Kurven." Das klingt zwischen den Zeilen so, als ob die Botschaft lauten solle „macht erstmal weiter wie bisher." Plausibel aus Sicht der Energie-Konzerne, die vorsichtig geschätzt täglich Gewinne in Höhe von vermutlich bis zu 100 Millionen Euro einfahren. Täglich. Wie wäre es mit dem Code „24.16.10.3.S"? Man könnte den Energieverbrauch im Wohnsektor um 90 Prozent reduzieren. Wer schaut da in die Röhre? Genau!

## Eine Fassadendämmung rechnet sich nach null Minuten

Weiterhin berichtet die dena ganz im Sinne der Energielobby von „langen Amortisationszeiten". Motto: Energiesparen lohnt sich nicht, Finger weg. **Nachgerechnet:** Ein Quadratmeter darlehensfinanzierte Fassadendämmung verursacht jährliche Kosten (Zins, Tilgung) in Höhe von rund 5,20 Euro, reduziert aber in aller Regel die Heizkosten gleichzeitig um mehr als 5,50 Euro pro Quadratmeter und Jahr. Tendenz steigend. Die Fassadendämmung rechnet sich nach null Minuten, man macht vom ersten Tag an Gewinn, so die echte Bilanz.

„Man muss die Welt nicht verstehen, man muss sich nur darin zurechtfinden", lautet ein kluger Spruch von Albert Einstein. Und genau das machen wir jetzt. Denn bei anderer Sichtweise bedeutet die 6.000-Programme-Förder-Vielfalt auch, dass Deutschland in puncto ener-

**Geld verheizen oder investieren?**

gieeffizientes Bauen und Modernisieren ein regelrechtes Baufinanzierungs-Schlaraffenland ist. Wir haben hierzulande wirklich alles: Hohe Zuschüsse und unterm Strich sogar Minus-Zinsen. Man muss jetzt nur einen Weg finden, diese lukrativen Früchte zu ernten.

Wir machen es uns erneut einfach und ignorieren die 6.000 Programme. Stattdessen konzentrieren wir uns auf die „Bundesförderung für effiziente Gebäude": Je besser der energetische Zustand des Hauses nach der Sanierung ist, umso höher fällt der Zuschuss aus.

### Effizienzhaus 70: Der Energiebedarf liegt bei 70 Prozent des Referenzgebäudes

**Hintergrund:** Die unterschiedlichen Effizienzhaus-Förderungen tragen im Namen eine Zahl: 85, 70, 55 oder 40. Diese Zahl gibt in Prozent an, wie hoch (oder eben niedrig) der Energiebedarf des sanierten Hauses bezüglich des sogenannten Referenzgebäudes nach Gebäudeenergiegesetz ist. Zugegeben: Das klingt recht kompliziert, doch wir können auch hierbei abkürzen: Beim Effizienzhaus 70 ist das Kosten-Nutzen-Verhältnis in aller Regel optimal, sodass wir zunächst diesen energetischen Standard anpeilen. Zuschuss pro Wohneinheit: bis zu 42.000 Euro (geschenktes Geld). Stellt sich während der Planung heraus, dass ohne großen Mehraufwand das Effizienzhaus 55 zu erreichen ist, geht man eben einen Schritt weiter und erhält einen noch höheren Zuschuss: bis zu 48.000 Euro pro Wohneinheit.

Es wird aber noch besser. Wenn die neue Heizung mit erneuerbaren Energien (etwa Biomasse oder Sonnenstrom) betrieben wird, bekommt der Förderstandard nicht nur den Zusatz „EE" (**E**rneuerbare **E**nergien), sondern es wird auch noch die förderfähige Investition von 120.000 auf 150.000 Euro pro Wohneinheit erhöht. Plus einen EE-Klasse-Bonus in Höhe von 5 Prozent. **Fazit:** Beim Effizienzhaus 70 EE bekommt man also bis zu 60.000 Euro

pro Wohneinheit geschenkt, bei der Effizienzhaus-55-EE-Variante sogar bis zu 67.500 Euro. Wer es auf die Spitze treibt und sein altes Haus zum sehr anspruchsvollen Effizienzhaus 40 EE saniert, kann sich über einen 50-Prozent-Zuschuss freuen: bis zu 75.000 Euro – eine ganze Sanierung zum halben Preis. Unabhängig davon, ob man mit einen Darlehen oder mit eigenem Geld modernisiert.

### Viele Hauseigentümer verzichten unnötigerweise auf ihre Förderzuschüsse

Viele Hauseigentümer verzichten aus Unkenntnis auf ihre Förderzuschüsse, weil sie einfach nicht wissen, wo und wie man anfangen soll. Also macht man das, was bestenfalls der befreundete Handwerker empfiehlt: Nur die Heizung oder die Fenster tauschen. Im Ergebnis hat man dann nur einen Bruchteil des Hauses saniert und dafür auch noch viel zuviel Geld bezahlt. Das ist kein Konzept. Das ist einfach nur ärgerlich. Folgender Ansatz ist deutlich nachhaltiger: Wir wählen aus allen denkbaren Möglichkeiten genau die aus, die sinnvoll sind und sich bereits bewährt haben.

Es gibt kommunale Fördertöpfe, Landesmittel sowie die bundesweit gültigen Bau- und

# Investition in die Modernisierung

9.325 Euro - Energieberatung

22.000 Euro - Fassadendämmung*

18.000 Euro - Dachhaut mit Dämmung*

10.000 Euro - Kellerdeckendämmung*

20.000 Euro - Neue Fenster, Haustür*

8.000 Euro - Neue Heizung
„Ohnehin-Investition"*

17.000 Euro - Neue Heizung
„Zusatz-Investition"*

9.000 Euro - Kontrollierte Lüftung*

**113.325 Euro - Investitionssumme**

* Schätzwerte

Modernisierungs-Programme, die hauptsächlich von zwei Institutionen angeboten werden: Von der KfW-Förderbank (die weltweit größte Förderbank) und vom Bundesamt für Wirtschaft- und Ausfuhrkontrolle, kurz „BAFA". So passt unsere Finanzierungsstrategie für die Modernisierung kompakt auf einen Bierdeckel:
**1.** „Effizienzhaus 70 EE" wählen, 40 Prozent der Investition als Zuschuss erhalten.
**2.** Bezuschussung der Energieberaterleistungen: Energieberatung und Baubegleitung.
**3.** On Top gibt es noch – sofern vorhanden – regionale Programme, sodass man die Modernisierungsinvestitionen vollständig über die eingesparten Energiekosten bedienen kann.

## Geld verbrennen oder dasselbe Geld ins eigene Haus investieren? Was ist klüger?

Man muss sich das so vorstellen: Die eingesparten Energiekosten – bis zu 90 Prozent sind realistisch – werden quasi umgeschichtet. Man überweist das Geld eben nicht mehr an den Heizölhändler oder an die Stadtwerke, sondern setzt es für Zins und Tilgung ein. Wer nicht saniert, verheizt (verbrennt) sein Geld weiter. Jener, der saniert, investiert denselben Betrag ins eigene Haus. Was ist wohl klüger?

Wer saniert, hat zudem ein Haus, das behaglicher ist, einen höheren Wert hat, man trägt seinen Teil zum Klimaschutz bei und man setzt sich nicht mehr der Energiepreiswillkür der Energiewirtschaft und der damit verbundenen Energiepreis-Achterbahn aus.

Weiterhin gibt es die Möglichkeit, bei der Darlehensvariante das Darlehen zum Ende der Zinsbindung vollständig mit einem Bausparvertrag abzulösen. So können die heutigen Minizinsen bis zum Ende der Darlehenslaufzeit gesichert werden. Minizinsen statt Maxiheizkosten. Alternativ kann mit einer energetischen Gebäudemodernisierung auch die eigene Steuerlast gesenkt werden. Fördermittel und Zuschüsse in Anspruch nehmen oder Steuern sparen? Hierzu den Steuerberater befragen.

**Rechenbeispiel** für folgende Ausgangssituation: Beim deutschen Durchschnittswohnhaus, das in den 1970er Jahren gebaut wurde, das noch weitgehend im Originalzustand ist und zwei Wohnungen mit je 85,5 Quadratmetern hat, musste im Sommer 2021 akut die Heizung erneuert werden. Der eilig herbeigerufene Heizungsbauer schlug „kurzen Prozess" vor: Alte Gasheizung raus, neue Gasheizung rein: Plus eine nette Solarthermieanlage „für die Umwelt". Nach Abzug der Förderung fallen gerade mal 8.000 Euro Investition an und man hat wieder mindestens 25 Jahre Ruhe.

**Diese Ausgangssituation ist typisch.** Eine große Instandsetzungsmaßnahme muss erledigt werden, weil – wie in unserem Beispiel – die Heizung ihren Geist aufgegeben hat.

**Finanzierungsleitsatz:** Die Randbedingungen für die Finanzierung einer Gebäude-Modernisierung zum Effizienzhaus 70 EE sind inzwischen so gut, dass man quasi keinen eigenen Euro investieren muss. Was jetzt zu beweisen ist. Lesen Sie aufmerksam weiter, rechnen Sie mit und lassen Sie sich überraschen.

Insgesamt musste unsere Musterfamilie (nennen wir sie der Einfachheit halber Schmidt) zusätzlich zur Heizung rund 112.000 Euro finan-

**BVGeM** Bundesverband Gebäudemodernisierung

| | | | Ihr Name: | **Familie Schmidt** | | Ihr Alter: | **50** | Jahr: | **2021** |
|---|---|---|---|---|---|---|---|---|---|
| | | | Ihr Objekt: | | **Sanierung des deutschen Durchschnittshauses** | | | | |

| Modernisierung ab 01.07.2021 Maßnahmen: | Dämmung Fassade | Dämmung Dach | Dämmung Kellerdecke | Erneuerung Fenster/Haustür | Erneuerung Heizung | Einbau Lüftung | eigene Kosten SUMME |
|---|---|---|---|---|---|---|---|
| Investition bereits geplant: | | | | | 8.000 € | | 8.000 € |
| Kosten zusätzlich: | 22.000 € | 18.000 € | 10.000 € | 20.000 € | 17.000 € | 9.000 € | 96.000 € |
| Baubegleitung: | 14.000 € | | | | davon KfW-Zuschuss: | 5.000 € | 9.000 € |
| Energieberatung: | 1.625 € | | | | davon Bafa-Zuschuss: | 1.300 € | 325 € |
| Modernisierung Zusatzkosten: | | | | | | | **105.325 €** |

| | | | | | |
|---|---|---|---|---|---|
| Sanierung zum Effizienzhaus: | **70** | | | KfW-Tilgungszuschuss: | **35,0 %** |
| Erneuerbare-Energie-Klasse: | **EE-Klasse** | | | Erhöhung Zuschuss: | **5,0 %** |
| individueller Sanierungsfahrplan: | **iSFP** | | | Erhöhung Zuschuss: | **0,0 %** |

| Heizkosten: | VOR Sanierung: | NACH Sanierung: | | | Heizkosten-Anstieg ca.: | |
|---|---|---|---|---|---|---|
| | **2.860 €** | **910 €** | jährlich | Prognose: | **5,0 %** | jährlich |

**KfW-Programm 261:** — KfW-Darlehen: **105.325 €**

| | Zins p.a.: | rechnerische Laufzeit: | tilgungsfreie Anlaufjahre: | Rate: | | KfW-Tilgungszuschuss gesamt: | **40,0 %** |
|---|---|---|---|---|---|---|---|
| Annuität und 10 Jahre fest | **0,90 %** | **30** | **5** | **392,19 €** | monatlich | Zahlung nach ca. 12 Monaten = | **42.130 €** |

| Ende der KfW-Zinsbindung nach | **10 Jahren** | | bis dahin aus eigenen Mitteln investiert: | **2.228 €** | |
|---|---|---|---|---|---|
| | Zins p.a. neu: | Laufzeit neu: | Rate: | Neufestschreibung der Restschuld: | **42.043 €** |
| Annuität und neue Laufzeit | **2,50 %** | **10** | **396,34 €** monatlich | | |

zieren. Abzüglich 1.300 Euro BAFA-Zuschuss für die Energieberatung und abzüglich 5.000 Euro Zuschuss für die Baubegleitung verbleiben weitere 105.325 Euro, die über die „Bundesförderung für effiziente Gebäude" finanziert wurden (Stand 07/2021):

**1.** Restsumme Energieberatung: 9.325 €
**2.** Fassadendämmung, 16 Zentimeter dick, inklusive Gerüst, geschätzt rund 22.000 €
**3.** Dachdämmung, 24 Zentimeter dick, inklusive neuer Dachhaut: geschätzt rund 18.000 €
**4.** Kellerdeckendämmung, 10 Zentimeter dick: geschätzt rund 10.000 €
**5.** Neue Fenster, 3fach verglast, plus Haustür, geschätzt rund 20.000 €
**6.** Zusatzinvestition in eine Heizungsanlage, die mit erneuerbaren Energien betrieben wird, geschätzt rund 17.000 €
**7.** Kontrollierte Lüftung, geschätzt rund 9.000 €

Die maximal anrechenbare Investition beträgt beim Effizienzhaus-Förderprogramm, wie bereits erwähnt, 150.000 Euro je Wohneinheit.

Das Haus von Familie Schmidt hat zwei Wohnungen. Somit hatten sie Anspruch auf eine Darlehenssumme von bis zu 300.000 Euro. Sie benötigten aber nur 113.325 Euro.

Die Entscheidung fiel für ein Darlehen mit 30 Jahren Laufzeit bei einer Zinsbindung von 10 Jahren. Achtung: Trotz 30 Jahren Laufzeit ist das Darlehen nach 20 Jahren mit eingesparten Heizkosten vollständig getilgt. Die ersten fünf Jahre sind tilgungsfrei. „Tilgungsfrei" heißt in diesem Fall, dass zumindest Schmidts nicht tilgen, der Darlehensgeber aber schon: volle 45.330 Euro. Achtung: Bei Redaktionsschluss dieses Buches wurde noch ein zusätzlicher 5-Prozent-Zusatz-Bonus für die Erstellung eines individuellen Sanierungsfahrplans (iSFP) diskutiert. Die jeweils aktuellen Randbedingungen zur Förderung nennt Ihnen Ihr Energieberater.

**Wer 10.000 Euro investieren muss, fährt besser, wenn er für 100.000 Euro saniert**

Somit liegt der Effektivzins für Schmidts Komplett-Sanierung zum Effizienzhaus 70 EE für

**TAG 16**

die Dauer der Zinsbindung bei unter Null Prozent pro Jahr. Negativer Zinssatz? Das erklärt sich so: Inklusive Zinsen zahlt Familie Schmidt unterm Strich weniger zurück als sie ursprünglich bekommen haben.

**Fazit:** Wenn eine größere Sanierungsmaßnahme durchgeführt werden muss (Fenster müssen ausgetauscht werden, die Heizung ist defekt, das Dach ist undicht), die in einer Größenordnung von etwa 10.000 Euro („Ohnehin-Investition") liegt, dann lohnt es sich, über eine Komplettsanierung nachzudenken. Zudem ist in den kommenden 20 Jahren sicher mindestens eine weitere Sanierungsmaßnahme fällig, die man sich dann sparen kann.

Der Tilgungsplan rechts auf Seite 123 sowie der „Energiespar-Aktienkurs fürs deutsche Durchschnittshaus" (Seite 117) stellen eine Finanzierungsdokumentation dar, bei der man auf einen Blick erkennt, dass die energetische Haussanierung wie eine Aktie ist, die letztlich nur einen Weg kennt: nach oben.

**Bilanz nach 10 Jahren: 105.325 Euro zusätzlich bekommen, nur 2.228 Euro investiert**

Schmidts haben gegenüber dem, der nicht saniert hat, nach 10 Jahren – Ende der ersten Zinsbindung – nur 2.228 Euro eigenes Geld investiert. Was für eine Zwischenbilanz: 105.325 Euro als Darlehen zusätzlich bekommen und dafür nur 2.228 bezahlt. Doch es kommt noch besser: Bei einer angenommenen Energiepreissteigerung von fünf Prozent pro Jahr (entspricht dem Wert der vergangenen 20 Jahre) sind Schmidts ab dem Jahr 2040 endgültig im Vorteil: Die eingesparten Energiekosten sind dann höher als Zins und Tilgung. Das Darlehen ist ebenfalls im Jahr 2040 vollständig mit eingesparten Heizkosten getilgt. Vorteilsbilanz im Jahr 2041: 5.174 Euro eingesparte Energiekosten. **Eine schöne Zusatzrente.**

Wenn die Schmidts 2021 um die 50 waren, dann sind sie im Jahr 2040 um die 70 Jahre alt.

---

**Sebastian Kraatz**
Zertifizierter Modernisierungsberater und Ruhestandsplaner, Darmstadt

## MODERNISIEREN LOHNT SICH

Bei nahezu jedem zweiten Wohnhaus in Deutschland lohnt sich die energetische Modernisierung. Wer dort investiert, anstatt sein Geld zu verheizen, gewinnt mehrfach: Die sanierte Immobilie wird behaglicher und wertvoller, zusätzlich spart man sich durch die niedrigen Heizkosten noch ein kleines Vermögen an.

---

Im Jahr 2041 sparen sie bereits 5.174 Euro gegenüber dem, der 2021 ein identisches Haus nicht saniert hat. Und wenn Schmidts 2021 um die 60 waren, dann haben sie natürlich auch ab dem Jahr 2040 (im Alter von rund 80 Jahren) Jahr für Jahr einen großen finanziellen Vorteil. Lohnt sich die energetische Sanierung auch mit 60? Was für eine Frage.

Immer wieder erfahren Hauseigentümer erst nach Sanierungsbeginn, dass ihnen fünfstellige Zuschüsse zugestanden hätten. Wichtig: Erst Förderantrag stellen, dann Liefer- und Leistungsverträge abschließen. Planungs- und Beratungsleistungen können aber schon vor Antragstellung in Anspruch genommen werden.

Jetzt, am 16. Tag Ihrer Gebäudemodernisierung, ist die energetische Planung abgeschlossen, die Fördermittel können vom Energieberater beantragt werden: „Bundesförderung für effiziente Gebäude", Effizienzhaus 70 EE oder 55 EE plus die KfW-Programme 159 („Altersgerecht Umbauen – Kredit") oder 455-B („Barrierereduzierung – Investitonszuschuss").

Bis die Fördermittelzusage auf dem Tisch liegt, vergehen in aller Regel vier Wochen. Ausreichend Zeit, um jetzt in die Feinplanung mit der Wohnsituations-Analyse zu gehen und das Handwerker-Team zusammenzustellen.

# Tilgungsplan Effizienzhaus 70 EE

| Modernisierung | Objekt: | Sanierung des deutschen Durchschnittshauses | |
|---|---|---|---|
| Gesamtkosten: | **113.325 €** | Eigeninvestition: **8.000 €** | Darlehen: **105.325 €** |

| KfW-Programm 151: | | | | KfW-Darlehen: | **105.325 €** |
|---|---|---|---|---|---|
| | Zins p.a.: **0,90 %** | Laufzeit: **30** | Anlaufjahre: **5** | Tilgungszuschuss: **40,00 %** nach 12 Monaten = | **42.130 €** |

| Jahr | Alter | Heizkosten VOR Sanierung | Heizkosten NACH Sanierung | Heizkosten-ersparnis pro Jahr | Aufwand für Zinsen | Aufwand für Tilgung | Überschuss / Defizit nach Sanierung | kumuliertes "Energie-sparkonto" | KfW-Darlehen Restschuld am Jahresende |
|---|---|---|---|---|---|---|---|---|---|
| 2021 | 50 | 2.860 | 910 | 1.950 | 948 | 0 | 1.002 | 1.002 | 63.195 |
| 2022 | 51 | 3.003 | 956 | 2.048 | 569 | 0 | 1.479 | 2.481 | 63.195 |
| 2023 | 52 | 3.153 | 1.003 | 2.150 | 569 | 0 | 1.581 | 4.062 | 63.195 |
| 2024 | 53 | 3.311 | 1.053 | 2.257 | 569 | 0 | 1.689 | 5.751 | 63.195 |
| 2025 | 54 | 3.476 | 1.106 | 2.370 | 569 | 0 | 1.801 | 7.552 | 63.195 |
| 2026 | 55 | 3.650 | 1.161 | 2.489 | 552 | 4.155 | -2.218 | 5.334 | 59.040 |
| 2027 | 56 | 3.833 | 1.219 | 2.613 | 514 | 4.192 | -2.093 | 3.241 | 54.848 |
| 2028 | 57 | 4.024 | 1.280 | 2.744 | 476 | 4.230 | -1.962 | 1.279 | 50.618 |
| 2029 | 58 | 4.226 | 1.344 | 2.881 | 438 | 4.268 | -1.825 | -546 | 46.350 |
| 2030 | 59 | 4.437 | 1.412 | 3.025 | 399 | 4.307 | -1.681 | -2.228 | 42.043 |

| Ende der KfW-Zinsbindung nach 10 Jahren: | | bis dahin aus eigenen Mitteln investiert: | **2.228 €** |
|---|---|---|---|
| Neufestschreibung: | neuer Zins p.a.: **2,50 %** Laufzeit: **10** | Restschuld: | **42.043 €** |

| Jahr | Alter | Heizkosten VOR Sanierung | Heizkosten NACH Sanierung | Heizkosten-ersparnis pro Jahr | Aufwand für Zinsen | Aufwand für Tilgung | Überschuss / Defizit nach Sanierung | kumuliertes "Energie-sparkonto" | KfW-Darlehen Restschuld am Jahresende |
|---|---|---|---|---|---|---|---|---|---|
| 2031 | 60 | 4.659 | 1.482 | 3.176 | 1.008 | 3.748 | -1.580 | -3.807 | 38.295 |
| 2032 | 61 | 4.892 | 1.556 | 3.335 | 914 | 3.843 | -1.421 | -5.228 | 34.453 |
| 2033 | 62 | 5.136 | 1.634 | 3.502 | 816 | 3.940 | -1.254 | -6.482 | 30.513 |
| 2034 | 63 | 5.393 | 1.716 | 3.677 | 717 | 4.039 | -1.079 | -7.561 | 26.474 |
| 2035 | 64 | 5.663 | 1.802 | 3.861 | 615 | 4.141 | -895 | -8.456 | 22.332 |
| 2036 | 65 | 5.946 | 1.892 | 4.054 | 510 | 4.246 | -702 | -9.159 | 18.086 |
| 2037 | 66 | 6.243 | 1.986 | 4.257 | 402 | 4.354 | -499 | -9.658 | 13.732 |
| 2038 | 67 | 6.555 | 2.086 | 4.469 | 292 | 4.464 | -287 | -9.945 | 9.269 |
| 2039 | 68 | 6.883 | 2.190 | 4.693 | 180 | 4.577 | | -10.008 | 4.692 |
| 2040 | 69 | 7.227 | 2.300 | 4.928 | 64 | 4.692 | | -9.836 | 0 |
| 2041 | 70 | 7.588 | 2.415 | 5.174 | 0 | 0 | | -4.662 | 0 |
| 2042 | 71 | 7.968 | 2.535 | 5.433 | 0 | 0 | | 770 | 0 |
| 2043 | 72 | 8.366 | 2.662 | 5.704 | 0 | 0 | | 6.474 | 0 |
| 2044 | 73 | 8.785 | 2.795 | 5.989 | 0 | 0 | | 12.464 | 0 |
| 2045 | 74 | 9.224 | 2.935 | 6.289 | 0 | 0 | | 18.753 | 0 |
| 2046 | 75 | 9.685 | 3.082 | 6.603 | 0 | 0 | 6.603 | 25.356 | 0 |
| 2047 | 76 | 10.169 | 3.236 | 6.934 | 0 | 0 | 6.934 | 32.290 | 0 |
| 2048 | 77 | 10.678 | 3.397 | 7.280 | 0 | 0 | 7.280 | 39.570 | 0 |
| 2049 | 78 | 11.212 | 3.567 | 7.644 | 0 | 0 | 7.644 | 47.214 | 0 |
| 2050 | 79 | 11.772 | 3.746 | 8.026 | 0 | 0 | 8.026 | 55.241 | 0 |

# Vom Fahrplan zum Bauplan mit dem „Modernisierungsmakler"

**Mit Blick auf Klimawandel und Klimaschutz muss jedes Gebäude zum Energiesparer modernisiert werden. Doch wie geht es dann weiter? Das Haus muss ja auch zu den Bewohnern passen. Hierfür gibt es die Wohnsituations-Analyse.**

Im Wort Wohnsituations-Analyse steckt der Begriff „Situation". Und die kann sich jederzeit ändern. Was heute für die Bewohner noch richtig ist, kann schon in ein oder zwei Jahren wieder überholt sein. Durch private, berufliche oder gesundheitliche Veränderungen verändern sich auch die Anforderungen an den Wohnraum. Es ist nun eine große Kunst, während der Planungsphase einer Modernisierung alle diese Eventualitäten im Blick zu haben. Je intensiver und aufgeschlossener man in alle Richtungen denkt, diskutiert und plant, umso besser wird letztlich das Ergebnis sein.

Die Modernisierung eines älteren Hauses beginnt mit einer Bestandsaufnahme. Im Zuge der Energieberatung haben wir schon erfahren, dass man am besten unterm Dach startet. Doch jetzt geht es nicht nur um die Wärmedämmung. Wir schauen noch genauer hin. Die erste Frage, die sich stellt, wenn man die oftmals wackelige Klapptreppe nach oben steigt: Wie kommt man hier eigentlich hoch, wenn man mal nicht mehr so beweglich ist? Stichwort „barrierefrei".

**www.wohnsituations-analyse.de: Immobilienunternehmer wird „Modernisierungsmakler"**

Was gibt es noch für Hürden im Haus? Duscheinstieg, schmale Türen, Wendeltreppe (Liste anfertigen). Frank Leonhardt, Immobilienmakler und Sachverständiger aus Stein bei Nürnberg, hat aus ungezählten Gesprächen mit Hauseigentümern eine hilfreiche Internetseite zusammengestellt: Unter www.wohnsituations-analyse.de wird systematisch ein zukunftstauglicher Wohlfühl-Masterplan entworfen. So wurde Leonhardt immer mehr zum stadtbekannten „Modernisierungsmakler".

Inzwischen arbeiten viele seiner Kolleginnen und Kollegen mit diesem Online-Tool, um punktgenaue Wohnkonzepte zu erstellen.

Frank Leonhardt erläutert: „Eine ganze Reihe von Faktoren nimmt Einfluss auf unser persönliches Wohlbefinden: Mitmenschen, die Qualität der Ernährung, schadstofffreie Luft, Sport, Umgebung allgemein, Gerüche, Wetter, Temperatur. Viele dieser Wohlfühlfaktoren kann man nur sehr eingeschränkt beeinflussen, andere dafür um so mehr."

**Bestandsaufnahme: Wackelige Klapptreppe. Wie kommt man hier eigentlich hoch, wenn man mal nicht mehr so beweglich ist?**

# www.wohnsituations-analyse.de
## ANFRAGE WOHNSITUATIONS-ANALYSE

**Gutscheincode (falls vorhanden):**

[                                                                    ]

**Art der Immobilie:** *

◉ Einfamilienhaus
○ Mehrfamilienhaus
○ Wohnung

**Postleitzahl der Immobilie:** *

[ 76829                                                              ]

**Ihre Anrede:** *

☑ Frau
☐ Herr

**Ihr Vorname:** *

[ Martina                                                            ]

**Ihr Nachname:** *

[ Mustermann                                                         ]

**Ihre Telefon-Nummer:** *

[ 0123 4567890                                                       ]

Rund ums Wohnen gibt es also einiges, was uns in gute Stimmung versetzen kann. Und das können wir steuern: angenehme Raumtemperatur, anregende und beruhigende Farben, die richtige Licht-Dosis, eine geschmackvolle, gut dekorierte Einrichtung und so weiter.

Eigentlich ist es ganz einfach, sich seine Wohlfühl-Basis zu schaffen. Unter dem Motto „Behaglichkeit" sollte man zuerst auf die richtige Raumtemperatur achten. Oft ist eine unbehagliche Wohnsituation sogar der Auslöser fürs Modernisieren: „Irgendwie wird es trotz Heizung nie richtig warm", „Es zieht immer", „Im Sommer schwitzen wir uns zu Tode". Kennen Sie das?

### Wohlfühl-Masterplan: Was brauche ich, damit ich mich zuhause wohlfühle?

Was gehört noch in den eigenen Wohlfühl-Masterplan? Freistehende Badewanne, Musikanlage, Kochinsel für Hobbyköche, die Kletterwand im Kinderzimmer, das XXL-Heimkino, der Smart-Home-Fingerscanner, mit dem man ruhig seinen Haustürschlüssel vergessen kann und, und, und … Es empfiehlt sich, hierfür eine

**Frank Leonhardt**
Zertifizierter Modernisierungsberater und
Sachverständiger, Stein bei Nürnberg

## DAS KLIMA ZUHAUSE

Eine ganze Reihe von Faktoren nimmt Einfluss auf unser persönliches Wohlbefinden: Mitmenschen, Qualität der Ernährung, Umgebung allgemein, schadstofffreie Luft, Sport, Gerüche, Wetter, Temperatur. Viele dieser Wohlfühlfaktoren kann man nur sehr eingeschränkt beeinflussen, andere dafür um so mehr.

eigene Checkliste im Vorfeld der Wohnsituations-Analyse (rechts) anzufertigen.

Inspiration und Information liefern Ihnen hierfür die nächsten Kapitel. Dort geht es um Bad, Küche, Sicherheit, gesunde Baustoffe, altersgerechtes Wohnen und Smart-Home. Spannend auch, welchen Einfluss die Farbgebung auf die Atmosphäre unserer Umgebung hat.

# „Team Leonhardt": Wohlfühl-Tipps

# Wohnsituations-Analyse – persönlicher Wohlfühl-Masterplan

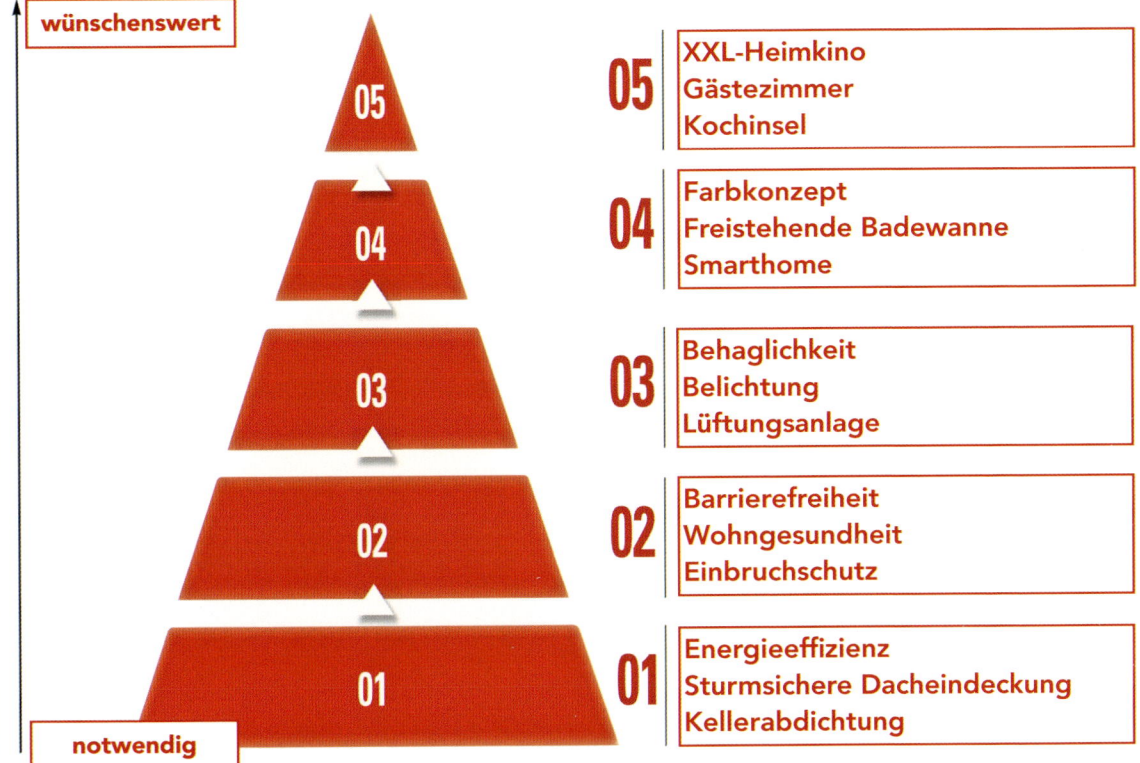

**wünschenswert**

**05** XXL-Heimkino
Gästezimmer
Kochinsel

**04** Farbkonzept
Freistehende Badewanne
Smarthome

**03** Behaglichkeit
Belichtung
Lüftungsanlage

**02** Barrierefreiheit
Wohngesundheit
Einbruchschutz

**01** Energieeffizienz
Sturmsichere Dacheindeckung
Kellerabdichtung

**notwendig**

Im Wort Wohnsituations-Analyse steckt der Begriff „Situation". Und die kann sich jederzeit ändern. Was heute für die Bewohner noch richtig ist, kann schon in ein oder zwei Jahren überholt sein. Es ist eine große Kunst, während der Planungsphase alle Eventualitäten im Blick zu haben.

Klimaschutz ist eine Aufgabe, die nur im Team gestemmt werden kann. Eine große Aufgabe ist in diesem Zusammenhang die klimaneutrale Sanierung des gesamten deutschen Gebäudebestands bis zum Jahr 2050.

Das RE/MAX-Immobilienmakler-Team von Frank Leonhardt mit Standorten in Stein, Nürnberg, Fürth, Schwabach und Ansbach spannt den Bogen noch weiter: Es geht auch um das Klima zuhause. Es geht um das Sich-immer-Wohlfühlen. Diese Idee haben inzwischen viele Partner-Büros zu ihrer Herzensangelegenheit gemacht und verstehen sich als echte Modernisierungsberater, nicht mehr nur als Immobilien-Vermittler.

Mit immer wieder neuen Ideen und dem Auswerten erfolgter Modernisierungen konnte die Beratung rund um Bestandsimmobilien so gut entwickelt werden, dass sich dort längst auch Hauseigentümer melden, die keine Immobilie kaufen oder verkaufen möchten, sondern nach ihrer optimalen Modernisierungsstrategie fragen. Zum Einstieg in die Beratung empfiehlt sich der ausgefeilte Fragenbogen unter www.wohnsituations-analyse.de .

# Bei diesem Plan B steht das „B" für bezahlbares Bad

**Ein Traumbad gibt es auch für kleines Budget. Trick: Die Kosten drücken, indem man manche Investition auf später verschiebt, wie etwa den Designer-Waschtisch. Zunächst genügt ein optisch passables 80-Euro-Baumarkt-Waschbecken.**

Als wir noch Kinder waren, drückten wir unsere Nasen am Schaufenster des Spielwarengeschäftes platt und träumten: „Wenn wir mal ganz viel Geld haben, dann kaufen wir alles." Wir hatten nie ganz viel Geld und lernten, dass wir auch glücklich werden können, wenn manche Wünsche eben Wünsche bleiben. Bei der Modernisierung des Bades ist das ähnlich. Das Angebot ist unüberschaubar riesig, Superlative wohin man schaut. Die Kunst ist, das richtige Maß zu finden.

Der übliche Weg: Zuerst geht es ins Internet. Tausende Bilder von exklusiven Bädern: „Ja, die nehmen wir! Alle!" In den Bad-Ausstellungen des Fachhandels bekommt man fast den Mund nicht mehr zu und zuhause beginnt man dann mit der Planung. Gedanklich versetzt man alle zehn Minuten die Wasseranschlüsse, mal sind die Fliesen weiß, mal grau, mal bunt. Am Schluss werden die Kosten kalkuliert – und dann hat man schlagartig keine Lust mehr.

### Wenn der normale Weg nicht geht, gibt es immer einen „Plan B"

Den Traum vom Traumbad begraben? Nein! Es gibt ja immer noch einen „Plan B". Und der könnte so aussehen: Zunächst eine Budget-Obergrenze setzen. Dann die persönlichen Highlights notieren. Beispiel: Hellgraue Maxi-Fliesen kombiniert mit sandfarbenen Flächen, endlich eine Fußbodenheizung, barrierefreie

Spartipp: In diesem Ausbaustadium könnte man sich zunächst für einen einfachen Baumarkt-Waschtisch entscheiden.

Später, wenn wieder Geld in der Kasse ist, wird die endgültige Waschtisch-Variante inklusive Unterbau montiert.

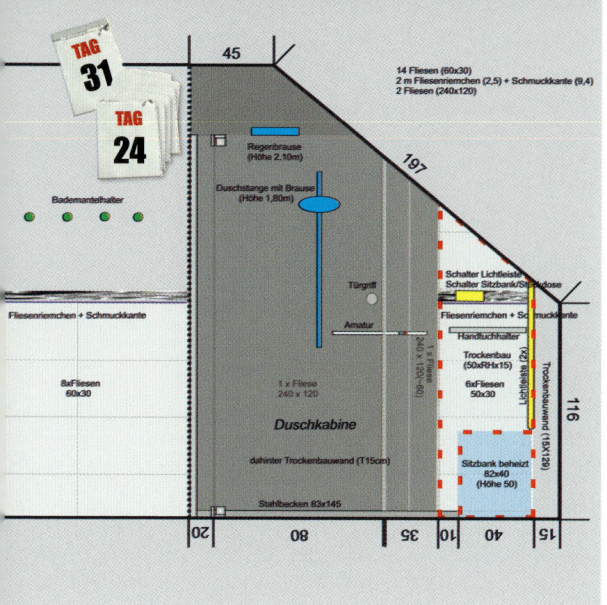

Regendusche plus freistehende Badewanne. Und dann noch den lang ersehnten Designer-Waschtisch.

### Wer ein Bad für 30.000 Euro möchte, findet schnell einen Betrieb, der sofort loslegt

Alle weiteren Details, mit denen ein Bad zur Wellness-Traum-Oase wird, verschiebt man ins nächste Leben. Das alles erinnert uns an das Spielwarengeschäft von früher. Sicherlich können wir uns heute mehr leisten als damals im Kindesalter. Die Frage ist nur: „Wollen wir das?" Wer ein Bad für 30.000 Euro möchte, dieses Geld hat und auch bereit ist, es dafür auszugeben, der findet an jeder Ecke Profi-Betriebe, die sofort loslegen können. Das Ergebnis wird herausragend sein, keine Frage.

Wer nicht so viel Geld fürs neue Bad hinblättern möchte, für den haben wir noch einen Vorschlag: Die Kosten drücken, indem man einige Investitionen einfach auf später verschiebt oder manche Specials in der kleineren Variante wählt. **Spar-Tipp 1:** Die große Waschtisch-Schrank-Kombination oder der Designer-Waschtisch. Montieren Sie stattdessen zunächst ein optisch passables 80-Euro-Baumarkt-Waschbecken. Das Designer-Teil leisten

Sie sich später. Das neue Bad wird auch mit „Billig-Waschtisch" glänzen. Und wenn irgendwann das endgültige Waschbecken montiert ist, feiern Sie im Bad sozusagen ein zweites Mal Weihnachten. **Spar-Tipp 2:** Die Fußbodenheizung nur dort einbauen, wo später auch Standflächen sind: Etwa in der Dusche oder vorm Waschtisch.

Es ist frappierend, wie sich die Zeit und mit ihr die Möglichkeiten geändert haben. Wenn man sich früher erste Gedanken über ein neu-

## BAD-INSPIRATION AUS DEM LUXUS-HOTEL

Wer mit Internet und Badausstellung nichts am Hut hat, sondern echte Bäder testen möchte, bevor er sein eigenes Traumbad in Auftrag gibt, der sollte hin und wieder mal eine Nacht im Hotel verbringen. Moderne 4- und 5-Sterne-Häuser bieten reichlich Inspiration für die eigene Badgestaltung.

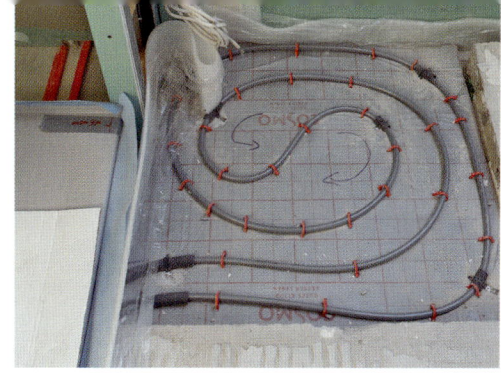

Spar-Tipp: Die Fußbodenheizung nur dort einbauen, wo später auch Standflächen sind: Etwa in der Dusche und vorm Waschtisch.

es Bad machte, dann holte man Stift und Papier und fertigte Skizze für Skizze an. Mit dem endgültigen Entwurf ging man dann zum Installateur oder Fliesenleger und war aufs Ergebnis gespannt.

Und heute? Es hat sich alles geändert. Nicht nur Duschen und Armaturen sind fast schon zu Statussymbolen geworden, auch die Badplanung ist revolutioniert. Wen wundert's: Auch dort haben Digitalisierung und Internet für neue Möglichkeiten gesorgt. Inzwischen können selbst Laien mit kostenlosen Planungsprogrammen innerhalb kürzester Zeit ihre Bad-Ideen zigfach „aufs Papier" bringen. Einfach bei einer Internet-Suchmaschine „Badplaner online" eingeben und schon geht's los.

Wer keine Lust hat, sich in ein solches Programm hineinzutüfteln, geht zum Fachhandel oder in die Badabteilung seines Baumarktes. Dabei die Abmessungen sowie die Positionen von Wasser- und Abwasseranschlüssen parat halten. Der Profi, der täglich mit einer Planungssoftware arbeitet, zaubert recht schnell mehrere Traumbad-Varianten. Sogar als 360-Grad-Rundgang und in fotorealistischer 3-D-Ansicht. Noch besser: Mit einer VR-Brille können Sie Ihr neues Bad bereits live erleben.

Profis zaubern mit einer Planungssoftware recht schnell fotorealistische Traumbad-3-D-Ansichten inklusive 360-Grad-Rundgang.

**Es gibt Unternehmen, die sich auf kleine Bäder spezialisiert haben**

Viele Bäder sind eher klein, manche winzig. Wer kaum Platz hat und dennoch auf eine Badewanne nicht verzichten möchte, kann im Internet gezielt nach Lösungen für kleine Bäder suchen. Mit der Summe der vielen nützlichen Tipps, wie etwa „Objekte reduzieren", „Stufen vermeiden", „auf Abtrennwände verzichten" können selbst für Bäder, die kleiner als vier Quadratmeter sind, beeindruckende Ergebnisse erzielt werden.

Sobald die Planung steht, erstellt ein Fachplaner die detaillierte Ausführungsplanung für Rohre und Leitungen, damit später alles passt.

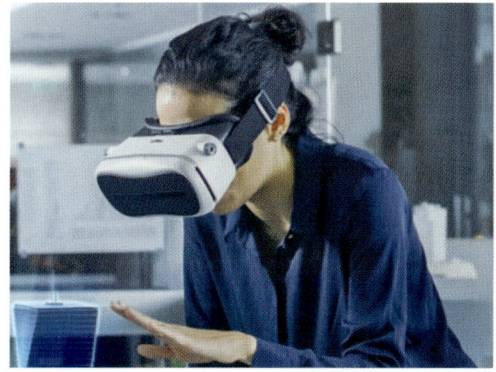

Beeindruckend: Mit einer VR-Brille („Virtual Reality") können Sie Ihr neues Bad vor der Renovierung quasi schon live erleben.

# Die „K-Frage" und ein Gruß in die Küche

**Kennen Sie das: Sie brauchen einen neuen Teppich für die Diele, gehen in eines dieser Mega-Möbelhäuser und machen auf dem Weg zur Teppichabteilung einen kleinen Schlenker durch die Küchenausstellung. Ein neues Leben beginnt.**

Normale Leute können sich die Traum-Küchen der Möbelhaus-Einrichter allein schon deshalb niemals kaufen, weil hierfür selbst ein 30-Quadratmeter-Wohnzimmer viel zu winzig wäre. Wer sich dann traut, nur so zum Spaß nach dem Preis zu fragen, ist froh, dass er eigentlich nur einen Teppich kaufen möchte. Dennoch kann so ein Küchen-Erlebnis wie ein „Aperitif der Innenarchitektur" sein.

Die **K-Frage Nummer 1** für Normalverdiener lautet dann: „Kann eine Mega-Küche so weit reduziert werden, dass sie zu üblichen Raumverhältnissen und realistischen Budgets passt und dabei möglichst wenig von ihrer Wirkung verliert?" Schnelle Antwort: „Ja." Man muss si-

cherlich zwar Wasser- und Stromanschlüsse neu verlegen. Doch das ist aber im Zuge eines größeren Umbaus kein echtes Problem. Getreu dem Motto „Wo ein Wille ist, ist auch ein Weg" führt dieser zurück ins Möbelhaus und dort zum Küchenplaner, der auch für kleine Grundrisse starke Lösungen findet.

**Küche steht längst nicht mehr nur für Kochen, sondern auch für Kommunikation**

**K-Frage Nummer 2:** Welche Form soll die Küche bekommen? Einzeilig, L-Form, U-Form oder einzeilig mit Kochinsel, die es wiederum auch in L-Form gibt? Da Kochen immer mehr

Die große Frage gleich am Anfang: Welche Form soll die Küche bekommen? Einzeilig, L-Form, U-Form oder einzeilig mit Kochinsel, …

… die es auch in L-Form gibt? Da Kochen auch Kommunikation ist, fällt oft die Entscheidung für eine Küche mit Kochinsel.

MODERNISIERUNGSOFFENSIVE
RHEIN-MAIN

**Torsten Tessnow**
Zertifizierter Modernisierungsberater,
Finanzierungsberater und Hobbykoch,
Mainz

HINTERGRUND

# DUNSTABZUG

Die große Frage rund um die Dunstabzugshaube lautet „Umluft oder Abluft?"

Bei der Umluft-Variante wird die angesaugte Luft gefiltert und dann in den Raum zurückgeblasen. Wirkungsvoller ist jedoch eine Ablufthaube, mit der die Küchen-Abluft nach draußen befördert wird.

Doch Achtung: In energiesparenden Gebäuden ist es dennoch besser, Umlufthauben einzubauen, um die luftdichte Gebäudehülle nicht öffnen zu müssen. Die Dunstabzugshaube darf weiterhin nicht an eine eventuell vorhandene Lüftungsanlage angeschlossen werden. Fette und Feststoffe könnten sich in den Luftkanälen einlagern, die Luftwechselzahl der Lüftungsanlage ist zudem zu gering.

Weiterhin sollte die Dunstabzugshaube einer sehr guten Energieeffizienzklasse angehören (geringster Stromverbrauch: A, A+ oder A++) und 15 bis 20 Zentimeter breiter als das Kochfeld sein.

Faustformel für die Luftfördermenge (Lüfterleistung): Raumgröße mal 6 ergibt den Luftwechsel pro Stunde. Um einen guten Wirkungsgrad zu erreichen, sollte die Dunstabzugshaube optimalerweise pyramidenförmig sein. Bei ausgefallenen Designlösungen muss beachtet werden, dass der Betrieb möglichst geräuscharm gewährleistet ist.

Zusammen mit einem großzügigen loungeähnlichen Essplatz kann die neue Küche sehr zeitgemäß nachgewürzt werden.

**Für die Arbeitsplatte gibt es ein umfangreiches Materialangebot: Holz, Kunststoff, Natur- und Kunststein, Edelstahl, Fliesen.**

auch mit Kommunikation zu tun hat, fällt immer häufiger die Entscheidung für eine Kochinsel in der Mitte des Raumes. Köche und Gäste haben sich im Blick, der Abend beginnt bereits mit der Zubereitung der Speisen und nicht erst, wenn serviert wird. Da gibt es den „Gruß aus der Küche" und postwendend den „Gruß in die Küche".

An solchen Koch-Abenden holt man sich dann nicht nur Rezepte für den eigenen Speiseplan, sondern man inspiriert sich auch in puncto Einrichtung.

Nachgedacht: In manchen Restaurants oder Hotel-Lounges ist man deshalb so gerne Gast, weil es dort einfach gemütlich ist. Und Zuhause? Da hat man sich häufig das Esszimmer

Besonders bequem ist es, wenn Backofen und Kühlschrank in Sichthöhe angeordnet werden, sodass häufiges Bücken entfällt.

Seitlich neben dem Herd braucht man jeweils mindestens rund 60 Zentimeter freien Platz.

so eingerichtet, wie man es aus den 1960er Jahren kennt: 1 Tisch, 6 Stühle, eher fade Langeweile. Tipp: Zusammen mit einem großzügigen loungeähnlichen Essplatz kann die neue Küche sehr zeitgemäß nachgewürzt werden.

### Hier gibt es jetzt die wichtigsten acht Küchen-Planungstipps „auf die Hand"

An dieser Stelle quasi als Schnell-Imbiss die wichtigsten acht Küchen-Planungstipps „auf die Hand":

**1.** Der Abstand gegenüberliegender Küchenzeilen muss mindestens 120 Zentimeter betragen.

**2.** Ein Bereich muss durchgehend ohne Unterbrechung durch Waschbecken oder Herd mindestens 120 Zentimeter breit sein.

**3.** Seitlich neben dem Herd braucht man jeweils mindestens 60 Zentimeter freien Platz.

**4.** Insgesamt muss eine gut funktionierende Küche mindestens sieben Meter Küchenwand für Schränke und Geräte bereithalten.

**5.** Die Höhe der Arbeitsplatte muss zu Köchin und Koch passen. Bei einer Körpergröße von 1,60 bis 1,70 Meter sollte die Platte eine Höhe von 86 Zentimetern haben. Größere Personen: 90 Zentimeter. Zwischen angewinkeltem Ellenbogen und der Plattenoberfläche müssen 15 Zentimeter bleiben.

**6.** Das richtige Material für die Arbeitsplatte wählen. Auswahl: Holz, Kunststoff (Laminat) oder Kunststein (Quarz- oder Kompositgestein), echter Naturstein, Edelstahl, Keramikfliesen oder ein Mineralwerkstoff? Grundregel: Je mehr die Küche genutzt wird, um so robuster sollte die Arbeitsplatte sein. Holz ist schön, muss aber gepflegt werden und ist nicht ganz so hygienisch wie all die anderen Werkstoffe. Laminatplatten sind günstig und pflegeleicht und deshalb das am meisten gewählte Material. Diese Platten sind aber vor allem anfällig für Kratzer. Stein ist nicht nur unempfindlich und edel, Steinplatten sind auch kostenintensiv, haben ein hohes Gewicht und sind beispielsweise anfällig gegen Flüssigkeiten (Rotwein). Bei der Entscheidung für oder gegen ein Material spielen neben den Kosten auch die Optik eine entscheidende Rolle.

**7.** Besonders bequem ist es, wenn Backofen und Kühlschrank in Sichthöhe angeordnet werden, sodass häufiges Bücken entfällt.

**8.** Die richtige Dunstabzugshaube wählen (siehe Kasten ganz links).

Ach ja: Da war ja noch der Teppich für die Diele. Wie wär's mit einem „Roten Teppich", über den künftig Ihre Gast-Köche laufen, wenn wieder einmal ein „perfektes Dinner" ansteht?

# Masterplan „Maximale Sicherheit für Zuhause"

**Es beginnt mit Mitte Vierzig, wenn man ohne Lesebrille plötzlich nicht mehr Zeitung lesen kann. Lösung: Lesebrille auf und weiter geht's. Was ist jedoch, wenn man sich nicht mehr so einfach selbst helfen kann?**

Das Wort „Vorsorge" bekommt in der heutigen Zeit also noch eine ergänzende Bedeutung. Finanziell abgesichert sein, ist eben nicht alles. Rund um das eigene Zuhause kann mit den technischen Errungenschaften der vergangenen Jahre aus dem „home" tatsächlich ein „castle" werden. Das Zuhause wird Schloss und Burg zugleich. Hier ist man geborgen und sicher – man fühlt sich wohl. An dieser Stelle nun wichtige Tipps für ein sicheres Zuhause:

**1.** Der Fingerscanner. Jedem ist schon mal die Haustür zugefallen oder man hatte einfach die Haustür zugezogen ohne den Hausschlüssel einzustecken. Vergesslichkeit kommt nicht nur im Alter vor. Lösung: der Fingerscanner – der Fingerabdruck wird zum Hausschlüssel.

**2.** Unwetter werden immer häufiger, decken ganze Dächer ab. Hagelkörner durchschlagen Dachflächenfenster, Blitze legen die Elektrik lahm. Das A und O sind ein stabiles Dach, Sicherheitsglas, Dachpfannen mit sturmsicheren Klammern, Überspannungs- und Blitzschutz.

**Ein Einbruch ist mehr als die Beschädigung der Wohnung und Diebstahl von Dingen**

**3.** Es ziehen nicht nur dunkle Wolken, sondern manchmal auch dunkle Gestalten durchs Land. Alarmanlage und Einbruchschutz gehören ebenfalls auf die eigene Sicherheitsagenda.

Die meisten Einbrecher kommen, wenn es dunkel ist. Im Oktober, wenn die Dämmerung

Fingerscanner. Nie wieder den Haustürschlüssel vergessen oder verlieren. Denn der eigene Finger ist ab sofort der Schlüssel.

Das A und O sind ein stabiles Dach, Sicherheitsverglasung des Dachfensters, Dachpfannen mit Sturmsicherung (Bild), Blitzschutz.

Alarmanlagen gibt's inzwischen auch per Funk ohne Kabel, die man leicht montieren kann.

Nicht nur das Haus, sondern auch den Garten beleuchten. Das schreckt bereits viele Einbrecher ab.

Einbrecher kommen oft durch Fenster oder Türen. Beratung zu Sicherheitsbeschlägen und Sicherheitsglas in Anspruch nehmen.

Die beleuchtete Hausnummer hilft im Notfall, dass der Notarzt nicht lange suchen muss und sofort die richtige Adresse findet.

wieder früh hereinbricht und wir noch nicht zuhause sind, beginnt die Zeit für schnelle Beute. Gut, wenn eine akustische Alarmanlage plus grelles Licht (Bewegungsmelder) installiert wurden. Tipp: Nicht nur das Haus, sondern auch den Garten beleuchten. Das schreckt bereits viele Übeltäter ab. Alarmanlagen gibt es inzwischen auch per Funk ohne Kabel (leicht zu montieren). Am besten mal einen Fachmann ansprechen: Elektriker, Gebäudetechniker, Smart-Home-Spezialisten.

Einbrecher kommen fast immer durch Fenster oder Türen. Deshalb unbedingt Sicherheitsbeschläge, Sicherheitsglas und/oder Glasbruchmelder bei leicht erreichbaren Fenstern und Türen einbauen (Erdgeschoss, Keller, Bal-

kone). Zusätzlich: Fenster- und Türkontakte anbringen. Sie lösen die Alarmanlage aus, sobald sich jemand mit Gewalt Zutritt verschafft. Und: Schließen Sie die Haus- oder Wohnungstür immer ab, wenn Sie gehen. Der alte Schimanski-Scheckkartentrick funktioniert auch heute noch. Probieren Sie es aus.

Manche Einbrecher kommen auch ganz ohne Werkzeug in die Wohnung. Sie klingeln einfach und erzählen irgendwas: „Ich bin Ihr neuer netter Hausmeister", „bin der Enkel aus Amerika", „Ihre Badewanne läuft aus", und schwupps hat man Besuch, den man eigentlich gar nicht möchte (passiert gerade älteren Menschen oft). Hilfreich ist eine Sprechanlage mit Video-Kamera und Aufzeichnungsfunktion. Im Zwei-

Stürze verhindern: Natursteinbeläge und Keramikfliesen sollten der Rutschhemmungsklasse R10A oder R10B angehören.

Gehört in jedes Zimmer: Ein Rauchmelder erkennt Brandrauch und alarmiert mit einen lauten Warnton (über 85 Dezibel).

felsfall bleibt die Haustür einfach zu, der ungebetene Besucher bleibt draußen. So einfach ist das.

Ein Einbruch ist mehr als nur die Beschädigung der Wohnung und Diebstahl von Dingen. Die psychische Belastung kann nach einem Einbruch sehr hoch sein, da man sich in seinem eigenen Zuhause nicht mehr sicher fühlt. Gerade vor dem Hintergrund, dass wir alle immer älter und damit immer wehrloser werden, muss die Gebäudehülle noch viel mehr zu unserer Schutzhülle werden.

4. Weiterhin: Beleuchtete Hausnummer (damit der Notarzt nicht lange suchen muss).

5. Hausnotruf, Rauchmelder: Kleine Sachen mit großer Wirkung.

6. Das Thema „Fußboden" rückt nun vor allem im Zusammenhang mit barrierefreiem Bauen und Wohnen zunehmend in den Vordergrund.

### Sichere Fußböden: Was man bei der Modernisierung beachten sollte

Und darauf muss man bei Bodenbelägen achten: Rutschhemmende Fliesen verhindern schwere Stürze. Jeder ist schon mal auf einer nassen Fliesenfläche ins Schleudern gekommen und weiß, wie wichtig das Thema ist. Naturstein und Keramikfliesen sollten der Rutschhemmungsklasse R10A oder R10B angehören. Trick: Kleinformatige Fliesen nehmen (sind aufgrund des höheren Fugenanteils automatisch rutschhemmender). Rollstuhlfahrer schätzen harte Bodenbeläge: sie reduzieren den Rollwiderstand.

Ob Fliesen, Laminat und Parkettböden für Allergiker wirklich besser sind, wird seit Jahren kontrovers diskutiert. Eine Studie des Deutschen Allergie- und Asthmabundes e.V. und der Gesellschaft für Umwelt und Innenraumanalytik besagt, dass in Räumen mit Teppichen die Feinstaubbelastung in der Luft geringer ist, da weniger Staub aufgewirbelt wird. Interessant! Wer zudem antistatische Teppichböden nimmt, die leicht zu reinigen und rollstuhlgeeignet sind, ist auf der sicheren Seite. Für alle Bodenbeläge gilt: Stolperfallen vermeiden.

# Wohngesunde Baustoffe für den Klimaschutz im Haus

**Einer der Gründe, warum wir immer älter werden, liegt darin, dass wir gesünder leben. Dazu gehören unsere hochwertige medizinische Versorgung, beste Bedingungen am Arbeitsplatz sowie gesunde Ernährung und gesundes Wohnen.**

Dass Lehm, Kork und Holz sowie schadstofffreie Farben und kapillaraktive Innendämmsysteme, die Feuchtespitzen ausgleichen können, die Basis-Komponenten für wohngesunde Räume sind, weiß sicherlich jedes Kind. Und dass aus der „Wohngesundheit" längst eine Wissenschaft geworden ist, kann sich auch jeder vorstellen. Dennoch werden gesundes Bauen und Modernisieren noch immer nicht in dem Maß umgesetzt, wie wir es könnten. Warum?

**Wie macht man aus einem ganz normalen Haus ein gesundes Bio-Zuhause?**

Vermutlich liegt es daran, dass auch zu diesem Thema letztlich zu viele Informationen existie-en und es viel zu mühsam und langweilig ist, sich das Bio-Universum mit Normen und Datenblättern zu erklären. Wir wählen einen bequemeren Weg: Gehen Sie doch einfach mal in einen „Bio-Baustoffhandel" und lassen Sie sich an Ihrem ganz konkreten Fall beraten. Etwa so: „Wir wohnen in einem ganz normalen, aus Steinen gemauerten Haus mit ganz normalen Zimmern. Wir haben ganz normale Fliesen-, Parkett-, Laminat- und Teppichböden sowie ganz normale Wände. Unsere Decken sind fast alle mit Gipskarton abgehängt und weiß angestrichen. Unsere Möbel sind zum Teil alte Erbstücke oder sie stammen aus einem ganz gewöhnlichen Möbelhaus. Wir haben ein paar Vorhänge und ein paar Teppiche. Was

Schadstofffreie Farben, Putze und Bodenbeläge sowie richtiges Lüften sind die Voraussetzung für gesundes Wohnen.

Korkböden gibt es inzwischen dank einer innovativen Oberflächen-Drucktechnik in vielen unterschiedlichen Dekoren.

können wir mit überschaubarem Aufwand und zu überschaubaren Kosten tun, um aus diesem normalen Haus ein Bio-Zuhause zu machen?"

Die Antwort ist schnell formuliert: Die Flächen, die uns umgeben, entscheiden über unser Wohlbefinden. Manche Materialien können Schadstoffe, Gerüche und Feuchtigkeit aufnehmen und damit Raumluft und Raumklima verbessern. Andere Materialien wiederum geben mitunter Schadstoffe ab und belasten das Raumklima. Das ist der Kern. Die Raumluft hat erheblichen Einfluss auf unsere Gesundheit. Wir müssen demnach „nur" für gute Luft sorgen.

### Lehm ist ein Baustoff der Natur, der uns buchstäblich erdet

Lehm ist eine mögliche Lösung für gute Luft. Lehm ist ein erdiges Material, das uns buchstäblich erdet. Deshalb gibt es hier jetzt eine **„Kleine Lehmkunde"**:

Neben Holz ist Lehm das älteste Baumaterial, das zudem die Anforderungen an ökologisches und gesundes Bauen wie kein anderer Werkstoff erfüllt. Lehm entsteht durch Verwitterung von Fest- und Lockergesteinen und ist letztlich eine Mischung aus Sand, Feinst-Sand und Ton.

Lehmbaustoffe benötigen in der Herstellung wenig Energie. Lehm gibt keine Schadstoffe ab, ist leicht zu verarbeiten, verbessert durch die Aufnahme und Abgabe von Wasserdampf das Raumklima sowie die Luftfeuchtigkeit auf natürliche Art.

Lehm wird in Form von Steinen, Putzen, Bauplatten und Schüttungen geliefert. Bei der farbigen Wandgestaltung mit Lehm-Innenputz (Spachtelputz) ist Lehm Bindemittel und Farbgeber in einem. Tonmehle kommen in vielen, teils kräftigen Farbtönen vor, sodass man nur wenig Pigmente hinzugeben muss, um beim dekorativen Ausbau intensive Farben zu erzielen. Die Farbpalette enthält über 100 Farbtöne. Aufgrund der natürlichen hohen Bindekraft kann auf künstliche Bindemittel komplett verzichtet werden.

In Pulverform ist das Material mehrere Jahre haltbar, ist es einmal angerührt, soll es innerhalb von ein bis zwei Tagen verarbeitet werden. Lehmputz und Lehmfarbe gibt es in Pulverform und als fertig angerührtes Material.

# Lehmfarbe als Pulver

Lehmfarbe gibt es ebenfalls in Pulverform: Mit Wasser anrühren und eine halbe Stunde stehen lassen – dann nochmals durchrühren.

Der Farbanstrich erfolgt wie gewohnt mit der Rolle. Auf einer ursprünglich weißen Fläche genügt ein einziger Farbanstrich. Auf frischem Gipskarton etwa, bei dem die Fugen und die verspachtelten Schrauben sichtbar sind, wird zunächst ein Lehmfarben-Grundanstrich aufgetragen und dann im zweiten Durchgang eine Deckschicht.

**Gut zu wissen:** Da man immer nur genau die Menge an Farbe anrührt, die man aktuell ge-

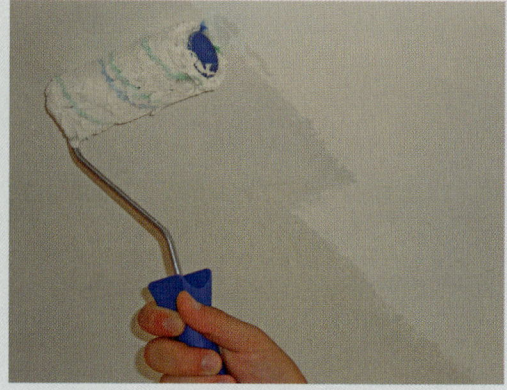

Dekorative Lehmschichten wirken schon ab zwei Millimeter Dicke klimaregulierend: Sie können sogar Nikotin aus der Luft filtern.

Lehm ist Bindemittel und Farbgeber in einem Material. Über 100 Farbtöne sind möglich. In Pulverform ist Lehm mehrere Jahre ...

### Die Decke mit Lehmfarbe streichen, die Wände mit Spachtelputz gestalten

Eine preiswerte, schnelle und dennoch wirkungsvolle Lösung ist es, die Decke mit Lehmfarbe zu streichen, die Wände mit einem dünnen Spachtelputz zu gestalten sowie einen schalldämpfenden und wärmedämmenden Korkboden zu verlegen. Korkböden gibt es in vielen unterschiedlichen Dekoren. Eine innovative Oberflächen-Drucktechnik (Realistic Surface Technology, RST) kann einem Korkboden beispielsweise das Design eines hochwertigen Holzbodens geben.

Nun ein Wort zu den Kosten: Lehmspachtelputz ist nicht ganz billig. Ein ganzes Zimmer mit Lehmprodukten auszustatten kostet einige hundert Euro. Natürlich kann man einen Raum auch mit zwei Eimern Baumarktfarbe auffrischen. Aber ist er dann wirklich „aufgefrischt"? Was ist uns unsere Atemluft wert? Die Antwort muss sich jeder selbst geben.

... haltbar. Ist er jedoch einmal angerührt, sollte er innerhalb von ein bis zwei Tagen verarbeitet sein.

rade braucht, lagert man nach der Renovierung das Restpulver ein, um eventuell später kleine Stellen auszubessern. Das Pulver hält sich ewig und wird nicht schlecht. Die Zeit der halbvollen Farbeimer im Keller, die irgendwann ranzig werden, ist damit vorbei.

So gesehen ist der Mehrpreis, den man für das Lehmfarbenpulver bezahlt, gar nicht so gravierend. Bei normaler Farbe zahlt man die Reste, die man einlagert, schließlich mit. Das sind Kosten ohne Nutzen, die man sich mit der Lehmfarbe sparen kann. Plus natürlich der Nachhaltigkeitsgedanke.

Lehm ist ein historischer Baustoff, der schon ab zwei Millimeter Dicke klimaregulierend wirkt.

Wir bleiben bei der Raumluft und widmen uns jetzt dem Dauerthema Schimmel. Gleich zu Beginn die gute Nachricht: Es gibt tendenziell immer weniger Schimmel in Innenräumen. Doch dort, wo er auftaucht, vermindert er die Wohnqualität beträchtlich. Neben der Luftqualität nehmen auch die Raumtemperatur und die richtige Luftfeuchtigkeit Einfluss auf die Wohnqualität.

**Es gibt längst ausgereifte Systeme, um vorhandenen Schimmel dauerhaft zu beseitigen**

„Ach du lieber Himmel: Schimmel!" Wer hat nicht schon einmal irgendwo Schimmel entdeckt? Man mag gar nicht hinschauen. Doch gleich Entwarnung: Die Bautechnik hält längst ausgereifte, ganzheitliche Systeme bereit, um vorhandenen Schimmel dauerhaft zu beseitigen und einer erneuten Schimmelbildung vorzubeugen.

Es beginnt mit dem richtigen Lüften: Stoßlüften ist besser als eine dauerhafte Kippstellung der Fenster. Bei gekipptem Fenster kühlen innenliegende Oberflächen ab, dort steigt die Tauwassergefahr und damit auch die Schimmelgefahr. Richtiges Lüften trägt zudem auch Schadstoffe, wie etwa Lösemittelverflüch-

tigungen der Möbel oder Zigarettenqualm, aus dem Haus.

Falls man in der Nähe einer vielbefahrenen Straße wohnt, kommen durchs offene Fenster auch Lärm und Staub in die Wohnräume. Dort ist es sicherlich sinnvoll, über eine Lüftungsanlage nachzudenken. Innenluftuntersuchungen zeigen nämlich, dass in Räumen mit Fensterlüftung viele Schadstoffe in der Raumluft verbleiben und der maximal zulässige Wert für den $CO_2$-Gehalt häufig schon kurz nach dem Lüftungsvorgang wieder überschritten wird.

Wünschenswert ist ein stetiger Frischluftzustrom von rund 30 Kubikmeter pro Person und Stunde. Dann gibt es im Haus wahrnehmbar immer eine frische Luftqualität.

Apropos Lüftungsanlage. **Energiespar-Irrtum richtig gestellt:** Oft wird behauptet, man dürfe in Häusern, die eine Lüftungsanlage haben, entgegen dem realen Bedürfnis der Bewohner, die Fenster nicht mehr öffnen.

Richtig ist, dass die Bewohner das gar nicht möchten, weil sie ja bereits frische Luft im Haus haben. Kostbare Wärme geht dabei – im Gegensatz zur normalen Fensterlüftung – so gut wie nicht verloren. Deshalb wird so eine Anlage auch „kontrollierte Wohnraumlüftung" genannt.

**144**

Moderne Wärmeschutzverglasung hat einen besseren U-Wert als eine ungedämmte Altbau-Außenwand: Schimmelgefahr.

Um Schimmelgefahr auszuschließen, die Fassade dämmen: Dann sind die Oberflächen innen warm, es fällt kein Tauwasser aus.

Sollte eine Fassadendämmung wegen Denkmalschutzes oder einer Grenzbebauung ausgeschlossen sein, Innendämmung wählen.

Und noch ein **Energiespar-Irrtum richtig gestellt**: Es ist ein Trugschluss zu meinen, neue Fenster seien so dicht, dass sie Schimmel verursachen. Schimmelwachstum infolge neuer Fenster hat – wie bereits erläutert – hauptsächlich mit der exzellenten Dämmwirkung der Verglasung zu tun, die in den vergangenen Jahren immer besser wurde. Als die Verglasung noch einen U-Wert von 2,0 W/(m²K) hatte – etwa bis zum Jahr 2000 – war in aller Regel die Dämmwirkung der ungedämmten Altbauwand besser als die der neuen Fenster. Wenn es Tauwasser infolge hoher Luftfeuchtigkeit gab, dann auf den Fensterscheiben. Das Wasser konnte man wegwischen. Alles kein Problem.

### Ein hoher pH-Wert bietet Schimmel keinen Nährboden

Moderne Wärmeschutzfenster haben einen U-Wert von unter 1,0 W/(m²K). Da kann eine ungedämmte Außenwand von 1980 (oder älter) nicht mehr mithalten, deren U-Wert üblicherweise größer als 1,0 W/(m²K) ist. Die Folge: Bei hoher Luftfeuchtigkeit schlägt Tauwasser auf der Wand nieder und findet etwa in der Tapete einen idealen Schimmel-Nährboden.

Es kommt also vor allem auf die richtige Bausubstanz an, deren einzelne Baustoffe und Bauteile passend zusammengestellt werden müssen, damit die Wechselwirkungen aus Raumtemperatur, Luftfeuchtigkeit und Oberflächenbeschaffenheit in Summe zu einem gesunden Raumklima führen. Grundsätzlich müssen die Wände eine bessere Dämmwirkung haben als die Fenster. Wenn eine Außendämmung etwa wegen Denkmalschutz, Grenzbebauung oder einer Klinkerfassade nicht geht, muss man eine Innendämmung wählen. Wenn die Entscheidung für kapillaraktive Perlit-Platten inklusive dem dazugehörigen Kleber und Putzsystem fällt, hat man alles richtig gemacht: Ein hoher pH-Wert dieser Komponenten bietet Schimmel keinen Nährboden.

# Leise sein im Greisenheim?
# Cooler ist, zuhause alt werden

**Soll man sich im Alter, wenn der sogenannte Lebensabend beginnt, wirklich in ein Altenwohn- oder Pflegeheim verpflanzen lassen? Neue Umgebung, fremde Menschen? Im Grunde kann die Antwort nur lauten: Um Himmels Willen nein.**

In der Schule waren wir 40 Kinder in einer Klasse, auf der Suche nach einer Lehrstelle haben wir über 100 Bewerbungen geschrieben und im Hörsaal der Uni hat man auch schon mal eine ganze Vorlesung auf dem Fußboden hockend verbracht, weil einfach kein Sitzplatz mehr frei war. Die Babyboomer-Generation, also jene, die zwischen 1955 und 1970 geboren wurden, weiß, was Konkurrenzkampf bedeutet. Jetzt verabschieden wir uns Stück für Stück aus dem Arbeitsleben, künftig dominiert das Private: Wir werden noch mehr die Autobahnen verstopfen. Um das Jahr 2035 stehen wir schlussendlich vor den Altenwohnheimen des Landes und werden vermutlich nicht reingelassen: „Sorry, kein Platz mehr." – wie

bei der Lehrstellensuche damals. Nochmals 10 bis 20 Jahre weiter gedacht, etwa ab dem Jahr 2045, verabschieden wir uns dann endgültig von dieser Welt. Und jetzt der Knackpunkt: Für den kurzen Zeitraum von 2035 bis 2050 lohnt es sich einfach nicht, insgesamt geschätzte 25 Millionen Altenheimplätze zu schaffen, wenn es ab 2050 vielleicht nur noch 15 Millionen Alte in Deutschland gibt.

**Der „Pillenknick" löst ab 2050 des Problem der alternden Gesellschaft von ganz allein**

Der „Pillenknick" (ab 1970 ging die Geburtenrate erkennbar zurück) löst in letzter Konsequenz etwa ab 2050 das Problem der altern-

In der Schule waren wir 40 Kinder in einer Klasse, auf der Suche nach einer Lehrstelle wurden 100 Bewerbungen geschrieben.

Die Babyboomer-Generation kommt mehr und mehr ins Rentenalter und wird künftig noch mehr die Autobahnen verstopfen.

den Gesellschaft innerhalb kürzester Zeit von ganz allein. Es herrschen dann wieder normale Zustände. Ob es wirklich genau so kommt, kann natürlich niemand sagen. Wahrscheinlich ist es schon.

**„Adieu Altenheim" oder „Wohnphase 4":
Für jede Lebensphase das richtige Zuhause**

Umfragen bestätigen: Die meisten Menschen möchten zuhause alt werden, kaum jemand möchte sein Leben in einem Pflegeheim beenden. Die große Frage: Was gibt es für Alternativen? Der Ansatz „Adieu Altenheim – würdevoll wohnen im Alter" ist die Formel für unsere Wohnzukunft. Nach den **Wohnphasen 1** (Elternhaus), **2** (erste eigene Bude) und **3** (das Familiendomizil) kommt die **Wohnphase 4**: Wohnen ab 50, wenn die Kinder aus dem Haus sind. Nach den guten Jahren können die besten kommen – die Genussphase. Man muss nur über eine Hürde springen – zugegeben: eine große Hürde. Es geht um Veränderungen, das Zuhause umbauen oder verlassen. Mit 60 macht das Rasenmähen vielleicht noch Spaß, mit 80 wird es zur Last. Und die Zimmer, die

Während die Wohnphasen 1, 2, 3 und 5 klare Wohnformen definiert haben und definieren, ist die Wohnphase 4 sehr vielfältig.

# Basis-Infos „altersgerechter Umbau"

Das eigene Haus altersgerecht umbauen ist mehr als nur das Bad barrierefrei zu sanieren und einen Treppenlift zu montieren. Es müssen vielmehr alle Hürden im Haus abgebaut werden. Es beginnt an der Haustür: Treppen werden um eine Rampe und um eine gute Ausleuchtung ergänzt. Hinter der Haus- oder Wohnungstür soll ein mindestens 1,5 mal 1,5 oder 1,4 mal 1,7 Meter großer Bewegungsbereich eingeplant werden.

Weiterhin müssen die Türen so weit verbreitert werden, dass man auch mit dem Rollstuhl hindurch passt. Die DIN 18040 „Barrierefreies

seit Jahren leer stehen? Oder sagen wir besser „unbewohnt sind" – denn leer sind sie ja nicht. Tjaja, was man so alles aufhebt.

## 5-Sterne-Landschulheim statt 3-Sterne-Altersheim

Wir hatten kürzlich Klassentreffen und konnten ohne Zweifel erkennen, dass unser Abitursjahrgang bezüglich heutiger Wohnformen einen recht guten Querschnitt durch die Gesellschaft abbildet: Es gibt Familien, bei denen die Kinder längst ausgezogen sind, es gibt Singles und Patchwork-Familien mit kleinen und großen Kindern, es gibt die „späten Väter" aber auch die „jungen Großmütter" mit bereits schulpflichtigen Enkelkindern.

Beim Klassentreffen hat sich mal wieder etwas ereignet, was jeder kennt: Auch wenn man sich über Jahre oder Jahrzehnte nicht gesehen hat, dauert es keine fünf Minuten und man meint, man habe sich erst gestern das letzte Mal voneinander verabschiedet.

„Die wichtigste Personengruppe, die uns unser Leben lang begleitet, ist unsere Schulklasse", sagt mein Bruder (Jahrgang 1960). Unsere Mitschüler haben uns fürs ganze Leben geprägt. Allein schon, dass wir dieselben Lehrer hatten, gemeinsam die ersten Mofas reparierten und uns gegenseitig C-90-Kassetten mit Liedern von „Smokie", „Status Quo" und „Sweet" bespielten, verbindet. Und genau das ist auch unser „Zuhause".

Daraus skizzierten wir beim Klassentreffen mehrere Wohnkonzepte. Ganz vorne rangiert seit dem als **Variante 1 die Alters-WG**. An der Haustür steht „Abi-Jahrgang 83". Das könnte so eine Art 5-Sterne-Landschulheim für über Siebzigjährige werden. Natürlich hat jeder seinen eigenen Bereich. Das Besondere ist, dass hier nicht irgendwelche Leute zusammenziehen, sondern dass man sich kennt – sehr gut sogar.

## Wohnen bis 2050 wird nichts anderes sein als das große Miteinander

Man muss nur irgendwann in Kontakt treten und aufeinander zugehen. Denn jeder hat dieselben Ideen, aber auch dieselben Sorgen und Ängste. Erstaunlich: Wenn man sich aus der eigenen Deckung wagt, wie die anderen dann

Planen und Bauen – Planungsgrundlagen", Teil 2 „Wohnungen" nennt hierfür die Mindestanforderungen: „größer 90 Zentimeter".

Weiterhin müssen sämtliche Bedienelemente wie Lichtschalter, Fenstergriffe, Türdrücker oder auch der Herd mit geringem Kraftaufwand erreicht werden.

Beim altersgerechten Umbau stellen auch Sicherheit, Gebäude-Automation (Smarthome), Energieeffizienz und „sommerlicher Wärmeschutz" wichtige Punkte dar. Unsere Sommer werden immer heißer, und gerade älteren Menschen macht die Hitze schwer zu schaffen.

nachziehen. Es wurde sehr schnell deutlich: Wohnen bis 2050 wird nichts anderes sein als das große Miteinander. Die Wohn-Ideen entwickelten sich – je später der Abend wurde – zu einem teilweise sehr kreativen Gesellschaftsspiel.

### Arrangement mit dem Ist-Zustand: Haus behalten, zweite Wohneinheit schaffen

Warum herrscht im Altersheim oftmals so eine Art Krankenhausstimmung? Leise sein im Greisenheim? Nicht mit uns: Wir zeigen dem Altersfrust die dritten Zähne, bevor er überhaupt aufkommt und schreiben vor Rollstuhl und Rollator einfach ein „Rock'n": Und ab geht die Post.

Einmal in Fahrt gekommen, wurden weitere interessante Ansätze bei Bier und Bratwurst bis tief in die Nacht diskutiert.

**Variante 2: Im eigenen Haus bleiben.** Das ist das Arrangement mit dem gewohnten Ist-Zustand. Die Kinder sind ausgezogen, ein paar Zimmer stehen leer, das Haus ist längst zu groß geworden. Die Gartenarbeit wird mühsamer, der Beruf immer anstrengender. Dennoch ist man in seiner Wohngegend verwurzelt, will bleiben.

Der Plan: Das Haus umbauen, einen Gästebereich für die Kinder oder Enkelkinder einplanen oder diesen Bereich ganz normal vermieten. Dort könnte auch – sofern notwendig – später das Pflegepersonal wohnen.

**Variante 3: Umzug in ein kleines Haus.** Vor dem Einzug einen Totalumbau nach den neuen Bedürfnissen durchführen und nur genau die Räume schaffen, die man auch braucht. Motto: Man baut zweimal im Leben: Einmal „neu", einmal „um".

**Variante 4: Umzug in eine kleinere Mietwohnung.** Prioritäten setzen, Ballast abwerfen. Das große, abgezahlte Haus wird vermietet (bringt Zusatzrente!). Wenn die Miete, die man erhält, beispielsweise 300 Euro höher liegt als die, die man für die kleine Wohnung bezahlt, macht man pro Jahr 3.600 Euro „Gewinn" (steuerliche Auswirkungen unbedingt mit dem Steuerberater vorher besprechen).

Zum gesparten Geld kommt die gesparte Zeit hinzu (weniger Wohnfläche, kein Garten, keine sonstigen Haus-Verpflichtungen). Die Welt steht einem plötzlich offen.

Wer irgendwann merkt, dass dieser Schritt doch nicht richtig war, kann jederzeit zurück ins eigene, vertraute Haus. Oder eines der Kinder zieht dort ein, das Haus bleibt der Fa-

Wohnphase 4, Variante 3: Umzug in ein kleineres Häuschen, das zuvor vollständig, auch energetisch modernisiert wurde.

Oder man zieht in eine kleine Mietwohnung, wenn die eigenen Kinder aus dem Haus sind. Das spart Zeit und Geld.

Eine spannende Herausforderung ist es, mit Ü50 einen kompletten Neuanfang zu wagen. Vielleicht zieht man ja auf einen Bauernhof.

milie als Familiensitz und Immobilienwert erhalten. Es lohnt sich, zu diesem Thema frühzeitig eine Familienkonferenz mit allen Beteiligten einzuberufen.

### Kompletter Neuanfang am Meer, in den Bergen oder auf dem Bauernhof

**Variante 5: Ein kompletter Neuanfang** mit 55 oder 60 Jahren. Ein Neuanfang hat einen großen Reiz. Sich verkleinern (Miete oder Eigentum), neue Freiräume schaffen, vielleicht sogar den Wohnort wechseln, in die Berge oder ans Meer ziehen. Überlegung: Muss man zwingend das ganze Jahr über 150 Quadratmeter oder mehr bewirtschaften, nur um im Sommer mit den Enkelkindern ein Baumhaus im eigenen Garten bauen zu können? Könnte man nicht auch mit den Enkelkindern eine Ferienwoche auf dem Bauernhof verbringen? Aus Sicht der Enkel ist es doch egal, ob man „Abenteuer Baumhaus" oder „Abenteuer Bauernhof" erlebt. Hauptsache „Abenteuer Großeltern". Der Ort spielt eine untergeordnete Rolle.

Vielleicht erkennen wir Großeltern dann, dass auch bei der Bauersfamilie zuviel Wohnraum leer steht. Warum nicht für immer dorthin ziehen? Bauernhöfe als Altersheim-Ersatz? Eventuell resümiert der 65jährige, der bisher „Schreibtischtäter" war, dass ein Leben in der Natur auch viele Reize hat. Vom Anpacken im Stall bis zur Arbeit auf dem Acker: Eine völlig neue Lebenserfahrung. Vom Biofleisch und den anderen gesunden Nahrungsmitteln aus der Region ganz zu schweigen. Es gibt so viele Modelle. Welches ist richtig?

### Aus Reihenhäusern werden Residenzen

Ob Mehrgenerationenhaus, Alten-WG oder gut vernetzte Singles in ihren Wohnungen. Was wir schnellstmöglich benötigen, ist ein Gebäudebestand, der auch für ältere Men-

Aus Reihenhäusern werden barrierefreie Residenzen. Man kann zwei benachbarte Reihenhäuser so zusammenlegen, dass zwei …

… komplett neue Wohnungen entstehen: Eine unten, eine oben. Man muss nur die einschalige Trennwand öffnen.

schen „funktioniert": barrierefrei, komfortabel und mit einem sehr hohen Maß an Sicherheit.

Da wir die vorhandenen Häuser unseres Gebäudebestandes auch aus Kostengründen nicht einfach abreißen und neu bauen können, benötigen wir vernünftige Umbaukonzepte. Beispiel: Das altersgerechte Reihenhaus. Hierzu erste Planungsgedanken: Das barrierefreie Wohnen auf einer Ebene wird erreicht, indem man zwei Häuser horizontal miteinander verbindet: einfach die Trennwand öffnen. Diese ist ohnehin bei vielen Häusern einschalig gebaut worden. So entsteht eine Wohnung im Erdgeschoss, eine weitere im Obergeschoss. Ein Aufzug auf der Rückseite kann etwa bei einer Vierer-Zeile die beiden neuen, oberen Wohnungen über die Balkone erschließen.

Und wenn man schon umbaut, dass es staubt, dann richtig. Gemeint ist die Energieeffizienz: Dachdämmung, Fassadendämmung, Dreifachverglasung, effiziente Heizung. Es kann gar nicht oft genug betont werden, dass zur „altersgerechten Sanierung" auch gehört, dass wir später unsere Rente nicht verheizen müssen, sondern dass wir unser Geld für die schönen Dinge im Leben zur Verfügung haben. Etwa für eine komfortable Inneneinrichtung, mit der unser Reihenhaus zur Residenz wird.

### Grundsatzfrage: Soll man mit 60 oder 65 Jahren sein Haus noch sanieren?

„Steter Tropfen höhlt den Stein", sagt ein altes Sprichwort. In die Neuzeit übersetzt könnte es

heißen: „Jeder Tropfen eingespartes Heizöl (oder jeder Kubikmeter eingespartes Gas) füllt den eigenen Geldbeutel." Wer weiterheizt wie bisher, kann mittelfristig nur verlieren. Das zeigen nicht nur alle Kalkulationen, das können auch all jene bestätigen, die bereits in sanierten Häusern wohnen. Haben Sie schon einmal gehört, dass jemand, der jetzt energieeffizient lebt, sagt, er hätte gerne wieder den Zustand wie vor der Sanierung? Unser Motto: „Wohn-Weichen stellen bevor man 70 ist."

Nicht zu vergessen ist die Behaglichkeit, die man nur in energieeffizienten Häusern spürt. Behaglich wohnen heißt gesund wohnen. Und wer gesund wohnt, lebt länger. Vielleicht werden wir sogar Dank Energieeffizienz und Behaglichkeit 100 Jahre alt?

### Neu gestaltete Räume sind immer auch ein Gewinn an Lebensfreude

Es ist also gar nicht so unwahrscheinlich, dass man mit 70 noch volle 25 Jahre vor sich hat: eine ganze Generation. Doch mit 70 stellt man vermutlich keine Weichen mehr, mit 60 oder 65 aber schon noch. Mit 65 hat man noch die Kraft und eventuell noch ein Drittel seines Lebens vor sich. Ein Drittel! Also packen wir es jetzt an.

Hinzu kommt noch die Lebensfreude, die jeder neu gestaltete Raum mit sich bringt. Unser Fazit: Eine Modernisierung lohnt sich, auch wenn man 60 oder 65 ist. Oder besser noch: Sie lohnt sich dann erst recht.

# Ruhestandsplaner: So ist man im Alter immer flüssig

**Wer genau weiß, dass der Tankinhalt locker bis zum Ziel reicht, reist deutlich entspannter als jener, der noch irgendwo im Nirgendwo eine Zapfsäule finden muss. Der „Ruhestandsplaner" ist wie eine Tankstelle, die man immer dabei hat.**

Manche Leute werden beim Gedanken an ihre Zukunft leise und zurückhaltend. Warum eigentlich? Es ist doch relativ einfach, sich noch ein paar große Stücke vom Kuchen abzuschneiden, den wir alle gemeinsam in den vergangenen Jahrzehnten gebacken haben.

Der Begriff „Altersarmut" müsste uns auf die Barrikaden treiben. Denn wir haben alles in der Hand und unsere Möglichkeiten genügen, um gemeinsam das letzte Lebensdrittel nach Lust und Laune zu genießen. Wir dürfen diesen großen Schritt mit all seinen wichtigen Entscheidungen natürlich nicht „den anderen" überlassen, sondern wir müssen selbst aktiv werden. Am besten ist, wir lassen uns von einem professionellen „Ruhestandsplaner" auf die Nacherwerbsphase zielgerichtet vorbereiten. Dabei werden etwa alle Vermögenswerte, der eigene Gesundheitszustand, das familiäre Umfeld sowie weitere individuelle Aspekte berücksichtigt.

Bei einer Wohneigentumsquote in Deutschland von über 40 Prozent kann man davon ausgehen, dass künftig nahezu jeder zweite Rentner in einer eigenen Immobilie wohnt. Eine perfekte Vorraussetzung gegen Altersarmut.

## Vom Single-Haushalt zur „Old-Age-Family"

Früher wohnten in Privathäusern Familien mit zwei, drei oder manchmal auch vier Kindern. Da ist jetzt genug Raum für vier Senioren plus etwa eine Haushaltshilfe vorhanden.

Wer sich als kleine Gruppe mit 50 oder 60 Jahren findet und einen Art „Alters-Familie" gründet, wird nicht von Altersarmut geplagt sein. Wie war das früher? Unsere Kinder hatten kein Einkommen, das Haus musste abgezahlt werden. Wenn das Haus jetzt schuldenfrei ist, kaum Heizkosten verursacht werden und jeder Bewohner noch eine kleine Rente mitbringt, dann sollte es reichen, um den Alltag in finanzieller Stabilität zu gestalten – man ist immer flüssig.

Der Trick gegen Altersarmut ist ganz einfach: Von der Single-Gesellschaft zurück zur Familie: Zusätzlich zur „Patchwork-Familie" könnte sich etwa der Begriff „Old-Age-Familie" einbürgern.

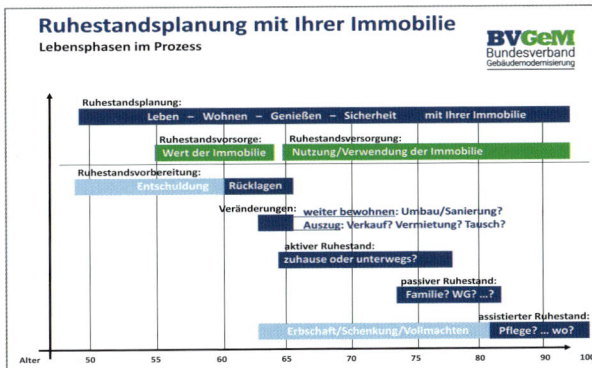

**Professionelle „Ruhestandsplaner" bereiten uns systematisch und individuell auf unsere Nacherwerbsphase vor.**

# Smart Home: Nur leben müssen wir noch selbst

**„Smart Home" bedeutet „intelligentes Zuhause". Und genau das ist es auch: Das richtige Haus in der richtigen Größe, das mitdenkt. Die Bedienung mittels „Berührungsbildschirm" ist kinderleicht – oder besser gesagt: „rentnerleicht".**

„Smart Home" ist im allgemeinen Sprachgebrauch die Vernetzung von Heizung, Lampen sowie unterschiedlicher Haushalts- und Multimediageräte, die zur Automatisierung von Wohnprozessen führt. Dank WLAN und Bluetooth können Befehle kabellos empfangen oder auch von einem Gerät zum anderen gesendet werden. Ob Bewegungsmelder, der das Licht anschaltet, die Heizung, die sich von selbst an den Außentemperaturen und an den Lebensgewohnheiten der Bewohner orientiert, die vollautomatische Gartenbewässerung oder die sprachgesteuerte Unterhaltungselektronik: „Smart Home" präsentiert sich als ein großes, für normale Menschen längst unüberschaubares Feld, das auch noch ständig wächst.

Einer Roland-Berger-Studie aus dem Jahr 2016 zufolge hat „Smart Home" als Megatrend in der Baubranche eine hohe Relevanz, die Umsetzung und Verbreitung spielt sich allerdings (noch) im niedrigen Bereich ab.

Wer sich umfassend informieren möchte, ist im Internet bestens aufgehoben – wo sonst?

**Wer mehr Wohnfläche bereithält als er braucht, bewirtschaftet unnötig Raum**

Wir fassen den Begriff des „intelligenten Hauses" gedanklich noch ein Stück weiter. Das „intelligente Haus" hilft uns, optimal zu wohnen. Ganz vorn muss demnach die richtige Größe des Wohnraums rangieren. Wer mehr Wohn-

„Smart Home" teilen wir in fünf Hauptbereiche: Sicherheit, Energieeffizienz, Kommunikation, Komfort und Entertainment. Meist werden die einzelnen Komponenten über ein Herzstück – die Smart-Home-Zentrale – verbunden und über Smartphone, Tablet oder sprachgesteuert bedient.

fläche bereithält als er braucht, bewirtschaftet unnötig Raum. Denn auch jeder unnötige Quadratmeter kostet Geld und ist eine vermeidbare Belastung für die Umwelt. Wenn die Kinder ausgezogen sind, sollte man zügig prüfen, wieviel Platz man wirklich noch braucht.

Wer beispielsweise in einem 150-Quadratmeter-Einfamilienhaus eine 45-Quadratmeter-Wohnung abteilt, kassiert bei einer energetischen Sanierung nicht nur bis zu 67.500 Euro Extra-Zuschuss (den Energieberater darauf ansprechen, Zuschüsse gibt es „pro Wohneinheit"). Wer diese zweite Wohnung dann vermietet, hat ein Zusatzeinkommen – je nach Wohnlage – in Höhe von monatlich geschätzt 300 bis 600 Euro. In zehn Jahren 36.000 bis 72.000 Euro. Mietsteigerungen noch nicht eingerechnet. Und später kann die Wohnung dem Pflegepersonal zur Verfügung gestellt werden. Oder man zieht selbst in die kleine Wohnung und vermietet die größere, da man nach dem Berufsleben in der Welt unterwegs sein möchte. Ein intelligentes Haus eben.

### „Smart Home": Sicherheit, Energieeffizienz, Kommunikation, Komfort und Entertainment

Zurück zur Technik. „Smart Home" teilen wir in fünf Hauptbereiche: Sicherheit, Energieeffizienz, Kommunikation, Komfort und Entertainment. Meist werden die Komponenten über ein Herzstück – die Smart-Home-Zentrale – verbunden und über Computer, Smartphone, Tablet oder sprachgesteuert bedient (vor der Kaufentscheidung Testvergleiche und Erfahrungsberichte lesen).

Wer sich mit Smart Home intensiver beschäftigt, ist aufgrund der Fülle an Neuheiten und Informationen – ähnlich wie beim altersgerechten Sanieren oder im Bereich der Fördermittel – schnell überfordert und verbannt das Thema in die „hab'-ich-früher-nicht-gebraucht-brauche-ich-künftig-auch-nicht"-Kategorie. Das könnte jedoch ein Fehler sein. Wir tasten

uns jetzt Schritt für Schritt in diese spannende, digitale Welt hinein und beginnen mit dem, was am meisten Spaß macht: Mit Komfort und Entertainment.

### Regensensoren reagieren bei Gewitter, während man etwa beim Einkaufen ist

Manchen Luxus weiß man erst zu schätzen, wenn man ihn hat. Dazu zählen ohne Frage programmierbare Rollläden mit Motor und Garagentore mit Fernbedienung. Dasselbe gilt für programmierbare Lichtszenarien. Mit einem Druck aufs Smart-Phone können mehrere Lampen so geschaltet werden, dass von der Festbeleuchtung bis zum Kuschel-Licht alle Stimmungen immer abrufbereit sind. Und mit der „Alles-aus"-Taste ist sichergestellt, dass keine Lampe mehr brennt.

Das Feld der Annehmlichkeiten geht noch weiter: Regen- und Sturmsensoren reagieren, wenn ein Gewitter aufzieht, während man gerade beim Einkaufen ist. Dasselbe gilt für die Sonne: Automatische Verschattung etwa der Wohnzimmerverglasung, wenn die Sonne im Sommer so richtig Stoff gibt. Kommt man abends nach Hause, ist die Wohnung nicht überhitzt. Und dann natürlich das Musik- und TV-Paket: Jederzeit abrufbar, bester Sound, brillante Bilder.

Die Türsprechanlage, die es schon seit Jahrzehnten gibt, war der Vorbote in puncto „Sicherheit im Haus": Wer draußen bleiben soll, bleibt draußen. Heute geht die Türsprechanlage über die interne Hausvernetzung. Man nutzt hierfür das Smartphone oder den zentralen Steuerungsscreen als Bildschirm.

### Zur „Smart-Home"-Energieeffizienz gehört auch die Kontrolle des Energieverbrauchs

Zunächst kennt die Heizung nur zwei Zustände: Im Winter „an", im Sommer „aus". Die Kunst ist, die Temperaturschwankungen inner-

Über ein zentrales Smart-Home-Tablet kann das gesamte Haus inklusive der Heizung gesteuert werden.

Heute geht die Türsprechanlage über die Hausvernetzung. Man nutzt hierfür den zentralen Steuerungstouchscreen als Bildschirm.

Mehrere Lampen können so geschaltet werden, dass alle denkbaren Lichtstimmungen immer per Fingerdruck abrufbereit sind.

halb der Heizperiode so sensibel abzufedern, dass bei niedrigstem Energieeinsatz das Haus immer angenehm temperiert ist. Eine solche Temperatureinstellung kann vollautomatisch ablaufen. Smarte Thermostate erkennen, wenn jemand anwesend ist und regeln die Raumtemperatur entsprechend.

Zur „Smart-Home"-Energieeffizienz gehört auch die Kontrolle des Energieverbrauchs, die permanente Information über die einzelnen Verbrauchswerte von Heizung und Geräten. Denn wer seinen Energieverbrauch im Blick hat, erkennt Energieverschwender und kann handeln. Früher sagte man „Wissen ist Macht" heute sagt man „Wissen ist Geld".

## Bedienkomfort mit aufgeräumtem Bildschirm

Kleine Kinder sind – das weiß jeder – oft schon Computer-Meister bevor sie laufen können. Es sind eher wir Älteren, die häufig noch buchstäblich Berührungsängste mit der modernen Technik haben. Doch für genau diese Personen ist „Smart Home" künftig wahrscheinlich genauso wichtig wie ein Treppenlift. Die Bedienung ist inzwischen so weit entwickelt, die Bildschirme so weit aufgeräumt, dass man hier von „rentnerleicht" sprechen kann.

Doch auch kritische Töne sind erlaubt. Was ist, wenn der oder die 90jährige bemerkt, dass der Fingerscanner nicht funktioniert und man keine Idee hat, dieses Problem zu lösen? Wenn man seinen Haustürschlüssel verliert, ist man normalerweise aufgeregt und ein wenig kopflos. Wenn dann ein gelerntes Muster abläuft, wie etwa „beim Nachbarn klingeln und sich helfen lassen", ist das Problem schnell gelöst. Man wurde eben im analogen und nicht im digitalen Zeitalter geprägt. Das Ziel ist, dass die Immobilie in Zukunft vieles automatisch macht, wofür wir keine Zeit und keine Lust haben. Das Haus nimmt uns lästige Pflichten ab – nur leben müssen wir noch selbst.

# So wirken Farben:
# Rot rüttelt wach, Blau beruhigt

**Alle Flächen, die uns umgeben, wirken aufgrund ihrer Formen, ihrer Farben und ihrer Oberflächenstrukturen auf uns. Ein und derselbe Raum kann allein aufgrund seiner neuen Oberflächen eine völlig andere Atmosphäre erhalten.**

Wenn Sie die Empfangshalle eines schönen Hotels betreten, sich andächtig in einer monumentalen Kirche aufhalten oder den Einkaufswagen durch den Supermarkt schieben, dann sind es die ausgesuchten Farben und Formen, die Wohlbefinden und Stimmung beeinflussen.

### Papaya, Cream und Marine anstatt einfach nur Rot, Weiß oder Blau

Farben heißen heute aber nicht mehr Rot, Weiß oder Blau, sie heißen Papaya, Cream und Marine. Das sind natürlich nur Werbegags der Industrie. Fakt ist: Rot rüttelt wach, will Aufmerksamkeit. Rot ist Power, Leidenschaft, Liebe – aber auch Aggression. Mit verschiedenen Rot-Tönen, vom Orange über Rosa und Terracotta bis zum tiefen Rot werden deutliche Akzente gesetzt. Rot sagt „Trau' Dich, ich trau mich auch!" Rot wirkt auch dann sehr dominierend, wenn man es nur akzentuiert einsetzt: Eine einzelne Wand oder ein einzelnes Farbfeld, zwei Quadratmeter in der Küche oder einfach nur ein Terracotta-Fliesenboden.

Wenn Sie es etwas weniger „laut" haben möchten, bietet sich die Farbe Blau an. Blau steht für Stabilität, Klarheit und Ruhe. Blau ist die Sehnsucht, die Weite des Himmels, der Meere, der Gedanken. Blau sagt „bei mir bist Du sicher." Blauviolett bis Rotviolett ist extravagant, magisch, distanziert. Blau wirkt dann am besten, wenn man verschiedene Farbab-

Rot wirkt auch dann dominierend, wenn man es nur akzentuiert einsetzt. Etwa auf einer einzelnen Wand oder in einem Farbfeld.

Wer es etwas weniger „laut" haben möchte, wählt die Farbe Blau, die für Stabilität, Klarheit und Ruhe steht.

stufungen miteinander kombiniert. Weiß- und Grautöne nehmen etwas von der Schwere. Eine hellblaue Decke ist wie ein grenzenloser Himmel. Insgesamt lassen helle Decken niedrige Räume höher erscheinen. Haben Sie noch diese dunklen, fast schon erdrückenden Holzdecken aus den 1970ern? Na, dann mal los.

Geben Sie Ihren Räumen Licht, indem Sie einfach zur Farbe Gelb greifen. Gelb ist die Sonne, Gelb ist fröhlich und optimistisch. Gelb ist ein Feld voller Sonnenblumen. Gelb ist nicht Neid (wer hat sich den sowas ausgedacht?). Gelb ist wie leckerer Senf oder wie ein Urlaub, wenn man es mit den Terracotta-Tönen der Toscana kombiniert. Gelb sagt „aufwachen, wir haben heute noch viel vor." Gelb können in einem Raum alle Wände sein. Oder nur die Decke. Man kann hellgelbe Wände als homogene Fläche anlegen oder jede Form von Spachtelputz und Schwammtechniken wählen. Gelb ist immer ein Willkommensgruß. Die edle Variante von Gelb ist Gold.

### Farben sind wie Gewürze: Auf die Dosis kommt es an – ein Vier-Punkte-Plan

Der Vergleich der möglichen Farb-Kombinationen mit dem bunten Gewürzregal in der Kü-che ist gar nicht einmal so weit hergeholt. Neben den Klassikern gibt es in beiden Fällen auch die gelungenen Experimente. Wie so oft: Auf die Dosis kommt es an. Los geht's mit unserem Vier-Punkte-Plan:

**1.** Eine Farbe domiert („monochrom"). Das kann ein kräftiges Rot sein oder auch ein zartes Gelb. Farbabstufungen innerhalb einer Farbe (Farbtöne) passen immer zueinander.

**2.** Zwei Farben geben den Ton an. Der Klassiker: Kontraste setzen mit Komplementärfarben (Rot-Grün, Blau-Orange). Kräftige Farben mit einzelnen weißen Flächen abfedern.

Variante: Obwohl Schwarz und Weiß keine Farben sind, funktioniert diese Kombination ebenfalls prächtig. Dunkelgrün und Rosa ist eine weitere, mutige Wahl.

**3.** Dreier-Kombi: Hier sollte eine Farbe dominieren, mit den anderen setzt man lediglich Akzente. Stark: Rot-Holz-Edelstahl oder Dunkelrot-Gold-Grau. Dieser Ansatz führt zu Punkt **4:** Bunt wie ein Eintopf. Hierfür ist zu empfehlen, einen Farbprofi dazuzuholen. Nichts kann schief gehen, wenn man original Baustoffe in den Vordergrund rückt: Klinker, Sichtbeton, Stahl, Glas, Holz – einfach grandios. Die Einrichtung zurücknehmen (weiße Möbeloberflächen, hellgraues Sofa).

Einer der ganz großen Klassiker in der Gestaltung: Zwei Farben geben den Ton an, Kontraste setzt man mit Komplementärfarben, wie etwa Rot und Grün. Eine mutige Variante ist die Gegenüberstellung von Dunkelgrün und Rosa.

Gelb ist die Sonne, Gelb ist fröhlich und optimistisch. Gelb ist ein Feld voller Sonnenblumen.

Gelb ist auch wie leckerer Senf oder wie ein Sommer-Urlaub, wenn man es mit den Terracotta-Tönen der Toscana kombiniert.

Starke Dreier-Kombi: Hier dominiert eine Farbe (Rot), mit den anderen setzt man lediglich Akzente (helles Holz, Edelstahl).

Obwohl Schwarz und Weiß keine Farben sind, funktioniert die Komplementär-Kontraste-Kombination dort ebenfalls prächtig.

TAG 43

TAG 24

# KURZ VORM START

DIY
DO IT YOURSELF

# Vor Sanierungsbeginn: Haben Sie an alles gedacht?

**Bei einer Modernisierung stehen alle Hausbewohner emotional voll unter Strom. Haben wir alles richtig entschieden? Wird alles auch so werden, wie wir es uns vorgestellt haben? Wird der Umbau reibungslos funktionieren?**

Der Film „Einmal im Leben", der in den 1970ern mit einer grauenhaften Baugeschichte die TV-Zuschauer schockte, ist heute zum Glück keine Realität mehr. Zumindest nicht auf Baustellen, die von echten Profis durchgeführt werden. Jeder weiß es: Die billigsten Handwerker sind fast nie die besten. Lieber etwas mehr bezahlen und sich über gute Arbeit mit wenig bis null Umbau-Chaos freuen. Schließlich soll die Modernisierung von Anfang an Freude bereiten. Wer Fördermittel einsetzt, wird ohnehin auf Profi-Betriebe setzen.

Wenn sich die Handwerker schließlich verabschieden, hat man für die nächsten Jahrzehnte viele Barrieren weggeräumt. Im buchstäblichen wie im übertragenen Sinn: Von der bodengleichen Dusche bis zu fernsteuerbaren Rollläden. Und wenn die nächste Heizkostenabrechnung kommt, ist man doppelt froh, diesen Schritt gegangen zu sein. Also: Keine Panik vor Staub und Dreck, sondern Vorfreude auf Behaglichkeit und Wohnkomfort. Dennoch müssen jetzt, kurz vor dem Start, noch ein paar wichtige Dinge organisiert werden.

### Wer einen Umbau plant, muss zunächst systematisch aufräumen: Ballast abwerfen

Das Allerwichtigste ist hoffentlich schon erledigt: Das systematische Entrümpeln von Dachboden und Keller. So etwas kann Monate dauern. Deshalb frühzeitig damit anfangen.

Nicht immer fällt es leicht, sich von den vielen, liebgewonnenen Dingen zu trennen, die sich im Laufe der Jahrzehnte angesammelt haben. Doch die Frage, die man sich immer wieder stellen sollte, ist, ob man rückwärtsgerichtet im eigenen Museum leben möchte oder nach vorne und fest entschlossen Platz schafft für Neues, das beim Einzug ins neue Haus dann auch den nötigen Platz dafür bekommt. Dann ist natürlich ebenso wichtig, dass die Baustelle vom ersten Tag an perfekt vorbereitet und eingerichtet ist: Vom Baustellenzaun über Bauwasser und Baustrom bis zu Gerüsten und Materialcontainer. Haben wir noch etwas vergessen. Ach, ja: das Bauteam. Das sollte man am besten wie eine Fußball-National-Elf zusammenstellen. Als Trainer hilft dabei der Architekt oder der Energieberater.

**TAG 43**

**TAG 24**

# Immer „just in time": Termine, Team, Logistik und Motivation

**In Darmstadt gibt es eine sogenannte Lokalposse, die von einem gewissen „Datterich" erzählt. Der Datterich ist notorisch abgebrannt, findet aber immer einen Ausweg. Das kann man auf den Fachkräftemangel am Bau übertragen.**

„Bezahle, wenn mer Geld hat, des is kah Kunst, aber bezahle, wenn mer kahns hat, des is e Kunst", gibt der Datterich im breitesten Hessisch zum besten. Dieser Spruch könnte im Jahr 2030 so lauten: „Ein Haus modernisieren, wenn mer Handwerker findet, des is kah Kunst, aber ein Haus modernisieren, wenn mer kahne Handwerker findet, des is e Kunst."

Denn auch Handwerker werden immer älter, der Nachwuchs fehlt. Es wird immer schwieriger, gute Handwerker zu finden. Ersparen Sie sich die Handwerkersuche im Jahr 2030, sanieren Sie jetzt, da es noch Handwerker gibt.

Gute Handwerker können heute über Internetplattformen wie effizienzhaus-online.de, meindach.de oder dämmen-lohnt-sich.de ge-

funden werden. Auch unter der Web-Adresse modernisierungsoffensive.com sind Handwerker gelistet, die alle die Weiterbildung zum zertifizierten Modernisierungsberater absolviert haben. Diese deutschlandweite Initiative, die vor allem mit den Klimaschutzmanagern der Kommunen kooperiert, wächst stetig.

## Gute Handwerker beraten in „einer Sprache"

Wer ein Haus neu bauen oder ein älteres Gebäude modernisieren möchte, benötigt gute Handwerker, die nicht nur gut in der Ausführung sind, sondern die auch im Vorfeld gut beraten können. Vor allem sollen sie „in einer

Damit nicht jeder etwas anderes erzählt, nehmen Handwerker und Baudienstleister regelmäßig an Schulungen teil. So eignet man sich gewerkeübergreifendes Fachwissen an und kann ganzheitlich „in einer Sprache" beraten.

MODERNISIERUNGSOFFENSIVE

mittelt: „Wer Billiges kauft, freut sich nur am ersten Tag über das Schnäppchen, ärgert sich dann aber jeden Tag über die mangelhafte Qualität. Wer mehr Geld ausgibt, spürt zwar den Schmerz am ersten Tag, freut sich dann aber jahrelang täglich über die hohe Qualität."

## Die prozessoptimierte Baustelle ist immer im Zeitplan und innerhalb des Kostenrahmens

Die hohe Bauqualität wird bereits mit der Baustellenvorbereitung beeinflusst. Wer zusätzlich zur durchdachten Baustelleneinrichtung alle Bauabläufe prozessoptimiert plant und durchführt, bleibt immer im vorgegebenen Zeit- und

Sprache" beraten. Was bisher noch selten der Fall ist: „Nur die Heizung auszutauschen, genügt." „Machen Sie nur die Fenster." „Hauptsache, das Dach ist gut gedämmt. Der Rest ist egal." Wenn jeder etwas anderes erzählt, wird man als Hauseigentümer nicht nur unsicher, das ganzheitliche Ergebnis einer Modernisierung wird zudem in Frage gestellt. Doch wie stelle ich sicher, dass meine Handwerker wirklich wissen, was es zu beachten gilt? Wie geht das Bau-Team mit unvorhergesehenen Ereignissen um, die es beim Bau immer gibt? Werden Fenster, Wärmedämmung und alle Details der Haustechnik nach neuestem Stand der Technik ausgeführt? Fragen über Fragen.

Die Kern-Botschaft lautet deshalb: Wer zunächst zum Energieberater geht und gemeinsam mit ihm ein Gesamtkonzept für die Gebäudesanierung aufstellt, wird mit dem Energieberater auch das Bau-Team zusammenstellen und nicht auf eigene Faust losziehen. Letztlich arbeiten alle Hand in Hand, sodass vor allem die oftmals fehlerbehafteten Schnittstellen zwischen den einzelnen Gewerken sauber und zuverlässig ausgeführt werden.

Manchmal neigt man dazu, mit dem billigsten Angebot zu liebäugeln. Meine Großmutter hat uns hierzu die perfekte Lebensweisheit ver-

Carolin Gutbrod
Zertifizierte Modernisierungsberaterin und Finanzierungsberaterin, Dingolshausen

## REISENDE HANDWERKER

Je näher die Handwerker am künftigen Bau-Ort wohnen, um so besser und effektiver ist es für alle Beteiligten. Denn Reisezeit ist teuer und wird letztlich vom Auftraggeber bezahlt. Und noch etwas: Wenn Handwerker von weit her anreisen, dann benötigen sie fürs An- und Abreisen während der Modernisierungszeit vermutlich mehr Energie als das Haus später in zehn Jahren zum Heizen braucht. Handwerker aus der eigenen Region zu beauftragen ist also ein wichtiger Beitrag zum Klimaschutz.

Die erste Maßnahme bevor die Baustellen-einrichtung erfolgen kann, ist das Entfernen von Büschen und Wildwuchs auf dem …

… Grundstück. Wenn dann das Material „just in time" angeliefert wird, kann es über-sichtlich und gut zugänglich bis zur …

… Verarbeitung gelagert werden. Perfekt, wenn so viel Platz vorhanden ist, dass man jederzeit an jede Palette herankommt.

Vorteilhaft ist es, Baustoffe im Haus zu la-gern. So sind sie vor Wetter und Diebstahl geschützt.

Bewährt hat sich zudem ein Container, der Standard-Material wie Schrauben, Dübel und Nägel in gängigen Dimensionen enthält.

Ein tägliches Mittagessen plus ausreichend Getränke steigern Stimmung und Produkti-vität. Diese Investition zahlt sich aus.

TAG 43

TAG 24

Planung
1. Mai - 7. Aug.
Gebäude-Schnellcheck
(30%) 1. Mai - 1. Mai (0 days)
Grundlagengespräch
(0%) 3. Mai - 3. Mai (0 days)
Bestandsaufnahme
(0%) 3. Mai - 3. Mai (0 days)
Digitalisierung Bestand
(0%) 4. Mai - 5. Mai (1 days)
Planung Sanierung
(0%) 9. Mai - 13. Mai (4 days)
Energiebilanz erstellen
(0%) 14. Mai - 14. Mai (0 days)
Fördermittelbeschaffung
(20%) 16. Mai - 25. Juni (40 days)
Zusage Fördermittelbescheid
(0%) 25. Juni - 25. Juni (0 days)
Ausschreibung erstellen
(0%) 17. Mai - 19. Mai (2 days)
Bauzeitenplan erstellen
(0%) 20. Mai - 20. Mai (0 days)
Vergabe
(0%) 24. Mai - 28. Mai (4 days)
Ablaufsimulation erstellen
(0%) 31. Mai - 2. Juni (2 days)
Qualitätssicherung erstellen
(0%) 3. Juni - 9. Juni (4 days)
Kick Off Ausführung
(0%) 28. Juni - 28. Juni (0 days)
Baustelle einrichten
(0%) 30. Juni - 30. Juni (2 days)
Ausführungsbeginn
(0%) 1. Juni - 1. Juni (0 days)
Baustellen Bergfest
(0%) 11. Juni - 11. Juni (0 days)
Abnahme
(0%) 7. Aug. - 7. Aug. (0 days)
Einweihungsparty
(0%) 7. Aug. - 7. Aug. (0 days)
Sanierung
30. Juni - 24. Juli
Luftdichtheitsmessung
8. Juli - 24. Juli
erste Luftdichtheitsmessung
(0%) 8. Juli - 8. Juli (0 days)
zweite Luftdichtheitsmessung
(0%) 24. Juli - 24. Juli (0 days)
Entkernen
30. Juni - 2. Juli
Haus leerräumen
(50%) 30. Juni - 30. Juni (0 days)
Böden entfernen
(0%) 1. Juli - 1. Juli (0 days)
Wände abbrechen
(0%) 2. Juli - 2. Juli (0 days)
Fenstertausch
5. Juli - 4. Aug.
Fenster ausbauen
(0%) 5. Juli - 5. Juli (0 days)
Fenster einbauen
(0%) 6. Juli - 8. Juli (2 days)
Fensterbänke setzen
(0%) 8. Juli - 8. Juli (0 days)
Haustüre setzen
(0%) 4. Aug. - 4. Aug. (0 days)
Kosmetikarbeiten
(0%) 5. Juli - 5. Juli (0 days)
Dacherneuerung
5. Juli - 6. Aug.
Gerüst aufstellen
(0%) 6. Juli - 6. Juli (0 days)
Dacheindeckung entfernen
(0%) 8. Juli - 7. Juli (1 days)
Zwischensparrendämmung
(0%) 7. Juli - 8. Juli (1 days)
Aufsparrendämmung
(0%) 9. Juli - 10. Juli (1 days)
Dachlattung anbringen
(0%) 12. Juli - 12. Juli (0 days)
Dachziegel anbringen
(0%) 13. Juli - 13. Juli (0 days)
Restarbeiten
(0%) 14. Juli - 14. Juli (0 days)
Fassadenerneuerung
5. Juli - 6. Aug.

Planung
1. Mai - 7. Aug.
Gebäude-Schnellcheck
(30%) 1. Mai - 1. Mai
Grundlagengespräch
(0%) 3. Mai - 3. Mai
Bestandsaufnahme
(0%) 3. Mai - 3. Mai
Digitalisierung Bestand
(0%) 4. Mai - 5. Mai
Planung San
(0%) 9. Mai

Kostenrahmen. Hierzu gehört auch das ständige Controlling der Zeit- und Kostenpläne.

## Mit genügend Pufferzeiten und Motivation gelingt die pünktliche Fertigstellung

Für einen pünktlichen Verlauf der Sanierung wird ein Bauzeitenplan (Balkenplan, rechts) angefertigt. Man beginnt mit der Massenermittlung: Anzahl Fenster, Quadratmeter Dach- und Fassadendämmung, Meter Heizungsrohre und so weiter. Allen diesen Mengen werden Zeitbedarfswerte inklusive Pufferzeiten für Unvorhergesehenes zugeordnet und mit der Größe des Bau-Teams abgeglichen. Daraus ergibt sich die jeweils benötigte Zeitdauer der einzelnen Gewerke. Danach stimmen sich die Handwerker untereinander ab. Wer kann frühestens mit seiner Arbeit beginnen? Wann muss er spätestens fertig sein, damit das Folgegewerk starten kann? Wichtig ist auch die Motivation: In guter Atmosphäre arbeitet man produktiver. **Kleiner Trick mit großer Wirkung:** Organisieren Sie für Ihre Umbau-Truppe ein tägliches Mittagessen und ausreichend Getränke. Diese Investition zahlt sich aus.

# Baustelleneinrichtung sorgfältig planen

Die erste Maßnahme bevor die Baustelleneinrichtung erfolgen kann, ist das Entfernen von Büschen und Wildwuchs auf dem Grundstück. Mit anderen Worten: Platz schaffen.

Damit der Zeitplan der prozessoptimierten Baustelle eingehalten werden kann, muss unter anderem der Materialfluss „just in time" organisiert werden: Alle Baustoffe sind immer in der richtigen Menge vorhanden. Es darf nicht vorkommen, dass ein Handwerker die Baustelle verlässt, weil irgendetwas fehlt.

Andererseits: Wenn zuviel Material vor Ort gelagert wird, kann das die Arbeiten ebenfalls

erstellen
- 14. Mai

telbeschaffung
9. Mai - 25. Juni

Zusage Fördermittelbescheid
(0%) 25. Juni - 25. Juni

chreibung erstellen
(0%) 17. Mai - 19. Mai

Bauzeitenplan erstellen
(0%) 20. Mai - 20. Mai

Vergabe
(0%) 24. Mai - 28. Mai

Ablaufsimulation erstellen
(0%) 31. Mai - 2. Juni

Qualitätssicherung erstellen
(0%) 3. Juni - 9. Juni

Kick Off Ausführung
(0%) 28. Juni - 30. Juni

Baustelle einrichten
(0%) 30. Juni - 30. Juni

Ausführungsbeginn
(0%) 1. Juli - 1. Juli

Baustellen Bergfest
(0%) 11. Juni - 11. Juni

Abnahme
(0%) 7. Aug. - 7. Aug.

Einweihungsparty
(0%) 7. Aug. - 7. Aug.

Sanierung
30. Juni - 24. Juli

Luftdichtheitsmessung
8. Juli - 24. Juli

erste Luftdichtheitsmessung
(0%) 8. Juli - 8. Juli

zweite Luftdichtheitsmessung
(0%) 24. Juli - 24. Juli

Entkernen
30. Juni - 2. Juli

Haus leerräumen
(50%) 30. Juni - 30. Juni

Böden entfernen
(0%) 1. Juli - 1. Juli

Wände abbrechen
(0%) 2. Juli - 2. Juli

Fenstertausch
5. Juli - 4. Aug.

Fenster ausbauen
(0%) 5. Juli - 5. Juli

Fenster einbauen
(0%) 6. Juli - 8. Juli

Fensterbänke setzen
(0%) 8. Juli - 8. Juli

Haustüre setzen
(0%) 4. Aug. - 4. Aug.

Kosmetikarbeiten
(0%) 5. Juli - 5. Juli

Dacherneuerung
5. Juli - 6. Aug.

Gerüst aufstellen
(0%) 5. Juli - 6. Juli

Dacheindeckung entfernen
(0%) 6. Juli - 7. Juli

Zwischensparrendämmung
(0%) 7. Juli - 8. Juli

Aufsparrendämmung
(0%) 9. Juli - 10. Juli

Dachlattung anbringen
(0%) 12. Juli - 12. Juli

Dachziegel anbringen
(0%) 13. Juli - 13. Juli

Restarbeiten
(0%) 14. Juli - 14. Juli

Fassadenerneuerung
5. Juli - 6. Aug.

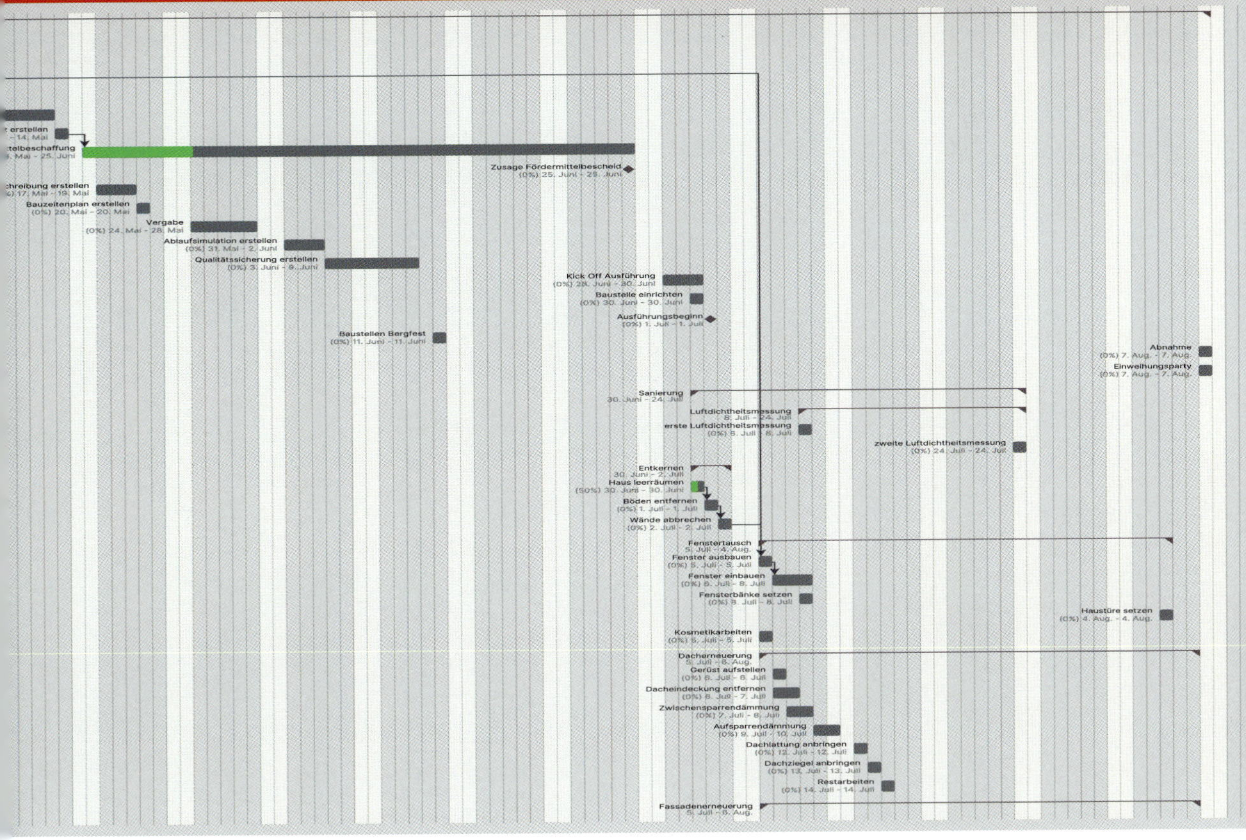

Für eine Sanierung innerhalb des gewünschten Zeitrahmens wird ein Bauzeitenplan angefertigt. Den zu verarbeitenden Materialmengen werden Zeitbedarfswerte zugeordnet und mit der Größe des Bau-Teams abgeglichen. Daraus folgt die jeweils benötigte Zeit der einzelnen Gewerke.

behindern, wenn beispielsweise im Chaos Werkzeuge und Material gesucht werden müssen. Bewährt hat sich ein Container, der Standard-Material wie etwa Schrauben, Dübel und Nägel in gängigen Dimensionen bereit hält.

Weiterhin gehören zur Baustelleneinrichtung Bauwasser und Baustrom, eine gefahrenfreie Zuwegung sowie vernünftige Toiletten plus Waschgelegenheit. Nicht zu vergessen ist auch das rechtzeitige Anmelden von temporären Parkverboten rund um die Modernisierungsbaustelle, wenn etwa ein Mobilkran aufgestellt werden soll, der Material aufs Dach hebt.

**MODERNISIERUNGSOFFENSIVE HEIDEKREIS**

Wolfgang Asmuß
Zertifizierter Modernisierungsberater und Fenster-Experte, Soltau

## FENSTER ZEITIG BESTELLEN

Bei Neubau und Modernisierung gibt es oft Verzögerungen, weil die Fenster nicht rechtzeitig bestellt wurden. Beim Neubau ist das nicht ganz so tragisch, da parallel andere Arbeiten erledigt werden können. Anders bei der Modernisierung: Sie beginnt mit dem Austausch der Fenster. Deshalb sollte man sofort nach der Fördermittelbeantragung die Fenster bestellen. Liefer-Zeiten von bis zu 6 Wochen sind üblich.

TAG
46

TAG
44

JETZT GEHT'S LOS

DiY
DO IT YOURSELF

# Der Sanierungsmotor startet – Das kalkulierte Abenteuer

**Nun ist es soweit: Die Modernisierung beginnt. Während draußen das Gerüst aufgebaut wird, werden im Haus alte Teppichböden und Tapeten entfernt, Trennwände großzügig geöffnet, ganz herausgebrochen oder neu errichtet.**

Dass hier ein Haus für sein zweites Leben vorbereitet wird, konnte jeder schon am ersten Bautag sehen. Und hören. Denn gleich zum Modernisierungsbeginn wurde die alte, vorgehängte Fassade entfernt. Familie Musiol hatte Glück, dass die Fassadenplatten nicht asbesthaltig waren, sodass sie gefahrlos und vor allem preiswert entsorgt werden konnten.

## Handwerk hat Goldenen Boden und Tapete schreibt man bald mit Doppel-Ö: „Tapööte"

Es liegt in der Natur der Sache, dass jemand, der renoviert oder ganzheitlich modernisiert, sich von allen Seiten Inspiration holt und seinen zweiten Wohnsitz zumindest übergangsweise im Baumarkt hat. Und dort gibt es dann an jeder Regal-Ecke eine Anregung nach der anderen. Vom Kreativ-Putz, der sich am charakteristischen Industriedesign exklusiver Lofts orientiert, bis zu den goldenen Prunktapeten inklusive Stuckimitation aus dem Hause Harald Glööckler, die man aufgrund ihres einzigartigen Designs eigentlich „Tapööte" nennen müsste. Es wird deutlich: Räume werden heute längst nicht mehr nur angestrichen, sie werden gestaltet. Die Kunst ist, aus den vielen Anregungen, die einen von überall her anlachen, seinen eigenen Stil zu entwerfen.

Wie etwa letztens beim Italiener. Ein Blick auf den tollen Dielenboden. Sehr schön abgewetzt, jede Schramme erzählt eine Geschichte. Es sind viele Schrammen. Wie alt mag der Boden wohl sein? 50 Jahre, 80 Jahre, 100 Jahre?

Mancher Teppichboden fliegt schon nach fünf Jahren wieder raus. Handwerk hat Goldenen Boden – vor allem, wenn er so schön alt ist.

Wenn man sich so umhört, müsste der Bodenbelag bei Hausbau und Renovierung inzwischen nach Bad und Kochinsel an dritter Stelle rangieren. Fast schon ein Statussymbol. Doch was ist mit einer Beschädigung, einem Kratzer im neuen Parkett? Vielleicht wählt man gleich einen echten, historischen Holzdielenboden. Dort ist jede Schramme willkommen. Der neue, alte Boden als Synonym für die neue Baustelle: Das kalkulierte Abenteuer beginnt.

Laden Sie dazu immer wieder Ihre Nachbarn ein. Geben Sie Ihre Inspiration weiter und holen Sie sich aus Ihrer Nachbarschaft Ideen.

# Alles muss raus oder „Back to the Rohbau"

**44. Tag: Nach ein paar Stunden ist man schon mittendrin im XXL-Tapetenwechsel. Alles muss raus. Wirklich alles? Nicht ganz. Manche Dinge sind erhaltenswert, wie beispielsweise der alte Treppenbelag. Der wird jetzt schützend eingepackt.**

Alte Türzargen aus dem Mauerwerk trennen, fest verklebte Teppichböden mit viel Kraft vom Estrich regelrecht abreißen, Tapeten runterzuppeln: Bei diesen Arbeiten kann man bereits durch Eigenleistung sparen. Dabei immer auch beachten, dass eine Baustelle nicht ungefährlich ist. Wenn notwendig, Helm, Handschuhe Atem- und Gehörschutz tragen.

Achtung beim Wanddurchbruch: Dort sind von Anfang an Profis gefragt. Eine Faustformel besagt, dass Türen, die nachträglich aus einer Wand herausgeschnitten werden, bis etwa einen Meter Breite unproblematisch sind. Dennoch zuvor einen Statiker befragen. Türöffnungen, die breiter als einen Meter sind, werden beispielsweise mit einem Stahlträger gesichert, dessen Abmessungen ebenfalls der Statiker im Vorfeld ausgerechnet hat. Den Einbau übernimmt in jedem Fall der Fachmann. Wenn bei großen Spannweiten das vorhandene Mauerwerk als Auflager nicht ausreicht, muss ein neues Auflager vor Ort betoniert werden.

## Eine neue Wand aus Porenbeton mauern

Eventuell soll eine Trennwand errichtet werden, um aus einem großen Raum zwei kleinere zu machen. Hierfür nimmt man meist Trockenbaulösungen, die später im Zuge des Innenausbaus montiert werden. Denkbar wäre aber auch, jetzt – da das Haus zurück in die Roh-

Den alten Treppenbelag, der am Schluss des Umbaus aufgearbeitet wird, jetzt einpacken, damit er keinen Schaden nimmt.

Die alten Tapeten müssen runter. Viel Wasser nehmen, ausreichend lange einweichen lassen und großflächig runterschaben.

bauzeit versetzt wird – eine massive Wand zu mauern. Gut geeignet ist hierfür Porenbeton, den man auch als Selbermacher einfach verarbeiten kann. Lediglich die erste Steinschicht ist ein wenig kniffelig, da man diese in einem ein bis zwei Zentimeter dicken Mörtelbett ausrichtet (gleicht Unebenheiten im Boden aus). Danach geht es dann einfach weiter: Dünnbettmörtel mit der Zahnkelle aufziehen, Steine mit dem Gummihammer entlang einer Richtschnur setzen. **Gut zu wissen:** Oben zur Decke muss bei nichttragenden Wänden ein kleiner Spalt bleiben, damit dort keine Bauwerkslasten eingeleitet werden können und die Wand eine nichttragende Wand bleibt.

## Balkon und Vordach runter: Tschüss Wärmebrücken

Eine Arbeit, bei der man als Laie erneut nur zuschauen aber nicht mitmachen darf, ist das Entfernen der alten Balkonplatte und/oder des Vordachs, das damals ohne thermische Trennung an die Erdgeschossdecke ranbetoniert wurde. In den 1950er und 1960er Jahren war Energieeffizienz eben noch kein Thema. Diese

**Manfred Angermüller**
Zertifizierter Modernisierungsberater und Energiewertexperte, Nürnberger Land

## ASBEST RICHTIG ENTSORGEN

Die „Wunderfaser" Asbest hat viele positive Eigenschaften: hitze- und säurebeständig, sehr stabil und wärmedämmend. Asbest kam in vielen Bereichen zum Einsatz bis erkennbar wurde, dass von Asbestfasern hohe gesundheitliche Gefahren ausgehen. Asbest ist inzwischen am Bau verboten. Bei der Sanierung Asbest fachmännisch entsorgen.

Wärmebrücken gehören ab sofort für immer der Vergangenheit an.

Jetzt **zwei wichtige Tipps**, die für die gesamte Baustelle gelten. **1.** Untergründe immer richtig vorbereiten. Lose Teile entfernen, Staub abfegen, kreidende Oberflächen abbürsten, abwaschen, grundieren.
**2.** Lassen Sie alle Flächen – Fliesen, Putze, Farben, Tapeten – immer gut durchtrocknen, bevor der nächste Arbeitsschritt beginnt. Dennoch alle Flächen vor direkter Sonneneinstrahlung schützen – und auch vor Frost.

Eine Trennwand aus Porenbeton ist schnell errichtet. Auf einer Ausgleichsmörtelschicht wird im Dünnbettverfahren weitergebaut.

Zwischen nichttragenden Trennwänden und der Decke muss ein kleiner Spalt bleiben, damit dort keine Lasten übertragen werden.

Zu Beginn der Sanierung wurde die alte, vorgehängte Fassade vollständig entfernt. Familie Musiol hatte Glück: Die einzelnen …

… Fassadenplatten waren nicht asbesthaltig. Nach wenigen Stunden des ersten Bautages ist die Baustelle bereits in vollem Gange.

Ehemalige Wärmebrücke. Der alte Beton-Balkon wurde abgesägt. Nach der Fassadendämmung wird nur ein Geländer montiert.

Ehemalige Wärmebrücke, die Zweite: Auch das wärmeleitende Beton-Vordach wird es ab sofort nicht mehr geben.

Für eine neue Türöffnung die Wand entlang der Markierung mit der Trennscheibe aufschneiden. Steine vorsichtig herausschlagen.

Türöffnungen ab etwa einem Meter Breite bekommen als neuen Sturz einen Stahlträger, den der Statiker zuvor berechnet hatte.

TAG 74

TAG 46

# KLIMANEUTRALE GEBÄUDEHÜLLE

# Erstes Etappenziel:
# Die klimaneutrale Gebäudehülle

**Was bedeutet eigentlich „klimaneutrale Gebäudehülle"? Dass sie aus klimaneutral produzierten Baustoffen klimaneutral gebaut wurde? Das wäre sicher ein Ansatz. Aber das kann aus heutiger Sicht nur der zweite Schritt sein.**

Es ist wie bei der Henne und dem Ei: Irgendwann muss nun mal der erste große Schritt gegangen werden, der dann zum klimaneutralen Betrieb unserer Häuser führt. Weil die Gebäudesanierung von zentraler Bedeutung für den Klimaschutz ist, dürfen wir nicht mehr Jahr für Jahr ungenutzt vergehen lassen. Wir müssen jetzt handeln. Selbst wenn wir bei der Sanierung Baumaterial verwenden, das (noch) nicht $CO_2$-neutral produziert wurde.

Kann ein Baustoff, dessen Herstellung innerhalb der Prozesskette klimaschädliches $CO_2$ produziert, Teil der klimaneutralen Gebäudehülle sein? Die Antwort lautet „heute ja, morgen nein". Sonst würden wir nie die „Klimaneutrale Gebäudehülle" erreichen. Es geht zunächst einzig und allein um eine praktikable Definition.

Das allererste Photovoltaikmodul, Wasserkraftwerk oder Windrad, das je gebaut wurde, belastete ohne Frage Klima und Umwelt, da für die Produktion noch keine regenerativen Energien eingesetzt werden konnten. Rein theoretisch kann man erst ab dem zweiten Solarmodul, Wasserkraftwerk oder Windrad regenerative Energien nutzen.

**Energieeffizienz ist die Voraussetzung für klimaneutrales Wohnen**

Damit die Raumluft, die über das Heizsystem erwärmt wird, möglichst langsam über die Gebäudehülle entweicht, müssen Dach, Fassade und Fenster luftdicht und in einer sinnvollen

Dicke gedämmt sein. Die geringe Energiemenge, die man dann noch braucht, um Wärmeverluste auszugleichen, werden regenerativ (klimaneutral) erzeugt. Energieeffizienz ist somit die Voraussetzung für klimaneutrales Wohnen. Als ein mögliches, bewährtes Heizsystem wurde schon die Wärmepumpe erwähnt, die mit einer Photovoltaik-Anlage betrieben wird. Mit Hilfe der Sonne wird Strom erzeugt, der das warme Wasser für die Heizung erwärmt.

Jetzt kann der Bogen noch etwas weiter gespannt werden: „Klimaneutral wohnen" bedeutet, dass die Prozesse des Wohnens, also Heizen, Warmwasserbereitung und Strombedarf in ihrer Bilanz unterm Strich keine $CO_2$-Emissionen mehr verursachen.

# Neue Fenster: Schnittstelle zwischen innen und außen

**46. Tag. Die alten Fenster werden entfernt, die neue Verglasung wird montiert. Es ist ein strategischer Ansatz, mit dem Fenstertausch zu beginnen. So hat man von Anfang an zwei Baustellen, die sich gegenseitig nie blockieren können.**

Fenster und Haustür sind die entscheidende Schnittstelle für den Bauzeitenplan. Für die Dach-, Fassaden- und Sockeldämmung, die vollständig von außen erledigt werden, hat man rund 25 Tage Zeit. Das reicht, selbst wenn ein paar Tage schlechtes Wetter diese Außenbaustelle verzögern würde. Außerdem ist es einfacher, die Fassadendämmung an die neuen Fenster anzuschließen als umgekehrt.

Der gesamte Innenausbau inklusive neuer Haustechnik kann separat und wetterunabhängig ebenfalls in rund 25 Tagen durchgezogen werden. Und da man Fenster und Haustür innerhalb weniger Tage montieren kann, hat man auf der Baustelle recht schnell freie Bahn. Doch jetzt Schritt für Schritt der Reihe nach. Auch wenn der Einbau der Fenster schnell über die Bühne geht, gibt es dennoch einige kniffelige Details, die zu beachten sind. Deshalb müssen Fenster und Haustür vom Profi montiert werden.

### Die „RAL-Montage" und die „anerkannten Regeln der Technik"

Im Zusammenhang mit neuen Fenstern begegnet man schnell dem Begriff „RAL-Montage". Große Frage: Was steckt dahinter? Weiterhin gibt es die „anerkannten Regeln der Technik". **Gut zu wissen:** Es geht immer um hohe Qualität. Denn ein modernes Fenster funktioniert nur dann optimal, wenn auch der Einbau in

Rückbau Fenster: Sobald die alten Fensterflügel ausgehängt sind, die Rahmen in der Nähe der Ecken zersägen. Den Übergang …

… zur Tapete und zum Innenputz mit Säge oder Trennscheibe aufschneiden. Dabei mit Staubabsaugung arbeiten.

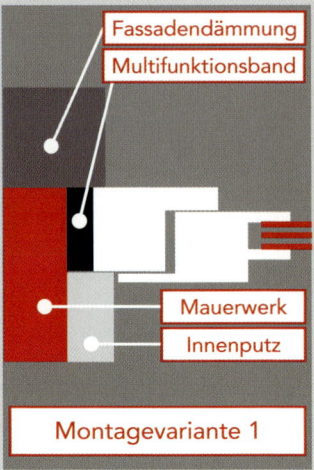

Fassadendämmung
Multifunktionsband
Mauerwerk
Innenputz

**Montagevariante 1**

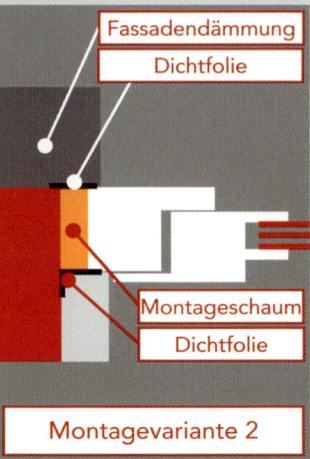

Fassadendämmung
Dichtfolie
Montageschaum
Dichtfolie

**Montagevariante 2**

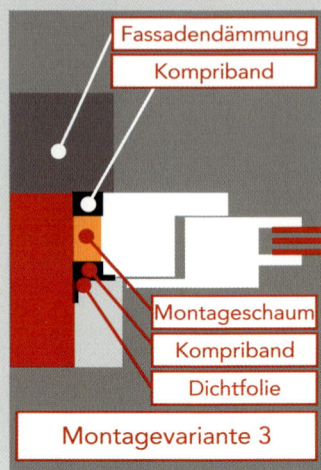

Fassadendämmung
Kompriband
Montageschaum
Kompriband
Dichtfolie

**Montagevariante 3**

allererster Güte erfolgt ist. Im Fokus steht dabei der Anschlussbereich zwischen Rahmen und Wand. Eine sachgemäße Montage vermeidet dort Risse etwa durch Längenänderungen infolge von Temperaturschwankungen sowie Energieverluste und Feuchteprobleme inklusive Tauwasserbildung. Weiterhin müssen die Fugen schallgedämmt und schlagregendicht sein.

Die „RAL-Montage" ist jedoch keine eigene Montage-Art und im Grunde auch der falsche Begriff. Richtig muss es „RAL-Gütesicherung" heißen. Geschultes Montagepersonal, Dokumentation der Montage und eine freiwillige, neutrale Überwachung des montierenden Unternehmens sind einige der RAL-Anforderungen. So dürfen das „RAL-Gütezeichen" auch nur Mitgliedsbetriebe der „RAL-Gütegemeinschaft Fenster und Haustüren" tragen. Die RAL-Anforderungen entsprechen letztlich haargenau den anerkannten Regeln der Technik.

### Die alten Fenster sauber aus der Laibung heraustrennen

Sobald die alten Fensterflügel ausgehängt sind, werden die Rahmen in der Nähe der Ecken mit einer Säbelsäge zersägt. Den Über-

gang zur Tapete und zum Innenputz mit der Trennscheibe aufschneiden (Staubmaske tragen) und dann den Rahmen Stück für Stück aus der Verankerung brechen. Im nächsten Schritt werden die Ausbruchstellen gesäubert. Lose Teile entfernen, Staub absaugen.

Insgesamt muss die Fensterlaibung nun sorgfältig für den luftdichten Einbau vorbereitet werden. Bei unserer Mustersanierung wurden später neue Rollladenkästen auf die neuen Fenster innerhalb der Fassadendämmung montiert. Somit wurden die alten Rollladenkästen überflüssig und mit Mineralwolle ausgestopft. Den unteren Abschluss bildet schließlich eine Zementboard-Platte.

Einige Fensteröffnungen wurden leicht verbreitert, andere wurden zum Boden hin geöffnet („französischer Balkon"). Die Bruchflächen des Mauerwerks bekamen einen Glattstrich aus Mörtel. Damit waren die Vorbereitungen für die Fenstermontage beendet.

Wenn die Fenster angeliefert werden, sollte die Baustelle aufgeräumt sein und die Lagerflächen so gewählt werden, dass eine Beschädigung der neuen Fenster ausgeschlossen ist. Am besten eine weiche Unterlage aus Wellpappe oder dünnen Dämmplatten vorbereiten. Die Fenster auch gegen Umkippen si-

Als nächstes die alten Fensterrahmen in Einzelteilen vorsichtig aus der Verankerung brechen.

Die Ausbruchstellen sorgfältig säubern, lose Teile entfernen. Den Staub optimalerweise absaugen.

In unserem Fall wurden neue Rollladenkästen später in die neue gedämmte Fassade integriert. Die alten Rollläden mit Achse ...

... wurden entfernt, der Hohlraum vollständig mit Dämmung ausgefüllt. Gut geeignet sind hierfür Mineralwollestreifen.

Das Fenster muss rundum luftdicht eingebaut werden. Falls die Fensteröffnung vergrößert wurde und Abbrucharbeiten ...

... notwendig waren, muss ein sogenannter Glattstrich erfolgen, damit die Fenster luftdicht montiert werden können.

Die Montage beginnt: Fensterflügel aushängen und vorsichtig beiseite stellen. Rund um den Rahmen Kompriband aufkleben.

Das Kompriband quillt nach der Montage langsam auf und hilft, den Hohlraum zwischen Rahmen und Mauerwerk abzudichten.

Raumseitig jetzt zusätzlich einen Dichtfolienstreifen aufkleben, der später fest mit der Laibung verklebt wird.

Die fix und fertig vorbereiteten Fensterrahmen – hier ein Terrassentürelement – in die jeweilige Fensteröffnung auf kleine …

chern. Tipp: Gleich beim Abladen die Fenster in die richtigen Zimmer tragen. Fensterflügel aushängen, Festverglasungen herauslösen und vorsichtig beiseite stellen, sodass Beschädigungen ausgeschlossen sind.

**Gut zu wissen:** Bei Fenster und Haustür gibt es drei Ebenen: die Raumebene, die Funktionsebene und die Wetterschutzebene. Raum- und Wetterschutzebene müssen dicht sein (innen luftdicht, außen winddicht). Der Hohlraum der Funktionsebene muss für den Wärme- und Schallschutz vollständig gedämmt sein.

**Montagevariante 1:** Mit Multifunktionsdichtbändern, die recht genau der Dicke des Fensterrahmens entsprechen, werden mit einem einzigen Material alle drei Ebenen perfekt aus-

geführt. Das Dichtband quillt nach der Montage auf und verschließt den Hohlraum. Maximale ursprüngliche Fugenbreite: 10 Millimeter.

**Montagevariante 2:** Dichtfolienstreifen beidseitig am Fenster aufkleben und die Fuge zwischen Rahmen und Mauerwerk nach dem Fixieren des Elements ausschäumen. Danach die Dichtfolienstreifen mit der Laibung und der Außenwand fest verkleben. Achtung: Die Dichtfolienstreifen nicht verwechseln. Die äußere Dichtfolie muss dampfdiffusionsoffen, die innere dampfdiffusionsdicht sein. **Gut zu wissen:** Den Hohlraum zwischen Rahmen und Wand einzig und allein nur auszuschäumen und den Übergang ohne zusätzliche Abdichtung zu verputzen, reicht nicht aus. Ein mess-

... Montageklötzchen stellen und positionieren. Zuvor werden noch die alten Fensterbänke entfernt.

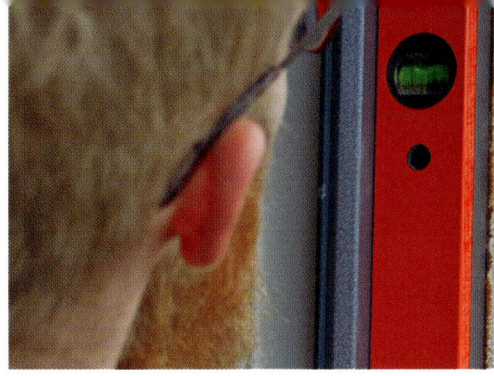

Die Rahmen nun mit der Wasserwaage ausrichten. Wenn später die Fassade gedämmt wird, sollten die Rahmen im Idealfall ...

... genau bündig mit der alten Fassade verlaufen, damit die Fassadendämmung später sauber übers Profil gezogen werden kann.

Sobald die endgültige Position des Rahmens stimmt, diesen seitlich mit Holzkeilen sichern.

barer Luftdurchzug könnte die Folge sein. Denn bei Wind und Sturm kann es an der Fassade zu einer Sogwirkung kommen: Raumluft könnte durch nicht korrekt ausgeführte Fugen quasi herausgesaugt werden. Zugegebenermaßen nur in geringer Menge, dafür aber dauerhaft.

**Montagevariante 3:** Manche Handwerker schwören auf eine Kombination aus Version 1 und 2. Etwa so: Rund um den Rahmen an den beiden Außenkanten dünnes Kompriband aufkleben plus auf der Innenseite einen Dichtfolienstreifen. Getreu dem Motto „Mit Gürtel und Hosenträgern ist man immer auf der sicheren Seite" wird vor allem der luftdichte Anschluss quasi doppelt ausgeführt. Sollte sich

Schon nach wenigen Stunden sind die ersten Fenster gesetzt. Schön, wenn alles reibungslos läuft.

Löcher etwa 15 cm von der inneren Rahmen-ecke entfernt durch den seitlichen Fenster-falz bohren.

Mit speziellen Fensterrahmenschrauben, die keine Dübel benötigen, jetzt den Rahmen fest verankern.

Die Fenster sind fixiert, die Arbeitsschritte für Dämmung und Dichtung beginnen. Das Kompriband ist noch nicht ausgedehnt.

Für den umlaufenden, luftdichten Anschluss wird nun das innenliegende Dichtband seit-lich an der Laibung angeklebt.

Ebenso oben im Sturzbereich (hier an der Abdeckung des ehemaligen Rollladenkas-tens). Selbstklebebänder sparen Zeit.

Die Fensterflügel einbauen. Die Flügel zu-nächst unten in den Haltestift am Rahmen einführen und danach ausrichten.

Jetzt den Stift in die Bandhülse am Rahmen drücken. Lässt sich der Flügel leicht bedienen? Wenn nicht, am Haltestift einstellen.

Mit zwei Saughebern können auch schwere Scheiben von zwei Personen gut transportiert und im Fensterrahmen justiert werden.

Festglaselemente werden grundsätzlich von innen eingebaut. Der nächste Schritt ist dann das Fixieren der Festverglasung im …

… Rahmen mit Glasleisten, die man mit dem Gummihammer vorsichtig in den Schnappverschluss drückt.

irgendwo eine winzige Schwachstelle – zum Beispiel im Eckbereich des Fensters – einschleichen, ist die Konstruktion trotzdem dicht und besteht den anschließenden Luftdichtheitstest.

### Die Fensterrahmenschrauben werden ohne Dübel direkt ins Mauerwerk gesetzt

Für welche der drei Varianten man sich auch entscheidet: Als nächstes wird der erste Fensterrahmen in der Maueröffnung auf kleine Montageklötzchen gesetzt und mit der Wasserwaage flächenbündig mit der alten Putzoberfläche ausgerichtet. Wenn die Position stimmt, den Rahmen mit Keilen sichern. Nun werden etwa 15 Zentimeter von den Innenecken entfernt die ersten Löcher durch den Rahmen ins Mauerwerk gebohrt und gleich danach der Fenster- oder Türrahmen mit speziellen Fensterrahmenschrauben fest verankert.

Bei größeren Fenstern und Fenstertüren mittig im Abstand von maximal 70 Zentimetern weitere Schrauben setzen (Holz- und Alufenster: 80 Zentimeter). Das Besondere an diesen speziellen Schrauben ist, dass sie ohne Dübel gesetzt werden können. Das spart viel Zeit.

### Fensterflügel und Festverglasungen einsetzen, dichte Ebenen herstellen

Der nächste Schritt: Fensterflügel wieder einhängen und mit dem Splint sichern. Festver-

glasungen ebenfalls einsetzen und mit Leisten fixieren.

Bei **Montagevariante 2** (in unserem Beispiel die Haustür – ganz rechts) werden jetzt auf der Innenseite die Dichtfolienstreifen vollflächig mit der Laibung verklebt und danach der Hohlraum (Mittelebene) vollständig mit Montageschaum ausgefüllt. Besonders bequem ist es, den Montageschaum von außen her einzubringen (vom Gerüst aus), da man durch keine Laibung eingeengt wird. Danach auf der anderen Seite den dichten Anschluss herstellen.

### Je länger die Schutzfolien kleben bleiben, umso schwieriger lassen sie sich entfernen

Von außen werden jetzt die Rollladenkästen inklusive Elektromotor gesetzt und vom Elektriker verkabelt. Dann unbedingt die Schutzfolien von den Kunststoff-Oberflächen der Fenster abziehen. Je länger sie kleben bleiben, umso schwieriger lassen sie sich später entfernen.

Glückwunsch: Die neuen Fenster bringen sofort nach dem Einbau eine angenehme Behaglichkeit ins Haus, und es ist der erste große Schritt zum klimaneutralen Wohnen erledigt.

**Und so sieht ein innen rundum abgedichtetes Fenster aus. Auch nach unten zur Brüstung wird der Rahmen luftdicht abgeklebt.**

**Fenstermontage, letzter Schritt: Der Einbau der gedämmten Rollladenkästen, die später in die Außendämmung integriert sind.**

# Fensterbänke setzen

Die Aluminiumfensterbänke werden mit Winkeln an der alten Fassadenoberfläche so festgeschraubt, dass sie ein Gefälle von mindestens 5 Grad haben. Das entspricht etwa einem Zentimeter pro Meter.

Zur Vermeidung lästiger Tropfgeräusche sollte unterseitig die Fläche zu mindestens zwei Dritteln mit Antidröhnstreifen beklebt sein. Weiterhin muss bei der Montage darauf geachtet werden, dass durch die Fensterbank die Entwässerungslöcher der Fenster nicht verschlossen werden. Und dann ist besonders wichtig, dass die Fensterbänke rundum so ab-

Auch die Haustür innen luftdicht ans Mauerwerk anschließen. Der Dichtfolienstreifen verschwindet später im Innnenputz.

Außen in der Wetterschutzebene die Fenster- und Türanschlussfugen diffusionsoffen, regensicher und winddicht ausführen.

Es ist bequem, den Montageschaum von außen her einzubringen (vom Gerüst aus), da man durch keine Laibung eingeengt wird.

gedichtet werden, dass kein Regenwasser in die Fassade eindringen kann (Abdichtung vor dem Einbau auf die Anschraubkante kleben).

Falls im Anschluss beim Anbringen des Wärmedämmverbundsystems Mörtel- oder Putzreste auf die Abdeckfolie der Fenserbänke fallen, müssen diese sofort abgewischt werden, um Schäden an der Alu-Oberfläche zu verhindern. Die Schutzfolie selbst muss spätestens nach drei Monaten restlos entfernt werden.

Fliesen als Innenfensterbank-Ersatz werden auf eine gedämmte Ausbauplatte geklebt, die zuvor im Mörtelbett ausgerichtet wurde.

# Das Dach wird dicht: wetterdicht und luftdicht

**49. Tag. Rauf aufs Dach. Es wird auch höchste Zeit. Denn viele Dächer sind in die Jahre gekommen. Die Dacheindeckung bröckelt, die Regenrinnen sind undicht, die Unterspannbahn zerfällt, sofern sie überhaupt je vorhanden war.**

Selbst wenn das Thema „Energie und Energie sparen" keine Rolle spielen würde, müsste man die Dächer vieler Häuser von Grund auf reparieren. Der erste Schritt nach dem Aufbau des Gerüstes ist bei Steildächern (Satteldach, Walmdach, Zeltdach, Pultdach) das Entfernen der alten Dachhaut. Ob Bieberschwanzziegel, Betondachsteine oder Bitumen-Wellplatten: Der sogenannte Rückbau bereitet üblicherweise keine Probleme. Dachpfannen und Ziegel liegen lose auf der Lattung und können am First beginnend einfach abgenommen werden. Vorsicht bei Asbest-Platten: Diese immer von einem Fachunternehmen entsorgen lassen. Beim Rückbau dürfen keine Fasern in die Umgebung gelangen.

Falls der Dachstuhl marode, von Schädlingen befallen oder insgesamt in einem nicht mehr erhaltenswürdigen Zustand ist, wird das gesamte Gebälk entfernt und ein neuer Dachstuhl aufgebaut.

### Weil die Sparrenhöhe oft nicht ausreicht, wird auch über den Sparren gedämmt

Bei unserer Mustersanierung der Familie Musiol präsentierten sich die Sparren in bester Verfassung und konnten bleiben. Lediglich die Sparrenhöhe von nur 16 Zentimetern – für dieses Hausbaujahr üblich – war für die geplante Dämmstoffdicke nicht ausreichend, sodass eine Kombination aus Zwischensparren-

Kleine Dachkunde: In der Kategorie „Steildächer" gibt es (von links oben) das Satteldach, Walmdach, Zeltdach oder Pultdach.

Die Dachhaut ist in die Jahre gekommen, die Schäden sind deutlich sichtbar. Keine Frage: Das Dach muss erneuert werden.

und Aufsparrendämmung notwendig wurde, um das Ziel „klimaneutrale Gebäudehülle" erreichen zu können. Achtung: Bevor die alte Dacheindeckung abgenommen wird, unbedingt eine Schutzfolie bereitlegen, die man bei einem Regenschauer schnell am Stück übers gesamte Dach zurren kann.

### „1. Dach-Dämm-Dreier-Rhythmus": Dachlatten runter, Dämmung und Folie einpassen

Der nächste Schritt ist das Entfernen der ersten Dachlatten. Hierzu eignet sich am besten ein Brecheisen. Vom First beginnend, zunächst nur in einen Bereich von etwa zwei Metern die Sparren freilegen. So bieten zu jeder Zeit die übrigen Dachlatten eine sichere Standfläche.

Jetzt die ersten Dämmplatten für die Lage zwischen den Sparren zuschneiden und einpassen. In unserem Fall handelt es sich um eine 16 Zentimeter dicke Mineralwolle („Klemmfilz") mit einer Wärmeleitstufe 035, die zwischen den Sparren eingebaut wurde und somit die Sparrenhöhe vollständig ausfüllt.

Nachdem zwischen den Sparren von links nach rechts in den ersten zwei Metern unterhalb des Dachfirstes die Dämmung sorgfältig eingepasst wurde, kommt genau dort schon

die Folie für die luftdichte Ebene. Diese muss später das Dach lückenlos abdichten (verhindert Wärmeverluste durch Konvektion – unkontrolliertes Herausströmen warmer Luft aus dem Innenraum). Man beginnt hier ebenfalls oben am Dachfirst.

Jetzt ist man schon im „1. Dach-Dämm-Dreier-Rhythmus": 1. Immer einen Bereich alte Dachlatten mit dem Brecheisen so entfernen, dass man die Sparrenfelder auf einer Länge

## TECHNISCHE INFOS DACH

**Zwischensparrendämmung:** Mineralwolle-Klemmfilz
**Wärmeleitstufe:** WLS 035
**Hersteller:** Saint-Gobain, Ultimate
**Klimamembran:** Saint-Gobain, Vario KM Supraplex SKS, variabler sd-Wert 0,3 bis 4,0
**Aufsparrendämmung:** Mineralwolle-Sanierungsplatte
**Wärmeleitstufe:** WLS 032
**Hersteller:** Saint-Gobain, Ultimate, Integra AP SupraPlus
**Gesamt-U-Wert Dach:** 0,16 W/(m²K)

Am Dachfirst beginnend wird die Lattung zunächst nur auf einer Länge von rund zwei Metern entfernt, sodass auf dem Dach ...

... noch ein sicheres Arbeiten möglich ist. Die alten Dachflächenfenster werden ausgebaut, danach beginnen die Dämmarbeiten ...

... mit dem passgenauen Zuschnitt der einzelnen Platten mit einem ausreichend großen Schneidewerkzeug. Die Breite der ...

... Dämmplatten: rund einen Zentimeter breiter als der lichte Sparrenabstand. Dann passt es. Die Sparrenfelder jetzt in voller ...

... Höhe dämmen. Dann folgt bereits die luftdichte Ebene. Man beginnt hier ebenfalls oben am Dachfirst.

Nun geht es an die „zweite Bahn": Alte Latten mit dem Brecheisen entfernen und die nächsten Sparrenzwischenräume freilegen.

Von oben nach unten arbeitet es sich am besten, da man unterhalb immer noch Latten zum Stehen hat.

Die nächste Lage der Klimamembran verlegen. Die Stöße überlappen zehn Zentimeter. Liner abziehen, Stöße zusammendrücken.

Giebelmauerwerk grundieren und trocknen lassen. Danach zwei Raupen der zweikomponentigen Klebe-Dichtmasse aufziehen.

Direkt im Anschluss die Dichtfolie mit kräftigem Druck (Finger oder Walze) in die frische Klebemasse einpressen.

von rund zwei Metern dämmen kann, aber einen sicheren Stand auf den verbleibenden Dachlatten hat. **2.** Die Zwischensparrendämmung so einpassen, dass der Sparren in voller Höhe ausgefüllt ist und seitlich keine Fugen bleiben. **3.** Luftdichte Folie verlegen.

**Luftdichte Ebene: Die Arbeiten werden durch die „Klimamembran" stark vereinfacht**

Das bei Familie Musiol verwendete Dämmsystem hat gerade die Arbeiten rund um die luftdichte Ebene vor allem deshalb sehr vereinfacht, weil hierbei die Luftdichtheitsfolie ganz einfach flächig über die Zwischensparrendämmung gezogen wird und nicht schlaufenartig

verlegt werden muss. **Gut zu wissen:** Üblicherweise liegt die luftdichte Ebene „raumseitig". Dahinter beginnt erst die Dämmung. Maximal zehn Prozent der Dämmwirkung, so sagt es eine bauphysikalische Regel, darf raumseitig „vor" der Dämmung liegen, damit sichergestellt ist, dass die luftdichte Ebene immer so warm ist, dass sich dort kein Tauwasser bilden kann. Deshalb muss bei einer Dachdämmung von außen zunächst der gesamte Dachstuhl mühevoll von oben mit luftdichter Folie regelrecht eingepackt werden, bevor mit der Dämmung begonnen wird (Bild rechts). Diese Zehn-Prozent-Regel darf man jedoch dann außer Acht lassen, wenn rechnerisch nachgewiesen wurde, dass die Tauwassergefahr bei dem verwendeten System ausgeschlossen werden kann. Der spezielle Hochleistungs-Mineralwolle-Dämmstoff (leichter als Steinwolle) plus die luftdichte Folie („Klimamembran"), die bei Musiols eingesetzt wurden, bekamen durch die Berechnung grünes Licht: Keine Tauwassergefahr, da sich die Klimamembran intelligent an die wechselnden Bedingungen anpasst. Im Winter hält sie Feuchte aus der Konstruktion. Im Sommer öffnet sie ihre Poren zum Wohnraum. Diese technische Besonderheit hat rund ums Thema „Dachdämmung" zu erheblicher Zeiteinsparung geführt.

### „2. Dreier-Rhythmus": Folienstöße verkleben, Giebel grundieren, Folie anschließen

Doch nicht nur das: Auch die werksseitig aufkaschierten Klebebänder erleichterten die Stoßverklebungen („2. Dach-Dämm-Dreier-Rhythmus): **1.** Trennfolien abziehen, Folienstöße aufeinander drücken und die Verklebung ist fertig. **2.** Dann die oberen Giebelwandflächen säubern, grundieren und zwei Schlangen des Spezial-Dichtklebers aufziehen. **3.** Jetzt die Klimamembran fertigstellen.

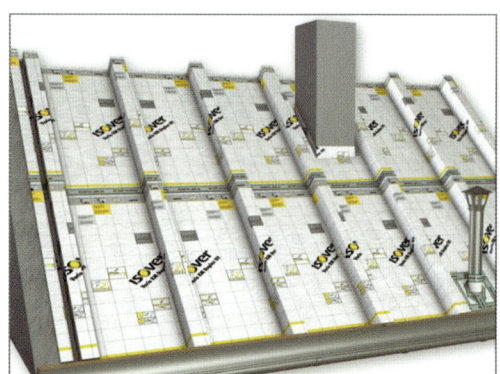

**Mühsam: Wenn die luftdichte Ebene taupunktmäßig nicht berechnet wurde, wird die luftdichte Folie schlaufenartig verlegt.**

**Vorgebohrte Schwellenhölzer über den Sparren als untere Begrenzung der nun folgenden Aufsparrendämmung anschrauben …**

**… und die erste Dämmplatte direkt daran anlegen. Die Elemente bestehen aus hochverdichteter und formstabiler Mineralwolle.**

Nach dem Verlegen der luftdichten Ebene präsentierte sich das alte Dach bereits vollständig in einem neuen Look.

Der Weiterbau erfolgte danach bestens strukturiert im System, sodass wir – nachdem als traufseitige Stabilisierung ein Kantholz montiert war – einen dritten Dreier-Rhythmus erkennen konnten: **1.** Die erste Platte der wärmebrückenfreien Aufsparrendämmung wird platziert. Der Verarbeiter spürt sofort, dass es sich hierbei um ein formstabiles, robustes, aber dennoch vergleichsweise leichtes Dämm-Modul handelt. Perfekt: Es wurden keine lastübertragenden Holzbalken benötigt und die Unterdeckbahn (früher: „Unterspannbahn") wurde in einem Arbeitsgang gleich mit ver-

Die Dämmplatten der nächsten Reihe deutlich seitenversetzt verlegen, um Kreuzfugen zu vermeiden.

Mit Doppelgewindeschrauben – mit 60 Grad eingedreht – befestigt man die Konterlattung durch die Dämmung bis in die Sparren.

legt. Das sparte erneut viel Zeit. Die sogenannte Fugenverfilzung an den Stößen der Dämm-Elemente verhindert zudem dauerhaft Wärme- und Schallbrücken. 2. Sobald die ersten Aufsparren-Dämmplatten verlegt waren, wurden die Stöße der Unterdeckbahnen miteinander verklebt. Das erfolgte nach demselben Prinzip, das wir schon bei der luftdichten Ebene kennengelernt hatten: Deckstreifen abziehen, selbstklebende Stöße überlappend andrücken. Das Dach wurde nun Platte für Platte winddicht und wetterfest. Sollte später einmal ein starker Wind Schnee oder Regen unter die Dachhaut drücken, kann der Dämmung nichts passieren. 3. Als nächstes klebten die Handwerker das Nageldichtband auf passend zuge-

schnittene Kanthölzer (Konterlattung), die dann durch die Dämmplatten hindurch im darunterliegenden Sparren festgeschraubt wurden. Wichtig ist, dass die Spezialschrauben im Winkel von 30 Grad eingedreht werden, um die statische Tragfähigkeit der Konstruktion und das Abtragen aller Lasten – auch der Windsoglasten – zu garantieren.

**Übergang der Dach- zur Fassadendämmung: Eine terminliche Abstimmung ist notwendig**

Nun ging es an die Montage der Lattung. Zunächst musste die Dachfläche genau vermessen werden, damit von der Regenrinne bis zum First die Lattung sauber „aufgeht": Die

# Der erste Luftdichtheitstest

Die Fenster sind montiert, die luftdichte Ebene ist hergestellt. Jetzt ist der richtige Zeitpunkt gekommen, um den ersten Luftdichtheitstest durchzuführen. Es wird geprüft, ob wirklich an jeder Schnittstelle das unkontrollierte Herausströmen von Raumluft verhindert wird.

Hierzu wird in einer Tür- oder Fensteröffnung ein Ventilator eingebaut. In einer ersten Messung wird Luft ins Gebäude gedrückt, bei einer zweiten Messung wird Luft aus dem Gebäude herausgesaugt. Jetzt können noch sehr leicht letzte Fugen in der luftdichten Ebene durch Verkleben beseitigt werden.

Auf den Konterlatten werden die ziegeltragenden Dachlatten (Querschnitt 40 mal 60 Millimeter) mit Schrauben sicher fixiert.

Vor dem Verlegen der Lattung die Dachfläche genau vermessen, damit von der Regenrinne bis zum First die Lattung „aufgeht".

Dachpfannen, die später eingehängt werden, müssen ohne weiteren Zuschnitt das Dach vollständig bedecken und sich gegenseitig ausreichend (regensicher) überlappen.

Feinarbeit: Am Ortgang die Dachlatten mit der Kreissäge so zuschneiden, dass der seitliche Dachüberstand ebenfalls ohne Zuschnitt der Pfannen ausgeführt werden kann. Darunter wurden zuvor – auch als Markierung der Schnittlinie – die „untersichtigen Schalungsbretter" montiert.

Achtung, kniffeliges Detail: Der Anschluss ans Wärmedämmverbundsystem der Fassade muss wärmebückenfrei hergestellt werden. Hierfür ist nicht nur eine technische, sondern auch eine terminliche Abstimmung notwendig.

Am Ortgang die Dachlatten so zuschneiden, dass der seitliche Dachüberstand ebenfalls ohne Zuschnitt der Pfannen passt.

Noch ein Gedanke zum Dachüberstand: Wenn ein Wärmedämmverbundsystem an die Fassade kommt, reicht manchmal der ursprüngliche Dachüberstand nicht aus, er muss vergrößert werden. Dazu die Lattung über eine halbe oder eine komplette Pfannenbreite verlängern.

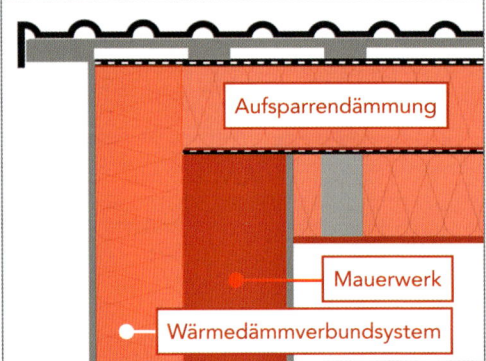

Aufsparrendämmung

Mauerwerk

Wärmedämmverbundsystem

Der Anschluss ans Wärmedämmverbundsystem der Fassade muss wärmebrückenfrei hergestellt werden.

Die Regenrinne Stück für Stück mit einem Gefälle von drei Millimetern pro Meter in den Rinneisen fixieren.

Optimal, wenn hierzu die Handwerker bereits von sich aus untereinander im Dialog stehen.

**Das Fallrohr kann erst nach Abschluss der Außenputzarbeiten angeschraubt werden**

Der Rest des Dachaufbaus war dann bei Musiols reine Routine. Bei der Montage der Dachflächenfenster wurde der Anschluss an die luftdichte Ebene (von unten) und an die winddichte Ebene (von oben) sorgfältig ausgeführt. Moderne Dachflächenfenster sind hierfür bereits vorgefertigt und können mit vormontierten Dichtbändern dauerhaft ans Dach angeschlossen werden. Ebenso müssen auch die Anschlüsse an den Schornstein luft- und winddicht hergestellt werden, sofern der Schornstein erhalten bleiben soll.

Im Anschluss waren Regenrinnen und Fallrohre an der Reihe. Hierfür die Rinneisen (Rinnenhalter) unter Berücksichtigung des Gefälles von etwa drei Millimeter pro Meter an einer Doppelrichtschnur ausrichten, Ablaufstutzen befestigen und dann die Rinne Stück für Stück in den Rinneisen fixieren. Das Fallrohr kann erst nach Abschluss der Außenputzarbeiten angeschraubt werden. Den Zeitraum bis dahin mit einem provisorisch zusammengesteckten Fallrohr (gibt es auch als Kunststoffschlauch) entwässern.

Jetzt konnte endlich die neue Eindeckung – von der Traufe aus beginnend – erfolgen. Zu beachten ist dabei, dass die Dachpfannen häufig mit Sturmklammern und eventuell zusätz-

Einbau Dachflächenfenster: Fensteröffnung auf der Unterdeckbahn exakt markieren und danach die Dämmung herausschneiden.

Bevor der Blendrahmen eingebaut wird, den Fensterflügel aushängen. Einbautiefe festlegen, damit das Fenster später richtig sitzt.

Dann den Flügel wieder einhängen und einen Funktionstest durchführen. Eventuell nachjustieren. Mit Dichtbändern wird das ...

... Dachflächenfenster dann wind- und wetterdicht an der Unterdeckbahn mit zugelassenem Spezialklebeband verklebt.

lich mit einer Verschraubung der Ortgangpfannen gegen Windsog gesichert werden.

## Dacheindeckung: Klammern oder nicht klammern?

**Gut zu wissen:** Ein Statiker rechnet im Vorfeld der Dachdeckerarbeiten genau aus, ob bereits das Eigengewicht der Dachpfannen ausreicht, um Windsogspitzen entgegenzuwirken, oder ob eine Sicherung der Eindeckung mit zusätzlichen Sturmklammern notwendig ist. Dort reicht die Bandbreite von „keine Klammer notwendig" über „jede dritte oder jede zweite Pfanne muss gesichert werden" bis „jede Pfanne sicher befestigen".

Damit das Dach durch Windsogspitzen nicht abgedeckt werden kann, bekommen die Ortgangpfannen eine Verschraubung.

Wenn bei einem Reihenhaus ein einzelnes Dach erneuert wird, muss der Übergang zum Nachbardach so sorgfältig ausgeführt werden, dass in diesem Bereich keine Schäden durch Schnee, Regen- oder Tauwasser entstehen. Das ist nicht ganz einfach, da dort unterschiedliche Konstruktionen aus unterschiedlichen Bau-Epochen verbunden werden. Und dann natürlich immer unter der Maßgabe, dass der Nachbar sein Dach auch irgendwann einmal energieeffizient modernisieren möchte.

### Die Nachbarn von Musiols erkannten den Sinn einer gemeinsamen Modernisierung

Wenn das Nachbardach bereits saniert wurde, ist der Anschluss vergleichsweise unkompliziert und kann im Vorfeld des Umbaus passend geplant werden.

Bei unserem Musterhaus war die Situation ebenfalls recht einfach: Da die Nachbarn im Zuge der Planung angesprochen wurden und sofort den tieferen Sinn einer gemeinsamen Sanierung erkannten, nutzten sie diese günstige Gelegenheit. So konnten beide Dächer in einem Rutsch am Stück erneuert werden. Dort hat man nun für die nächsten Jahrzehnte klare Verhältnisse geschaffen.

**Ausblick:** Für ein klimaneutrales Betreiben der neuen Wärmepumpe haben sich die Musiols im ersten Schritt für Ökostrom entschieden, den sie vollständig vom Stromanbieter beziehen. Machbar ist, dass dort auf dem Dach eines Tages nachträglich Photovoltaik-Module montiert werden und einen Großteil des eigenen Stroms selbst zu erzeugen.

### Die Dachdämmung von innen als reine Zwischensparrendämmung

Die bisher gezeigte Variante der Dachdämmung als Kombination aus Zwischensparren- und Aufsparrendämmung inklusive einer neuen Dacheindeckung ist nichts für Selbermacher. Dagegen ist die Dachdämmung von innen, die lediglich von innen zwischen den Sparren eingebaut wird, ein regelrechter Do-it-yourself-Evergreen. Da ist man selbst der Boss im Dachgeschoss. Doch Vorsicht: Fürs klimaneutrale Wohnen muss man einiges beachten.

Da ist zunächst die Dämmstoffdicke. Da die alten Sparren in ihrer Höhe nur selten ausreichen, müssen die Sparren vergrößert werden („aufdoppeln"). Das Ziel ist ein Sparrenzwischenraum, in dem man eine 24 Zentimeter dicke Dämmschicht unterbringt (Wärmeleitstufe

Wenn bei einem Reihenhaus nur ein Dach erneuert wird, muss der Übergang zum benachbarten Dach so sorgfältig ausgeführt ...

... werden, dass in diesem Bereich keine Schäden durch Schnee, Regen- oder Tauwasser entstehen können. In unserem Fall war ...

... es einfacher, da die Nachbarn ihr Dach gleich im Anschluss auch modernisiert haben. Durch die zusätzliche Aufsparrendämmung ist der neue Dachaufbau insgesamt etwa zehn Zentimeter höher als vorher.

Für ein klimaneutrales Betreiben der Wärmepumpe haben sich die Musiols im ersten Schritt für Ökostrom entschieden, den sie vollständig vom Stromanbieter beziehen. Eine Nachrüstung mit Photovoltaik-Modulen ist jederzeit möglich, um grünen Strom selbst zu erzeugen (Fotomontage).

032 oder besser). Dieses Aufdoppeln kann einfach mit dem Anschrauben eines Kantholzes in Sparrendicke erfolgen. Möglich ist aber auch, seitlich an den Sparren 24 Zentimeter breite Bretter zu schrauben, was dem vorhandenen Sparren und somit dem gesamten Dachstuhl eine deutlich höhere Stabilität gibt.

### „Warmdach" statt „Kaltdach" und: Glaswolle piekst nicht mehr

Falls im Zuge der Modernisierung eine oder mehrere Gauben errichtet werden sollen, ist das eine Aufgabe für den Profi. Dachflächenfenster kann man dagegen selbst montieren (den Fenstern liegen ausführliche Montageanleitungen bei).

Dann geht es an das vollständige Ausfüllen der Sparrenfelder mit Dämmung („Warmdach"). Früher hatte man oberhalb der Dämmung noch einen Bereich zur Hinterlüftung freigelassen („Kaltdach"). Doch keine Sorge: auch bei Kaltdächern ist es raumseitig warm – das Dach wird dort lediglich „kalt hinterlüftet". Da man heute jedoch die komplette Sparrenhöhe benötigt, werden kaum noch Kaltdächer

gebaut. Die Hinterlüftung bei Warmdächern wird durch intelligente Folien (Klimamembran) sichergestellt, die wir schon kennengelernt haben.

Nächste Frage: Welcher Dämmstoff ist fürs Dach am besten geeignet? Die einen stehen auf Öko-Dämmstoffe wie etwa Zelluloseflocken, die man in den zuvor abgedichteten Dämmraum zwischen den Sparren einbläst, oder auf Schafwolle, Hanf oder Holzfaserplatten. Der weitaus größere Teil der Modernisierer (über 90 Prozent) entscheidet sich für Glas- oder Steinwolle, weil das Material deutlich preiswerter ist. Lediglich Zelluloseflocken können ab einer Dämmstoffdicke von 24 Zentimetern preislich mit Mineralfaserdämmstoffen mithalten. Dieser Vorsprung ist noch mehr gefestigt, seit es auch Glaswolle mit Öko-Eigenschaften gibt (zum Beispiel werden Bindemittel aus erneuerbaren Rohstoffen verwendet). Das Beste ist aber: Bei Öko-Glaswolle gehört das lästige Pieksen der Vergangenheit an. Ich möchte mir an dieser Stelle folgenden Kalauer einfach nicht verkneifen: „Glaswolle piekst nicht mehr und die Energiekosten jucken uns nicht mehr." Weiter geht's.

Da alte Sparren in ihrer Höhe oft nicht ausreichen, müssen sie vergrößert werden, um 24 Zentimeter Dämmung unterzubringen.

Für das Erreichen der notwendigen Dämmstoffdicke kann auch unter der Dampfbremse eine Zusatzdämmung platziert werden.

Alternativ zur Dachschrägen kann man auch die oberste Geschossdecke dämmen (Mindestdicke ebenfalls 24 Zentimeter). Wird der Dachboden beispielsweise als Lagerraum genutzt, die Dämmung mit druckstabilem Material plus Bodenbelag ausführen. Besonders einfach geht die oberste Geschossdeckendämmung, wenn der Dachraum nicht genutzt wird. Dann kann die Dämmung einfach eingeblasen werden (geht rasend schnell).

Bei Betondecken muss man keine luftdichte Folie unter die Dämmung legen (Beton ist luftdicht), bei Holzdecken aber unbedingt. In jedem Fall vermeiden, dass es zu einem Luftaustausch zwischen den warmen Wohnräumen und dem kühlen Dachboden kommt (auch die Dachbodenluke abdichten). Sollte warme Luft vom Wohnraum in den darüber liegenden, kalten Dachraum strömen, könnten Tauwasserausfall und Schimmel die Folge sein.

**Alternativ zur Dachschrägen kann man auch die oberste Geschossdecke dämmen (Mindestdicke ebenfalls 24 Zentimeter).**

## DIY DO IT YOURSELF

## DACHDÄMMUNG VON INNEN

**Werkzeuge:** Zollstock, Bleistift, Wasserwaage, Richtlatte, Akkuschrauber, Hammer, Dämmstoffmesser, Cuttermesser, Tacker.
**Materialbedarf:** Dämmplatten oder Matten, Dampfbremsfolie, Spezialklebeband, Dachlatten, Kanthölzer, Schrauben.
**Zeitaufwand:**
Zwischensparrendämmung: 0,3 Std/m²
Luftdichte Ebene: 0,2 Std/m²
Oberste Geschossdecke: 0,2 Std/m²

# Dämmung der Fassade: Außenputz mit Klimaschutz

**53. Tag: Jetzt beginnen die Arbeiten rund um die Fassadendämmung, die in der Fachsprache Wärmedämmverbundsystem heißt. Dieses System besteht aus einzelnen aufeinander abgestimmten, bauaufsichtlich zugelassenen Komponenten.**

Zwei wichtige Informationen gleich vorweg: Ein Mix einzelner Komponenten – Dämmplatten, Gewebe, Dübel, Klebemörtel, Endbeschichtung – unterschiedlicher Hersteller ist nicht zulässig. Und: Das Wärmedämmverbundsystem (früher auch „Vollwärmeschutz") muss von einem Fachunternehmen verarbeitet werden. Selbermacher sollten hier nicht aktiv werden. Sicherlich ist es für versierte Heimwerker einfach, eine Dämmplatte anzukleben und lotrecht auszurichten. Darüberhinaus gibt es jedoch – wie wir gleich sehen werden – eine Reihe von Ausführungsdetails zu beachten, für die man eine entsprechende Ausbildung benötigt. Es beginnt schon mit der Vorbereitung des Untergrundes: Alle losen Teile sowie alte

Schrauben, Haken und Dübel entfernen, die Fassade sorgfältig säubern. Bei unserer Musterbaustelle der Familie Musiol wurde im Vorfeld der Arbeiten die Fassadenverkleidung entfernt.

**Erster Knackpunkt: Der Sockel, der oftmals erst am Schluss an der Reihe ist**

Schon gibt es den ersten Knackpunkt zu lösen: Der Sockel. **Variante 1:** Bevor das Gerüst aufgebaut wird (also vor Tag 44), das Erdreich rund ums Haus mindestens 30 Zentimeter tief ausheben. Besser noch, den Keller bis runter an die Fundamente freilegen, die Kellerwände säubern und eine neue Abdichtung gegen

Untergrundvorbereitung: Alle losen Teile an der alten Fassadenoberfläche entfernen, Haken und Schrauben mit der Trennscheibe …

… abschneiden. Danach mit kräftigem Wasserstrahl aus dem Hochdruckreiniger die gesamte Fläche reinigen.

**So bitte nicht:** Die Dämmplatten stehen auf einem Metallprofil (Wärmebrücke 1) und der Sockel ist ungedämmt (Wärmebrücke 2).

**Richtig:** Sockeldämmung ins Erdreich führen, abschrägen und abdichten. Darauf die weitere Dämmung wärmebrückenfrei aufbauen.

Feuchtigkeit auftragen. Gerade bei älteren Häusern ist es sinnvoll, jetzt im Zuge der Sanierung diesen Schritt zu erledigen. Wann macht man das sonst? Eine richtig angebrachte Keller-Abdichtung ist ein wirkungsvoller Bautenschutz für die nächsten 50 Jahre. Achtung: Bei den Erdarbeiten unbedingt die Unfallverhütungsvorschriften beachten.

**Variante 2:** Die Sockeldämmung wird nachträglich montiert, wenn das Wärmedämmverbundsystem fertiggestellt ist und das Gerüst schon abgebaut wurde.

## Sockelprofile aus Metall sind kontraproduktiv: Man baut eine neue Wärmebrücke ein

Wer sich für Variante 2 entscheidet, braucht als erstes ein Sockelprofil, auf dem die Dämmplatten aufgebaut werden. Häufig werden hierfür noch Profile aus Metall verwendet. Das ist natürlich kontraproduktiv, weil man sich damit eine neue Wärmebrücke zwar nicht ins, aber ans Haus holt.

Lösung: Als Montagehilfe kleine Kunststoffwinkel nehmen. Besser ist in jedem Fall Variante 1: Erdreich ausheben, Kellerwand säubern, abdichten und erste Dämmplatte („Perimeterdämmung" – gemeint sind wasserdichte Platten) entlang einer Markierung anbringen. Die unterste Dämmplatte abschrägen. Somit werden beim Verfüllen Hohlräume im Erdreich vermieden, und man hat es später leichter, die Deckschicht (Armierung, Abdichtung) aufzutragen. Perfekt: Fertigstellung vor Tag 44.

Sobald die Dämmplatten des Sockels montiert sind, kommt bei Wärmedämmverbundsystemen auf Polystyrolbasis (EPS) der erste Brandriegel aus nicht brennbarer Steinwolle.

HINTERGRUND

MODERNISIERUNGSOFFENSIVE
BERLIN-BRANDENBURG

**Hannes Brockdorff**
Zertifizierter Modernisierungsberater und Bauingenieur, Berlin

## CHEMIEFREIER OBERFLÄCHENSCHUTZ

Eine Fassadendämmung ist an der Oberfläche kalt. Das soll so sein, denn die Wärme soll ja im Haus bleiben. Die kalte Oberfläche führt jedoch dazu, dass sich an der Fassade Feuchtigkeit bildet (Tauwasser), die im ungünstigsten Fall zu Algenwachstum führt. Algen sind zwar nicht schädlich – aber sie sehen einfach nicht schön aus.

Die Lösung sind Farben und Putze, die ohne Chemie Algenwachstum verhindern. So entzieht dauerhafte Alkalität Algen und Pilzen den Nährboden. Der zweite Trick ist ein „kontrolliertes Feuchtemanagement": Regentropfen perlen von der Fassade ab, kleine Tauwassermengen nimmt der Putz auf und gibt diese kontrolliert wieder ab. So fehlt Algen und Pilzen neben dem Nährboden auch noch das Wasser fürs Wachstum.

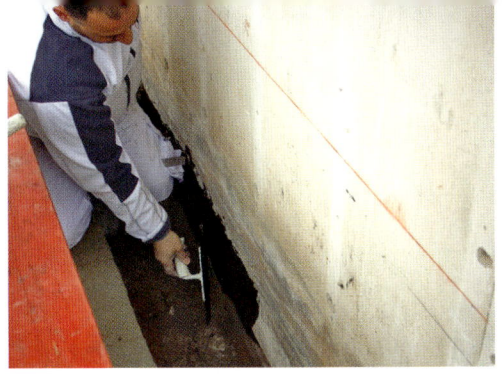

Bauprofi Rino Gagliano bevorzugt Variante 1: Erst der Sockel, dann die Fassade. Den Sockelbereich mindestens 30 Zentimeter …

… tief aufgraben, abdichten und dann entlang einer Markierung die Sockelplatten setzen. Den Klebemörtel vollflächig aufziehen.

Beim Polystyrol-Wärmedämmverbundsystem kommt jetzt der erste Brandriegel. Sowohl auf der Mineralwolle-Dämmplatte als auch …

… auf der Fassade den Klebemörtel mit der Zahnkelle aufziehen: „Buttering-Float-Klebeverfahren".

Perfekt. Alles passt. Optimal, dass keine Profile, die oftmals aus wärmeleitendem Metall sind, als Montagehilfe benötigt wurden.

Beim Ein- oder Zweifamilienhaus Brandriegel im Sockelbereich, auf Höhe der Erdgeschossdecke und an der Traufe anordnen.

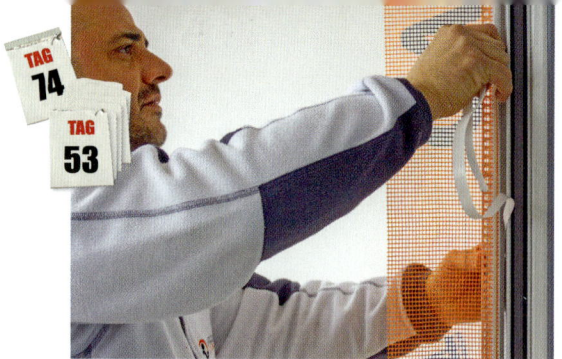

Jetzt geht es in die Fläche. Zunächst an allen Fenster- und Türöffnungen Anputzleisten mit Gewebeanschluss-Streifen befestigen.

Danach Klebemörtel anrühren und diesen auf der Rückseite der Dämmplatten im „Wulst-Punkt-Verfahren" auftragen. Ein ...

... Klebewulst entlang dem Dämmplatten-Rand, ein, zwei oder drei Mörtelpunkte kommen zentral in die Mitte.

Nun werden die Dämmplatten in die endgültige Position gebracht, festgedrückt und mit einer langen Richtlatte lotrecht ausgerichtet.

Bauen und kauen: Auf einer gut getakteten Baustelle gehören die Pausen fest ins Programm. Der Grill auch.

Diese Brandriegel-Dämmplatten (20 Zentimeter hoch) werden im Buttering-Float-Verfahren aufgetragen: Das bedeutet, dass sowohl auf dem Untergrund als auch auf der Dämmplatte selbst der Klebemörtel mit der Zahnkelle vollflächig aufgezogen wird. Die Anordnung der Brandriegel ist genau festgelegt.

Für die ersten Arbeitsschritte rund um den Sockel inklusive erster Brandriegel werden im Bauzeitenplan drei bis sieben Tage kalkuliert.

Nun sind alle Vorarbeiten erledigt. Etwa ab dem vierten WDVS-Tag geht es in schnellen Schritten in die Fläche. Zunächst werden an allen Fenster- und Türöffnungen Anputzleisten befestigt. Diese Leisten mit fertig vormontiertem Gewebe garantieren später einen schlag-

Pass-Stücke werden vom Chef persönlich mit dem Heißschneidedraht millimetergenau zugeschnitten.

In den Ecken von Fenstern und Türöffnungen keine Stöße anordnen, sondern mit Auskerbungen arbeiten („Pistolenschnitt").

Gut gestärkt geht's weiter: Klebemörtel aufziehen, Platte weiterreichen und in die richtige Position bringen.

regendichten Übergang von der Fassadendämmung zu den Fenster- und Türrahmen.

### Der Klebemörtel wird im „Wulst-Punkt-Verfahren" aufgetragen

Nun wird die alte Fassade Platte für Platte in Richtung klimaneutrales Wohnen aufgewertet. Insgesamt 16 Einzelschritte sind es – inklusive der Anputzleisten (1). Jetzt den Klebemörtel mit dem Bohrmaschinenquirl anrühren (2) und auf der Rückseite der Dämmplatten im „Wulst-Punkt-Verfahren" auftragen (3): Ein Klebewulst entlang dem Dämmplatten-Rand auftragen. Ein, zwei oder drei Mörtelpunkte kommen zentral in die Mitte.

Nun werden die Dämmplatten in die endgültige Position gebracht (4), mit Gefühl festgedrückt und mit der Wasserwaage oder einer langen Richtlatte lotrecht ausgerichtet (5). Die Platte muss letztlich auf mindestens 40 Prozent der Fläche mit dem Untergrund verbunden sein. Pass-Stücke mit dem Heißschneidedraht millimetergenau zuschneiden und einfügen (6). Zu beachten ist, dass die Platten passgenau Stoß an Stoß gesetzt werden und kein Kleber in die Fugen dringt. Unbedingt einen Fugenversatz (Überbindemaß) von mindestens 10 Zentimetern einhalten (keine Kreuzfugen).

In den Ecken von Fenstern und Türöffnungen keine Stöße anordnen, sondern mit Auskerbungen arbeiten („Pistolenschnitt"). An den

Hausecken die Platten verzahnen. Genauso sorgfältig wie die Arbeiten rund um den Sockel ausgeführt wurden, muss auch der Anschluss an die Dachdämmung hergestellt werden. Zwar stoßen dort Dämmplatten an Dämmplatten, doch bautechnisch begegnen sich zwei unterschiedliche Systeme, die dauerhaft miteinander verbunden werden müssen, damit dort keine Wärmebrücken entstehen.

Sobald alle Dämmplatten angeklebt sind, werden alle noch vorhandenen Mini-Fugen mit Füllschaum verschlossen.

**Alle noch vorhandenen Fugen zwischen den Platten werden mit Füllschaum geschlossen**

Sobald die gesamte Fassade inklusive der Brandriegel gedämmt ist, werden alle noch vorhandenen Fugen – und sind sie auch noch so schmal und winzig – mit Füllschaum verschlossen (7). Am nächsten Tag kann die Fläche bereits geschliffen werden (8).

Wenn das fertige Wärmedämmverbundsystem letztlich mehr als 10 Kilo pro Quadratmeter wiegt, werden jetzt noch Dübel gesetzt (9). Systeme aus Steinwolle müssen übrigens immer verdübelt werden. **Gut zu wissen:** Bei Altbauten ist eine Verdübelung empfehlenswert (siehe auch Kasten unten).

Weiterhin auf der Dämmplattenoberfläche zur Rissvermeidung in den Eckbereichen Diagonalgewebearmierungsstreifen einbetten.

# Kleine Dübelkunde

Der Verband für Dämmsysteme, Putz und Mörtel e.V. (VDPM) hat ein Verfahren zur Ermittlung der benötigten Dübel pro Quadratmeter entwickelt. So müssen beispielsweise je nach Windzone im Binnenland bei Ein- und Zweifamilienhäusern zwischen vier und zwölf Dübel pro Quadratmeter Fläche gesetzt werden.

Profis kennen die sogenannten Dübelbilder der Hersteller. Das sind Fassadenansichten, auf denen alle Dübelpositionen eingezeichnet sind. Die Dübel müssen als Teil der zugelassenen Systemkomponenten auch für den jeweiligen Einsatzbereich zugelassen sein.

Am nächsten Tag kann die Fläche geschliffen werden – ein planebener Untergrund für den nachfolgenden Armierungsmörtel entsteht.

Vorbereitung Armierungsschicht, Teil 2: An den Fensterlaibungen und an den Stürzen Eckwinkel mit Anschlussgewebe setzen.

Im nächsten Schritt den Armierungsmörtel mit der Zahntraufel aufziehen und darin das Armierungsgewebe faltenfrei einbetten.

Den Anschluss zum oberen Balkondachüberstand mit dem Übergang zur Dachdämmung besonders sorgfältig ausführen.

Nach dem vollständigen Aushärten der Armierungsschicht wird ein Grundierungsanstrich aufgetragen.

Die letzten Arbeitsschritte beim Wärmedämmverbundsystem sind dann das Auftragen des Oberputzes und ein Farbanstrich.

Da Dämmplatten nicht längere Zeit der Sonneneinstrahlung ausgesetzt sein sollen, geht es gleich mit der Armierungsschicht weiter. Vorbereitend an den Fensterlaibungen und an den Stürzen Eckwinkel mit Anschlussgewebe setzen **(10)**, das mit dem Gewebe der Fenster-Anputzleisten überlappt (Überlappungsmaß: 10 Zentimeter). Weiterhin werden auf der Dämmplattenfläche zur Rissvermeidung in allen Eckbereichen Diagonalgewebearmierungsstreifen in eine dünne Mörtelschicht eingebettet **(11)**.

Im nächsten Schritt den Armierungsmörtel mit der Zahntraufel (10- oder 12-Milllimeter Zahnung) aufziehen **(12)** und darin das Armierungsgewebe faltenfrei einbetten **(13)**. Letzt-

lich muss diese Armierungsschicht so dick aufgezogen werden, dass das Gittergewebe darin vollständig verschwindet (Dünnschichtsysteme: 3 bis 5 Millimeter, Mittelschichtsysteme 6 bis 10 Millimeter). Die Fläche mit der Richtlatte glätten, solange das Material noch nicht abbindet.

**In einer Fassadendämmung kann man alles befestigen, was befestigt werden muss**

Nach dem vollständigen Aushärten der Armierungsschicht (dauert in aller Regel einen Tag pro Millimeter Schichtdicke – je nach Witterung kann die Standzeit auch länger sein ) wird ein Grundierungsanstrich aufgetragen **(14)**.

Wärmebrückenfreie Befestigung von Außenleuchten: Vor dem Ankleben der Wärmedämmung Gerätehalter anschrauben.

Wärmebrückenfreie Befestigungen durchs Wärmedämmverbundsystem hindurch: Da halten sogar schwere Markisen.

Für ein ordentliches Ergebnis den Farbton der Grundierung im selben Farbton des anschließenden Oberputzes wählen.

Die letzten Schritte sind dann das Auftragen des Oberputzes **(15)** und ein abschließender Farbanstrich **(16)**. Dabei muss der Oberputz in einem Rutsch aufgezogen werden. Dort arbeiten meist drei bis vier Handwerker im Team und geben der Fassadenoberfläche ein gleichmäßiges Erscheinungsbild.

**Gut zu wissen:** In einer Fassadendämmung kann alles befestigt werden, was befestigt werden muss. Für Außenleuchten gibt es wärmebrückenfreie Gerätehalter. Doch auch schwere Markisen können mit Spezialdübeln wärmebrückenfrei verankert werden. Für kleinere Lasten wie etwa Briefkästen oder Fallrohrschellen nimmt man entweder Einsätze aus hochverdichtetem Kunststoff oder Dämmdübel, die erstaunlich viel Gewicht tragen können.

**Für kleine Lasten wie etwa Briefkästen oder Fallrohrschellen nimmt man Dämmdübel, die erstaunlich viel Gewicht tragen können.**

## TECHNISCHE INFOS FASSADENDÄMMUNG

**Fassadendämmung:** Polystyrol-Hartschaum
**Wärmeleitstufe:** WLS 032
**Plattendicke:** 16 Zentimeter
**Armierungsgewebe:** Caparol Capatect
**Dübel:** wärmebrückenfrei
**Armierungsmörtel:** Mineralischer Klebe- und Armierungsmörtel
**Oberputz:** 8 Millimeter mit Anstrich
**Gesamt-U-Wert Fassade:** 0,17 W/(m²K)
**System-Anbieter:** Caparol

# Gestaltung mit Wärmedämmung

**Wo steht eigentlich geschrieben, dass eine Fassadendämmung immer flächig an die Fassade geklebt wird und mit einem normalen Strukturputz beschichtet sein muss? Mit einfachen Dämmplatten wird jede Form von Architektur verwirklicht.**

Aus einem 1960er-Jahre Siedlungshaus kann eine moderne Villa, aus einem langweiligen Wohnblock ein bezaubernder Altbau werden, der an Charme nicht mehr zu toppen ist. Viele Dämmstoffhersteller bieten bereits einen kostenlosen Design-Service an (auch online).

Machen Sie den Praxistest und schauen Sie sich die Wohngebiete in Ihrer Umgebung an. Vom alten Ortskern bis zum modernen Neubaugebiet: Meist ist es ein Mix aus guter Zweckmäßigkeit und gelungener Architektur. Wer genau hinschaut, wird erkennen, dass sich in den vergangenen Jahren in puncto Modernisierungsarchitektur sehr viel getan hat. Die verzierten, perfekt restaurierten Gründerzeitvillen und Hinterhof-Remisen oder die einfa-

chen Fünfziger-Jahre-Siedlungshäuser, die mit schlichten Anbauten im Bauhausstil meisterhaft kombiniert wurden. Dieser Trend macht Freude.

**Stilsichere Fassade mit quergestreifter Bossenstruktur im Erdgeschoss**

Auffällig ist, dass heute immer häufiger wieder jene besonders stilsicheren Fassaden anzutreffen sind, bei denen im Erdgeschoss eine quergestreifte Bossenstruktur angeordnet wurde. Im Obergeschoss sorgt eine – bis auf kleine Fensterverzierungen und Gesimse – eher ruhige Fassadenfläche für Ausgewogenheit. Zum Lebensgefühl der heutigen Zeit gehört, dass

Mit Zierprofilen, die aus wetterfest beschichtetem Polystyrol bestehen, können Fassaden optisch aufgewertet werden.

Ein Dachüberstand, etwa von einer Gründerzeitvilla inspiriert, ist einfacher und preiswerter als eine Standard-Holzverschalung.

nahezu alles erlaubt ist, dass wir quasi aus dem Vollen schöpfen können und dass sich in allen Bereichen des täglichen Lebens eine unerschöpfliche Kreativität entfaltet hat.

### Das Haus in Schale werfen: Aus einem Langweilerhaus wird eine „Gründerzeitvilla"

Wenn ein wichtiges Ereignis ansteht, dann wirft man sich gern „in Schale". Und das ist unser Stichwort: Die Schale. Ins Bau- und Immobiliendeutsch übersetzt spricht man von Wärmedämmverbundsystem. Warum machen wir nicht einfach mit diesen eher unscheinbaren Dämmplatten aus einem Langweilerhaus eine attraktive „Gründerzeitvilla"?

**Zierprofile:** Bei dem Plan, ein Haus optisch aufzuwerten, hilft uns auch die Vielzahl der angebotenen Zierprofile. Ein nach individuellen Vorgaben profilierter Polystyrol-Kern wird durch eine hochwertige, mehrschichtig aufgebaute Oberfläche stabil und wetterfest. So lassen sich beispielsweise echte Hingucker-Dachüberstände (Gesimse) innerhalb weniger Stunden anbringen. Eine Standard-Holzverkleidung ist aufwendiger.

**Die Dämmplatten zunächst mit dem Heißdrahtschneider profilieren und dann im üblichen Verfahren an der Fassade ankleben.**

**Maß nehmen für die wärmebrückenfreien Fensterbänke. Hersteller Beck und Heun hatte nach unseren Maßen ein Probestück …**

# Klinker auf Dämmplatte

Auch verklinkerte Häuser haben hohe Heizkosten. Wie dämmt man solche Gebäude? Entweder mit einer Kerndämmung plus einer Innendämmung oder mit einem Wärmedämmverbundsystem, das von außen angebracht wird. Statt Putzschicht werden echte Klinkerriemchen aufgeklebt. Das sieht sehr gut aus.

Man kann übrigens auch Gebäude, die zuvor ganz normal verputzt waren, im Zuge der Fassadendämmung mit Klinkern verkleiden. Gerade für Reihenhauszeilen eine interessante Variante, um die meist langweilige Fassade aufzubrechen.

Die Fugentiefe beträgt etwa drei Zentimeter. In der Vertiefung haben wir zur Armierung ein gewöhnliches Eckwinkelprofil ...

... eingebettet. Die Armierungsschicht gut durchhärten lassen, danach die Deckschicht aufziehen und strukturieren.

... angefertigt und per Paketdienst zugeschickt. Auf dieser Grundlage wurden dann alle Fensterbänke angefertigt.

Nach dem Auftragen des Deckputzes kann sich das Ergebnis sehen lassen. Mit einfachen Tricks wurde die Fassade gestaltet.

# Innendämmung: Von der Notlösung zur perfekten Wand

**Nicht immer kann eine Außendämmung gewählt werden. Bei denkmalgeschützten oder verklinkerten Häusern, aber auch bei Fachwerkgebäuden, ist eine Innendämmung die ideale Alternative.**

Auch bei einer Eigentumswohnung kann die (Not-)Lösung letztlich Innendämmung heißen, wenn sich etwa die Eigentümergemeinschaft (noch) nicht für eine Außendämmung entscheiden möchte. Kommt später dann bei solchen Mehrfamilienhäusern dann doch eine Außendämmung (Wärmedämmverbundsystem) dazu, ist eine vorhandene Innendämmung nicht schädlich. Im Gegenteil: Man könnte sogar von einer perfekten Wand sprechen, sofern man sich bei der Innendämmung für ein Material aus Perlit (mineralisches Vulkangestein) entscheidet. Zusätzlich zur Dämmwirkung gibt es bei Perlit die Raumklima-Optimierung quasi gratis dazu, da dieses Material Luftfeuchtigkeit aufnimmt und wohldosiert wieder abgibt.

Perlit-Dämmplatten gibt es auch speziell für Fachwerkbauten. Dort sorgt ein feuchtigkeitsregulierender Lehmklebemörtel dafür, dass die gesamte Wandkonstruktion bauphysikalisch stabil ist und das Fachwerkhaus einen technischen Sprung von 200 Jahren und mehr in die heutige Zeit schafft. Somit können moderne Ansprüche an gesundes Wohnen, hygienisches Raumklima, Behaglichkeit und Wohnkomfort auch mit einer Innendämmung erfüllt werden.

**Tauwasser auf der Rückseite einer Innendämmung führte bisher zu Schimmel**

Das war nicht immer so. Früher gab es fast immer Probleme mit der Innendämmung, da sich

Vorbereitung: Den vorhandenen Untergrund auf Tragfähigkeit prüfen, alte Putze auf Gipsbasis bis aufs Mauerwerk abtragen.

Größere Unebenheiten auf der Rohbauwand durch einen vollflächigen Grundputz ausgleichen.

auf der Rückseite – also innerhalb der Wand – Tauwasser bildete. Tauwasser auf der Rückseite einer Außendämmung entsteht auf dem Außenputz und kann problemlos abtrocknen. Auf der Rückseite einer Innendämmung aber eben nicht. Und das führte bisher normalerweise zu Schimmel.

**Selbst Feuchtespitzen nach langem Duschen oder Kochen werden abgefedert**

**Gut zu wissen:** Eine Innendämmung aus Perlit kann dieses Tauwasser zwar nicht vermeiden. Da aber die diffusionsoffenen und kapillaraktiven Platten, die übrigens faserfrei und nicht brennbar sind, Feuchtigkeit in großer Menge aufnehmen und wieder abgeben können, funktioniert die Innendämmung einwandfrei.

Selbst Feuchtespitzen nach langem Duschen oder Kochen werden abgefedert. Doch es kommt noch besser: Dank des hohen pH-Wertes (10) findet Schimmel keinen Nährboden. So können die Platten sogar bei der Schimmelsanierung eingesetzt werden. Eine Innendämmung, die Schimmel vermeidet und die bei der Schimmelbeseitigung eingesetzt werden kann? Früher undenkbar, heute Normalität bei der Modernisierung.

Die Verlegung der Innendämmung beginnt mit der Vorbereitung des Untergrundes. Dieser muss trocken, staubfrei und frei von Ausblühungen sein. **1.** Kreidende Flächen grundieren, alte Tapeten entfernen. Auch alte Putze auf Gipsbasis bis aufs Mauerwerk abtragen. Größere Unebenheiten durch einen Grundputz ausgleichen. **2.** Auf dem Fußboden und an der Decke einen Entkoppelungsstreifen aufkleben (verhindert Rissbildung). **3.** Ausgleichsmörtel-

**Gerhard Lehmeyer**
Zertifizierter Modernisierungsberater und Immobilienmakler, Fürth

## BESTE RAUMHYGIENE

Perlit-Innendämmplatten und der dazugehörige Klebespachtel haben einen hohen pH-Wert von etwa 10 und bieten somit Schimmel keinen Nährboden. Deshalb kann auf dieser Innendämmung trotz Tauwasserausfalls kein Schimmel entstehen. Denn Schimmel braucht einen Nährboden, der im pH-Wert-Bereich zwischen 4 und 7 liegt. Manche Schimmelsorten können auch noch bei pH-Werten leicht darüber wachsen. Der pH-Wert ist dimensionslos.

Auf dem Fußboden und an der Decke wird ein Entkoppelungsstreifen aufgeklebt (verhindert Rissbildung).

Die erste Reihe auf dem Boden ankleben. Die Platten in die frische Ausgleichsmörtelschicht drücken.

Den Klebespachtel mit einer Zahnkelle mindestens 5 Millimeter dick vollflächig auf der Plattenrückseite auftragen.

Beim Ankleben der Innendämmplatten auf einen Fugenversatz von mindestens 20 Zentimeter achten.

Die Perlit-Platten werden ganz einfach mit einem Cuttermesser zugeschnitten. Die Wasserwaage dient dabei als Lineal.

An Wandöffnungen wie etwa Fenstern dürfen die vertikalen Stoßfugen nicht über oder unter den Ecken der Öffnung liegen.

schicht auf dem bodenliegenden Entkopplungsstreifen etwa zwei Zentimeter dick auftragen. **4.** Klebespachtel mit einer Zahnkelle (10-Millimeter-Zahnung) mindestens 5 Millimeter dick vollflächig auf der Plattenrückseite aufziehen. **5.** Die erste Reihe auf dem Boden von einer Raumecke beginnend zur gegenüberliegenden Raumecke ankleben und dabei in die frische Ausgleichsmörtelschicht drücken.

### Die Perlit-Platten werden ganz einfach mit einem Cuttermesser zugeschnitten

Bei jeder Platte den horizontalen Verlauf der Lagerfuge sowie die Fläche mit Wasserwaage und Richtlatte überprüfen. **6.** Die Perlit-Platten werden ganz einfach mit einem Cuttermesser zugeschnitten. Das Reststück wird dann als erste Platte der nächsten Reihe genommen. Dabei auf einen Fugenversatz von mindestens 20 Zentimeter achten. An Wandöffnungen wie etwa Fenstern dürfen die vertikalen Stoßfugen nicht über oder unter den Ecken der Öffnung liegen. Ecken verzahnt ausführen. **7.** Zur Vermeidung von Wärmebrücken wird die Innendämmung als „Keilplatte" an einbindenden In-

**Für die Beschichtung den Flächenspachtel so breit aufziehen, dass darin eine Bahn der Gewebearmierung verlegt werden kann.**

# Kellerdecke oder Kelleraußenwand?

Eine Variante der Frage „Außen- oder Innendämmung?" lautet „Kellerdecke oder Kelleraußenwände dämmen?" Diese Frage wird mit der luftdichten Ebene beantwortet, die letztlich die „thermische Hülle" bildet.

Bei einem Einfamilienhaus mit Keller ist es kaum möglich, eine luftdichte Ebene so anzuordnen, dass sie an eine Kellerdeckendämmung angeschlossen werden kann. Das Problem ist die Kellertreppe. Entweder benötigt man oben im Erdgeschoss eine luftdicht verschließbare Kellertür bei gleichzeitig vollständiger Einhausung der Kellertreppe. Oder man

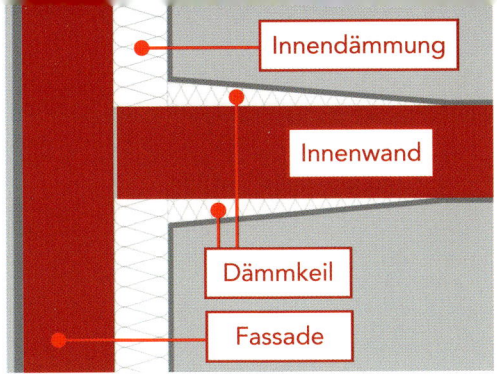

An einbindenden Innenwänden und im Deckenbereich werden zur Vermeidung von Wärmebrücken Dämmkeile gesetzt.

Bereits am nächsten Tag wird schon die Endbeschichtung etwa einen Millimeter dünn aufgezogen.

nenwänden und im Deckenbereich etwa 50 Zentimeter in den Raum hinein verlegt. Die Details berechnet hierfür der Energieberater.
**8.** Für die nachfolgende Beschichtung der Innendämmung wird zunächst erneut eine Grundierung aufgetragen. **9.** Nach dem vollständigen Abtrocknen die Flächenspachtel-Deckschicht so breit aufziehen, dass darin genau eine Bahn der Gewebearmierung verlegt werden kann. **10.** Bereits am nächsten Tag wird schon die Endbeschichtung etwa einen Millimeter dünn aufgezogen. **11.** Wenn gewünscht, kann noch ein Farbanstrich aus diffusionsoffener Silikat-, Kalk- oder Kreidefarbe erfolgen. Alternativ: diffusionsoffene Papiertapete, jedoch keine Raufaser.

muss unten an der Kellertreppe eine luftdichte Tür einbauen. Das ist sehr aufwendig. Nur bei Mehrfamilienhäusern mit separatem Treppenhaus ist die Kellerdeckendämmung sinvoll.

Bei der vollständigen Sanierung eines alten Ein- oder Zweifamilienhauses ist es energetisch meist besser, den Keller aufzugraben, die Abdichtung zu erneuern und dann eine 10 Zentimeter dicke Kelleraußenwanddämmung aufzubringen. Wenn man dann noch auf dem Kellerboden eine mindestens 4 Zentimeter dicke Bodendämmung verlegen kann, ist man auf einem sehr gutem energetischen Weg.

TAG
68

TAG
47

HAUSTECHNIK

# Ein Kapitel für sich: Heizung, Sanitär, Elektro und Lüftung

**Eine Elektroverkabelung aus den 1950er oder 1960er Jahren kann in puncto Sicherheitsvorschriften heutige Anforderungen nicht mehr leisten. Zudem ist der Strombedarf gestiegen. Der Wärmebedarf geht jetzt jedoch zurück.**

In der Nachkriegszeit galt noch die Formel „Hauptsache ein Dach überm Kopf". Und wenn man dann abends in der guten Stube das Licht anknipsen konnte, war das purer Luxus!

Große Frage: Kann diese alte Verkabelung Flachbildschirme, Multifunktions-Kaffeeautomat, Toaster, Waschmaschine, Elektrogrill und all die vielen anderen Stromverbraucher von heute versorgen? Eher nicht. Zwar nimmt bei den einzelnen Elektrogeräten und Leuchten die Energieeffizienz zu, doch in Summe ist der Stromverbrauch gestiegen. Auch die Sicherheitsvorschriften sind schärfer geworden, damit die Kabel niemals glühen.

### Manchmal entpuppt sich scheinbar Unnötiges als sinnvolle Anwendung

Die Elektroinstallation von heute ist viel mehr als nur Kabel, Steckdosen und Lichtschalter. Man denke nur an Smart Home mit der Vernetzung vieler Funktionen wie etwa fernbedienbare Rollläden, Anwesenheitssimulation, Video-Sprechanlage oder Bewegungsmelder.

Im modernen „Elektro-Baukasten" gibt es manchmal auch scheinbar Unnötiges, das sich später aber als sinnvolle Anwendung entpuppt, die man künftig einfach haben muss. Schließlich wird man älter und erfreut sich dann so mancher Annehmlichkeit – ja, und warum nicht auch mancher Spielerei, die bereits ausführlich im Beitrag „Smart Home" angesprochen wurde.

Während die neuen Fenster eingebaut sowie Dach und Fassade gedämmt werden, beginnt jetzt der Innenausbau mit dem Verlegen der neuen Haustechnik-Infrastruktur. Es werden als erstes Kabelschlitze und Rohrleitungsschächte hergestellt.

**Gut zu wissen:** Damit die luftdichte Gebäudehülle nicht beschädigt wird, sollten alle Versorgungsleitungen möglichst innerhalb des Hauses und nicht in den Außenwänden verlegt werden. Leerdosen für Steckdosen und Lichtschalter, die sich an Außenwänden nicht immer vermeiden lassen, unbedingt als „luftdichte Leerdosen" einbauen. Diese haben keine Ausstanzungen für Kabeldurchführungen und sind somit luftdicht (Bild unten).

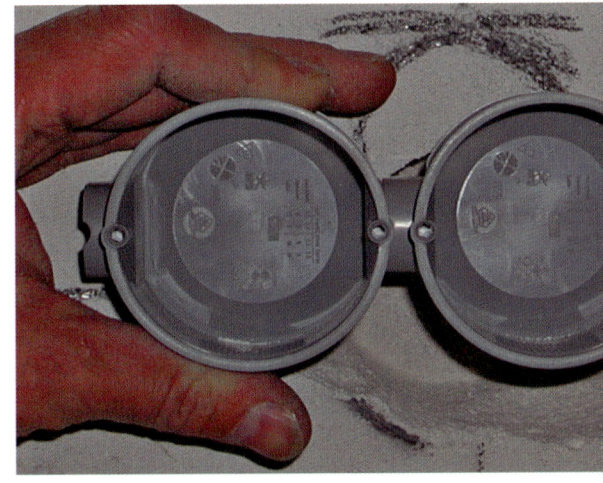

# Kabel, Rohre, Leitungen: Die Haustechnik-Infrastruktur

**47. Tag: Anzahl und Positionen von Lichtschaltern und Steckdosen sind längst festgelegt. Der Standort des neuen Sicherungskastens ist markiert, die Fliesen im Bad sind entfernt. Kabel, Rohre und Leitungen können jetzt verlegt werden.**

Gleich vorneweg sei deutlich betont: Die Elektroinstallation muss von Fach-Handwerkern erledigt werden. Denkbar wäre, um Geld zu sparen, dass das Setzen von Leerdosen und Verlegen von Kabeln in eigener Regie durchgeführt wird. Jedoch nur nach Absprache und unter Anleitung eines Elektrikers, der dann im Anschluss den Sicherungskasten setzt und Strom auf die Anlage gibt.

**1. Schritt:** Markieren der Positionen aller Steckdosen, Lichtschalter sowie Verteiler-, Telefon- und Antennendosen auf den Wänden. Festlegen der einzelnen Kabeltrassen. Dabei die „Vorzugsmaße" und „Installationszonen" nach DIN 18015-3 beachten (rechts). So ist weitgehend sichergestellt, dass Kabel, die unter dem Putz verlegt werden, später nicht versehentlich angebohrt werden. Kabel werden also in oder auf Wänden immer waagerecht oder senkrecht verlegt, niemals diagonal. Beispiel: Der Abstand zur fertigen Decke oder zum fertigen Fußboden beträgt 30 Zentimeter („Vorzugsmaß").

**Kabel, Lichtschalter und Steckdosen in definierten Installationszonen verlegen**

Sind mehrere Leitungen nebeneinander vorgesehen, kann man in beide Richtungen um bis zu 15 Zentimeter vom Vorzugsmaß abweichen (Installationszone). Im Bereich von Arbeitsplatten wie etwa in der Küche, gibt es eine zu-

Ein alter Sicherungskasten hat nichts mehr mit Sicherheit zu tun. Die Anforderungen an die Elektroinstallation sind enorm gestiegen.

Im neuen Sicherungskasten gibt es etwa Sicherheits-FI-Schalter, die bei einem Fehlerstrom die Anlage blitzschnell abschalten.

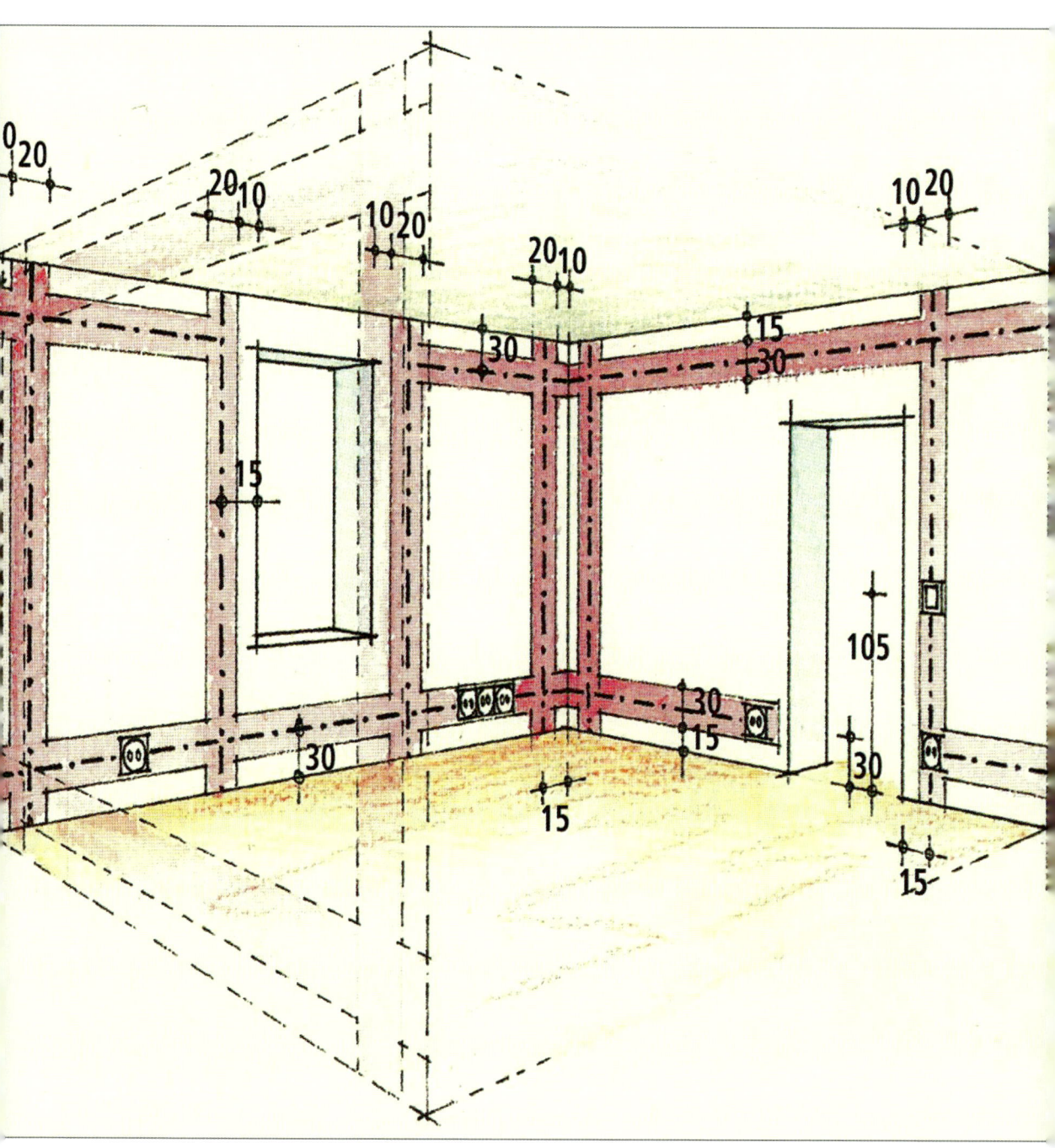

sätzliche Installationszone: „Vorzugshöhe" 115 Zentimeter, die dazugehörige „Installationszone" liegt 100 bis 130 Zentimeter über dem fertigen Fußboden. Lichtschalter platziert man generell in einer Höhe von 105 Zentimetern über dem fertigen Fußboden. Falls eine ergänzende Steckdose gewünscht ist, wird diese darunter angeordnet. Im Bad gelten wiederum eigene Zonen: So müssen Kabel, Schalter und Steckdosen mindestens 60 Zentimeter vom Naßbereich entfernt bleiben.

**Geräte wie Waschmaschine, Spülmaschine und Herd werden separat abgesichert**

Jeder Raum bekommt einen eigenen Stromkreis mit eigener Sicherung. Optimal, wenn man auch die Stromversorgung und Licht voneinander trennt. Waschmaschine, Spülmaschine sowie der Herd werden ohnehin jeweils separat abgesichert.

**2. Schritt:** Unterputzleerdosen einbauen und Kabelschlitze fräsen. Am besten verwendet man eine Bohrkrone (Durchmesser 72 Millimeter), die man in einer Bohrmaschine einspannt, um alle Hohlräume für Schalter und Steckdosen aus den Wänden herauszufräsen (Staub und Gehörschutz tragen). Liegen mehrere Dosen nebeneinander, den genormten Abstand von 71 Millimetern beachten. Tipp: Nur tiefe Leerdosen nehmen (59 Millimeter): Das erleichtert später das Verdrahten erheblich.

**Schönheitstipp:** Man kann die Raumanschlussverdrahtung und die Raumverteilung auch jeweils in einer tiefen Leerdose hinter einem Lichtschalter oder hinter einer Steckdose platzieren, sodass kein Verteilerdeckel unter der Tapete oder auf der glatt verputzten Wand sichtbar ist.

**3. Schritt:** Für das Herstellen von Kabelkanälen eine Mauerschlitzfräse mit Staubabsaugung verwenden. Danach Schlitze und Hohlräume der Dosen säubern (am besten mit dem Staubsauger).

**4. Schritt:** Die Leerdosen werden im Mauerwerk fixiert. Nochmals betont, weil es so wichtig ist: An Außenwänden sicherstellen, dass die Luftdichtheit vollständig erhalten bleibt.

**5. Schritt:** Kabel legen. Vom Raumverteiler verlegt man die Stromkabel zur nächstgelegenen Steckdose. Von dort werden alle weiteren Steckdosen versorgt (Ringleitung). Ebenfalls vom Raumverteiler wird eine Leitung zum Lichtschalter gelegt, eine zweite zur Lampenposition oder zu den Lampenpositionen. Dabei innerhalb der Installationszonen bleiben.

In aller Regel genügt es, dreiadriges Kabel zu verwenden (Mantelleitung „NYM 3 x 1,5 mm²"). Für Wechselschaltungen (Lampe kann von mehreren Lichtschaltern aus bedient werden) benötigt man fünfadriges Kabel.

Die Kabelenden vor dem Verlegen 15 Zentimeter abmanteln. Diese 15 Zentimeter liegen später in der Leer- oder Verteilerdose. Innerhalb der Schlitze liegen die Kabel sicher ummantelt. Jetzt die Kabel mit Mörtelbatzen oder Kabelschellen im Mauerschlitz fixieren.

**6. Schritt:** Von den Raumverteilern die Anschlussleitungen zum neuen Sicherungskasten führen und dort vom Elektriker anschließen lassen. Im Sicherungskasten werden auch Sicherheits-FI-Schalter montiert (besondere Absicherung für Bad und Küche). Falls mal ein Wasserspritzer direkt in die Steckdose gelangt oder ein elektrisches Gerät mit Wasser in Berührung kommt, sorgt dieser „Fehlerstromschutzhalter" für ein blitzschnelles Abschalten der Stromversorgung, sodass niemand und nichts zu Schaden kommen kann.

**7. Schritt:** Die Leerdosen mit Deckeln verschließen. Der Innenputz kann kommen. Verdrahtet wird dann ganz am Schluss, wenn die Wand tapeziert und/oder angestrichen ist.

**Sicherheitshinweis:** Während der Elektroinstallation muss man sich immer von spannungsführenden Teilen fernhalten. Solange noch kein Strom auf der Anlage ist, kann auch nichts passieren.

Für die Unterputzleerdosen mit einer Bohrkrone alle Hohlräume für Schalter und Steckdosen aus den Wänden herausfräsen.

Vom Raumverteiler verlegt man die Kabel zur nächstgelegenen Steckdose. Von dort werden alle weiteren Steckdosen versorgt.

Die Stromkabel werden zunächst mit einzelnen Batzen Innenputz fixiert. Danach den Schlitz vollständig auffüllen.

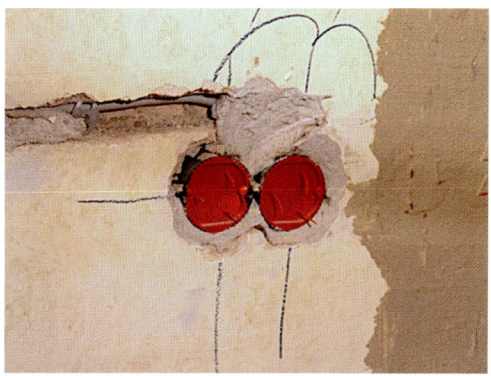

Die Leerdosen mit Deckeln verschließen. Der Innenputz kann kommen. Verdrahtet wird am Schluss, wenn die Wand tapeziert ist.

Von den Raumverteilern werden die Anschlussleitungen gebündelt zum neuen Sicherungskasten geführt und dort vom ...

... Elektriker angeschlossen. Sicherheitshinweis: Solange noch kein Strom auf der Anlage ist, kann nichts passieren.

Und: Nur geprüfte Bauteile und Werkzeuge mit der Kennzeichnung „VDE" (Verband der Elektrotechnik, Elektronik, Informationstechnik) oder „VDE/GS" (Geprüfte Sicherheit) verwenden. Vorsicht vor Billig-Produkten.

### Sind noch Bleirohre im Haus verlegt? Diese im Zuge der Modernisierung austauschen

Weiter geht es mit der Sanitärinstallation. Bei unserer Mustersanierung waren die Wasserleitungen und Abwasserrohre noch in Ordnung. Da konnte alles so bleiben wie es ist. Grundsätzlich sollte man bei alten Häusern – bevor das Bad modernisiert und neu verfliest wird – die alten Wasserleitungen prüfen. Sind eventuell noch gesundheitsschädliche Bleirohre vorhanden? Dann aber schnell raus damit.

Verglichen mit dem Bau der Heizungsanlage und der Elektroinstallation ist das Verlegen der Wasserleitungen und Abwasserrohre im Haus eine eher einfache, überschaubare Sache.

Die Sanitärinstallation besteht aus vier Komponenten: Zunächst wird die **Kellerstation (1)** mit Schmutzfilter und den Abgängen für die Steigleitungen direkt hinter dem Wasserzähler („Wasseruhr") montiert. Die **Steigleitungen (2)** führt man zu den **Etagenverteilern (3)**, von

denen wiederum die **Anschlussleitungen (4)** zu den Verbrauchern wie Küchenarmatur, Toilette, Waschtisch, Dusche und Badewanne gelegt werden. Die Schnittstelle zu den Verbrauchern erfolgt über Eckventile oder über Armatur-Unterteile für Badewanne und Dusche. Ein separater Strang führt von der Kellerstation zum Gartenabgang.

### Warmwasserspeicher: Kaltwasser-Zufluss unten, Warmwasser-Entnahme oben

Fürs Warmwasser legt man von der Kellerstation eine eigene Leitung zum Warmwasserspeicher. Dieser Kaltwasser-Zufluss wird unten am Speicherboden angeordnet. Die Heizungsanlage erwärmt das kalte Wasser im Speicher über einen Wärmetauscher (Heißwasser-Rohrspirale). Ist eine solarthermische Anlage vorhanden? Dann gibt es im Warmwasserspeicher einen zweiten Wärmetauscher.

Die Warmwassersteigleitung wird oben am Speicher angeschlossen. Von dieser Warmwasser-Zapfstelle geht es weiter zu den Etagenverteilern: Dort gibt es je Stockwerk eine Verteilerleiste fürs Kalt- und fürs Warmwasser.

**Kleine Materialkunde:** Wasserleitungen aus verzinkten Stahlrohren, die miteinander ver-

Seit vielen Jahren gibt es neben Kupferleitungen auch Kunststoff-Verbundrohre, die sich sehr leicht biegen und mit einem …

… speziellen Presswerkzeug wasserdicht verpressen lassen. So wird eine hohe Qualität bei kurzem Zeiteinsatz erreicht.

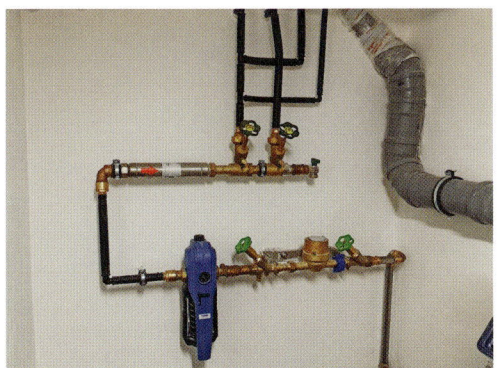

Zu Beginn der Sanitärinstallation wird die Kellerstation mit Schmutzfilter und den Abgängen für die Steigleitungen montiert.

schraubt und mit Hanf abgedichtet werden, nimmt man heute bei der Sanitärinstallation eher seltener. Seit den 1990er Jahren setzen sich neben den Kupferleitungen, die man miteinander verlötet, immer mehr Kunststoffrohre durch. In dieser Kategorie sind die Verbundrohre besonders interessant: Ein wasserführendes Rohr wird von einer Aluminiumschicht ummantelt, die wiederum von einem außen liegenden Kunststoffrohr geschützt wird. Dieses Material lässt sich sehr leicht biegen und mit einem speziellen Presswerkzeug wasserdicht verpressen. So wird eine hohe Qualität des Wasserleitungsnetzes bei kurzem Zeiteinsatz erreicht.

Sobald Kellerstation und Etagenverteiler gesetzt und über die Steigleitungen miteinander verbunden sind, werden von den Etagenverteilern ausgehend die Zapfstellen angesteuert. Im Bad wird zeitgleich das Grundgerüst der Vorwandinstallation montiert. Das sind ausgeklügelte Systembaukästen, die bereits fertige Konsolen für Toilette, Spülkasten aber auch Waschtisch und Duscharmaturen enthalten. Mit einfachen Handgriffen wird auf diese Weise die Wasserver- und Entsorgung im Bad oder Gäste-WC montiert (immer darauf achten, dass das Warmwasser links und das Kaltwasser rechts angeschlossen wird). Das beste an der Vorwandinstallation ist, dass man keine Schlitze im Mauerwerk herstellen muss.

Druckprobe: Die Kaltwasserleitungen können sofort nach dem Verlegen auf Undichtigkeiten geprüft werden, die Warmwasserverteilung erst nach Inbetriebnahme des Warmwasserspeichers, der in unserem Fall in der Wärmepumpe integriert ist und etwas später montiert wurde.

## In Sammelleitungen fließt das Abwasser zum Fallrohr

Der zweite große Teil bei der Sanitärinstallation ist das Verlegen der Abwasserrohre. Auch

Am Etagenverteiler werden die Leitungen für die einzelnen Heizkreise angeschlossen: Unten der Vorlauf, oben der Rücklauf.

Fußbodenheizung an der Wand: Nachdem die Leitungen verlegt sind, verschwinden sie im Innenputz.

wenn die Rohre unterschiedliche Durchmesser haben: Das Gefälle der sogenannten Sammelleitungen, die das Abwasser zum Fallrohr führen, ist immer ähnlich (etwa ein bis zwei Zentimeter pro Meter). Der Einlauf ins Fallrohr erfolgt dann nicht über einen 90-Grad-Bogen, sondern über zwei 45-Grad-Bögen: Somit wird sichergestellt, dass bei großer Abwassermenge (Badewanne wird entleert und gleichzeitig die Toilettenspülung betätigt) kein Rückstau innerhalb des Leitungssystems entstehen kann.

Die Rohrquerschnitte an der Toilette betragen 80 bis 100 Millimeter, an Waschtischen, Badewanne und Dusche sind 40 bis 50 Millimeter üblich. Gelegentlich genügen auch 30 Millimeter.

Das Fallrohr selbst wird senkrecht in den Keller geführt und dort mit dem Hauptabwasserabfluss (Grundleitung – liegt in aller Regel unter der Bodenplatte) verbunden.

### Die Leitungen für die Fußbodenheizung verlegten wir innerhalb des alten Estrichs

Eine Fußbodenheizung ist beim klimaneutralen Gebäude neben der Wand- oder gar Deckenheizung eine sinnvolle Lösung. Aufgrund der großen Flächen kann die Vorlauftemperatur der Heizung deutlich niedriger als bei Heizkörpern eingestellt werden: Das spart Energie.

Wir wählten ein System, das keinen zusätzlichen Fußbodenaufbau benötigte, da die Lei-

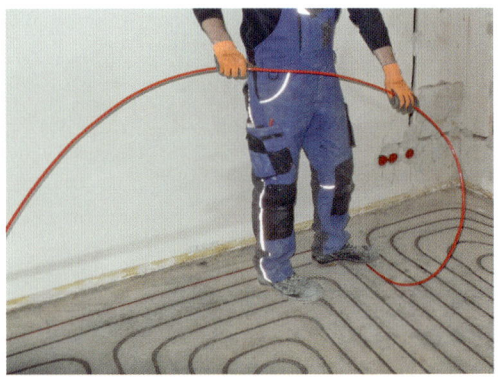

Wir wählten ein Fußbodenheizungssystem, das keinen zusätzlichen Fußbodenaufbau benötigte, da die Leitungen in passend …

… gefrästen Rohrkanälen innerhalb des vorhandenen Zementestrichs verlegt werden können. Das Fräsen selbst kann nahezu …

Dünne Warmwasserleitungen können für eine Fußbodentemperierung etwa in der Dusche auch im Fliesenkleber verlegt werden.

tungen in passend gefrästen Rohrkanälen innerhalb des vorhandenen Zementestrichs verlegt werden können. Das Fräsen selbst kann weitgehend staubfrei und recht schnell erledigt werden. Gut zehn Quadratmeter Fußbodenheizung sind pro Stunde zu schaffen.

**Gut zu wissen:** Durch das Fräsen braucht man keine Schwächung des alten Estrichs zu befürchten. Das ausführende Unternehmen prüft im Vorfeld der Verlegung, ob der vorhandene Estrich für dieses Verfahren geeignet ist.

Alternativ können auch rund zwei Zentimeter dicke Gipsfaserplatten auf dem Estrich oder etwa einem alten Holzdielenboden verlegt werden. Diese Platten haben bereits ein vorgefertigtes Kanalsystem, in das man die Kunst-

stoffleitungen für die Fußbodenheizung nur noch einklemmen braucht. Oder man nimmt dünne Warmwasserleitungen, die innerhalb des Fliesenklebers der Fußbodenfliesen verlegt werden.

### An den Etagenverteilern die Vor- und Rücklaufleitungen der Heizung anschließen

Zunächst werden wie bei der Sanitärinstallation geschossweise die Etagenverteiler für Vor- und Rücklauf montiert. Daran die einzelnen Kreise der Fußbodenheizung anschließen. Von den Etagenverteilern geht es in den Heizraum. Dort werden die Vor- und Rücklauf-Steigleitungen beispielsweise an die Inneneinheit der Wärmepumpe angeschlossen.

Jetzt bereits die Leitungen zwischen Wärmepumpe (Außengerät) und der Inneneinheit verlegen. Hierfür am besten eine Kernbohrung in der Kelleraußenwand vornehmen. Alle diese Leitungen, die aus der noch ungedämmten Fassade herausstehen, dämmen und so präparieren, dass sie beim nachfolgenden Anbringen des Wärmedämmverbundsystems (ab Tag 53) nicht beschädigt werden können.

... staubfrei und recht schnell erledigt werden. Gut zehn Quadratmeter Fußbodenheizung sind pro Stunde zu schaffen.

Es gibt auch Gipsfaserplatten mit einem bereits vorgefertigten Kanalsystem, in das die Heizungsleitungen eingeklemmt werden.

# Wärmepumpe: Heizen mit Winterluft und Sonnenstrom

**50. Tag.** „Die weiteste Reise beginnt mit dem ersten Schritt", sagt ein chinesisches Sprichwort. Die weltweite Energiewende ist sicher noch eine weite Reise, die Energiewende zuhause ist ein vergleichsweise überschaubarer Schritt.

Eine zentrale Rolle bei der privaten Energiewende spielt die Wahl der Heizungsanlage. Die Kombination einer Luft-Wasser-Wärmepumpe mit einer Photovoltaik-Anlage auf dem Dach ist hierfür bestens geeignet. Letztlich wird grüner Sonnenstrom genutzt, um der Außenluft durch Kompression Wärme zu entziehen. Wir schauen uns nun die Installation einer solchen, klimaneutralen Heizungsanlage an.

Die Stromkabel der Elektroinstallation sowie die Leitungen für die Sanitärinstallation und für die Fußbodenheizung sind inklusive der Steigestränge bis in den Keller verlegt. Auch die Verbindungsleitungen zwischen der Wärmepumpe (Außengerät) und der Inneneinheit warten bereits darauf, angeschlossen zu werden. Da im Heizraum alle Kabel, Rohre und Leitungen jetzt sichtbar auf dem Putz verlegt werden (Aufputzmontage), muss man zunächst die Oberflächen von Wänden und Decken vollständig verputzen oder spachteln. Diese Arbeit später zu erledigen, ist nahezu unmöglich.

**Es ist ein gutes Gefühl, wenn der Öltank endgültig aus dem Haus geschafft wird**

„Adieu alter Öltank". Während der Heizraum vorbereitet wird, kann – sofern vorhanden – parallel der alte Öltank abgebaut werden. Es ist ein gutes Gefühl, dieses mehrere Kubikmeter große Monstrum in seine Einzelteile zu zerlegen und endgütig aus dem Haus zu trans-

Die Luftwärmepumpe saugt kalte Außenluft an und hebt diese durch Verdichtung auf ein höheres Temperaturniveau. Über den ...

... Vorlauf gelangt die Wärme zum Innengerät mit Warmwasserspeicher, der über einen Wärmetauscher aufgeheizt wird.

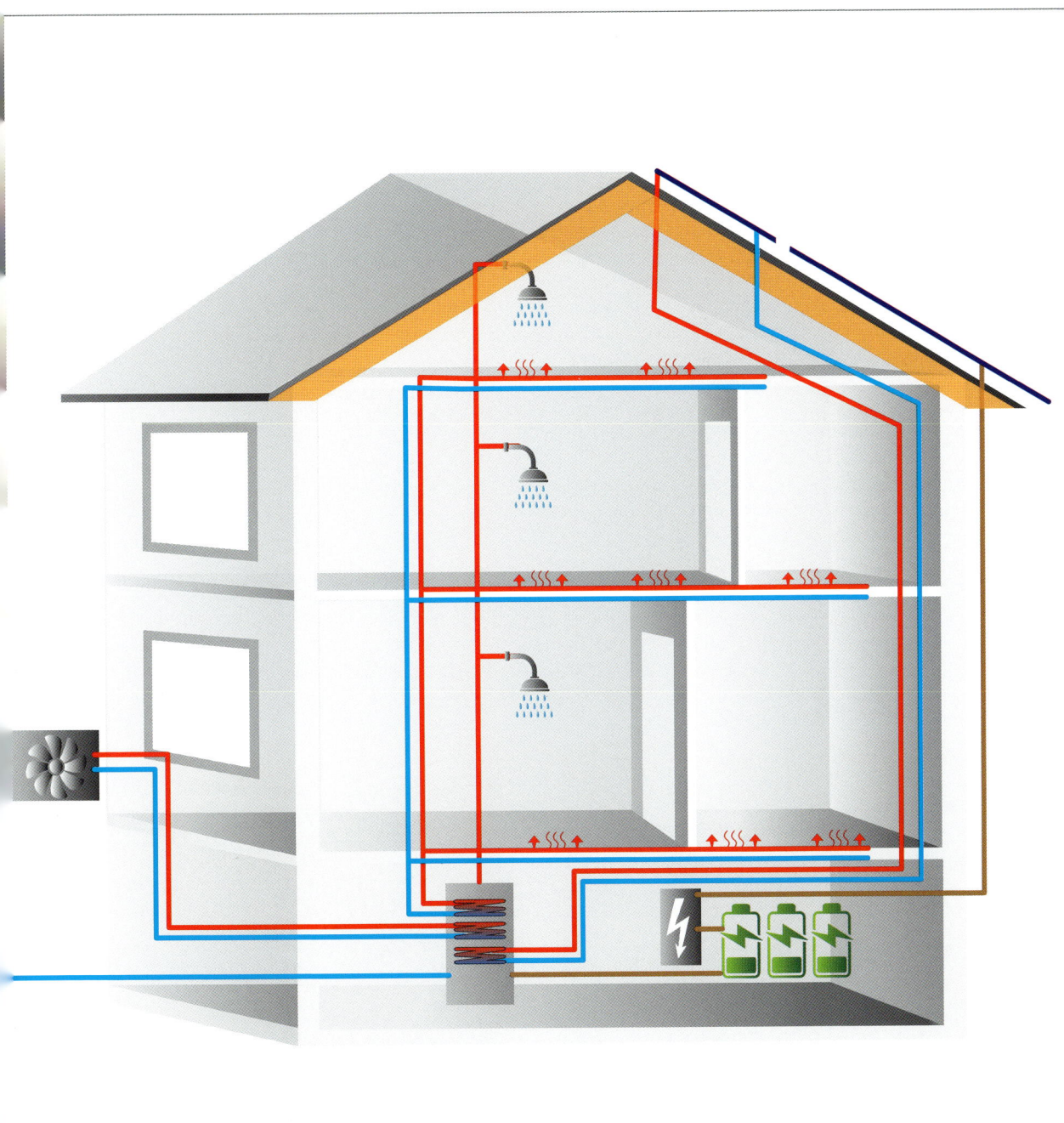

portieren. Dadurch entsteht wertvoller Raum. Und wenn es nur zusätzlicher Lager- oder Abstellraum ist.

### Während das Innengerät aufgestellt wird, erklärt der Monteur die Technologie

Da stehen sie nun auf zwei Paletten vorm Haus: Die Wärmepumpe (Außengerät) und die dazugehörige Inneneinheit, die wie ein großer Kühlschrank aussieht und das zentrale Bindeglied zwischen Wärmeaufnahme, Wärmespeicherung und Wärmeabgabe ist. **Schritt 1:** Die Wärmepumpe wird jetzt beispielsweise in der Garage zwischengelagert, das Innengerät wird in den Heiz- oder Hauswirtschaftsraum gebracht, dort aufgestellt und mit der Wasserwaage exakt ausgerichtet (Schraubfüße).

**Achtung:** Die Geräte müssen aufrecht stehend und trocken transportiert und gelagert werden. Beim Hereintragen ins Haus kann die Inneneinheit vorsichtig auf die Rückseite gelegt werden.

Die Inneneinheit ist nun platziert, und wir schauen hinter die Verkleidung: Oben links sitzt das Ausdehnungsgefäß, rechts daneben das Display, über das die Anlage später bedient und programmiert wird. Die unteren zwei Drittel werden vom gut gedämmten Brauchwasserspeicher fürs Warmwasser ausgefüllt (180 Liter Volumen). Daneben ist – für uns unsichtbar hinter der Dämmung – die „Elektroheizpatrone" angeordnet, die anspringt, wenn draußen die Lufttemperatur so niedrig ist, dass ihr nicht genügend Wärme entzogen werden kann (ab unter minus 5 Grad Celsius).

### Am Kopf der Inneneinheit sind insgesamt sechs Leitungsanschlüsse vorgesehen

Oben am Kopf der Inneneinheit sind die Rohrleitungsanschlüsse: Zwei für den Heizungsvor- und Rücklauf (diese werden jetzt mit den Steigesträngen verbunden, die zu den Fußbodenheizungsverteilern führen – **Schritt 2**). Weiterhin der Kaltwasserzulauf (kommt von der Kellerstation – **Schritt 3**) und der Anschluss für die Warmwasserentnahme (wird mit den Warmwasserleitungen an den Etagenverteilern in Bad und Küche verbunden – **Schritt 4**). Und zu guter Letzt die beiden Anschlüsse für die Kreislaufleitung vom und zum Außengerät, der

Der alte Heizöltank wird entfernt. Der gesamte Raum wird später zum Hobbykeller oder Lagerraum umfunktioniert.

Da im Heizraum alle Leitungen sichtbar auf dem Putz verlegt werden, jetzt alle Oberflächen von Wänden und Decken verputzen.

Die Wärmepumpe (Außengerät) wurde zunächst auf einer Palette in der Garage zwischengelagert.

Beim Hereintragen ins Haus kann die Inneneinheit vorsichtig auf die Rückseite gelegt werden.

Das Innengerät wird in den Heiz- oder Hauswirtschaftsraum gebracht, dort aufgestellt und mit der Wasserwaage ausgerichtet.

Oben an der Inneneinheit sind die Rohrleitungsanschlüsse für den Heizungsvor- und Rücklauf. Weiterhin der Kaltwasserzulauf ...

... und der Anschluss für die Warmwasserentnahme sowie die Anschlüsse für die Kreislaufleitung vom und zum Außengerät.

eigentlichen Wärmepumpe (diese Verbindung wird jetzt ebenfalls verlegt – **Schritt 5**).

Danach ist das Abwasserrohr für den Kondensatablauf vom Wärmepumpen-Außengerät zum Abwassernetz an der Reihe, das bereits durch die Kelleraußenwand verlegt wurde – **Schritt 6**.

**Bis zu 50 Liter Kondenswasser können pro Tag anfallen**

Zeitsprung: Nach Fertigstellung des Wärmedämmverbundsystems (Tag 74) wird das Außengerät auf den vorbereiteten Beton-Fundamenten platziert und ebenfalls genau waagerecht ausgerichtet – **Schritt 7**. Dann beginnt dort die Schlussmontage: Die Verbindungen zu den Anschlüssen vornehmen, die zur Inneneinheit führen und zum Abwasser-Fallrohr. Ein Hinweis zu diesem Kondensatablauf: Der Rohrabschnitt, der im frostgefährdeten Bereich liegt, sollte möglichst kurz gehalten werden. Weiterhin wird dieses Leitungsstück im Winter über ein Heizkabel erwärmt, sodass der Ablauf nie einfrieren kann. Bis zu 50 Liter Kondenswasser können pro Tag anfallen.

**Die Rohre für die Kreislaufleitung zwischen Innen- und Außengerät werden jetzt gelegt. Zugleich wird auch der Kondensatablauf …**

**… vorbereitet. Alle Leitungen führt man optimalerweise durch eine gemeinsame Mauerwerksöffnung (Kernbohrung).**

# Heizungsrohre dämmen

Wenn der Heizungskeller der wärmste Raum im Haus ist, genügt ein Blick auf die blanken Rohre: Problem erkannt! Die Dämmung der Wärmeverteilungs- und Warmwasserleitungen lohnt sich, da sie jährlich bis zu 15 Euro Energieeinsparung pro Meter Leitung bringt. Die Dämmung der Rohre kann man übrigens auch als Selbermacher durchführen.

Einfach den Rohrdurchmesser ermitteln und im Fachhandel passende Dämmschalen kaufen. **Gut zu wissen:** Die Dämmschicht muss bei Leitungen, die einem Innendurchmesser von bis zu 22 Millimeter haben, mindestens 20

Die Vorbereitungen fürs Aufstellen der Wärmepumpe sind abgeschlossen: Die Leitungen sind gelegt, das Fundament ist betoniert.

Zeitsprung: Nachdem die Fassadendämmung fertiggestellt ist, wird das Außengerät auf den Sockel gestellt. Die vorbereiteten ...

... Leitungen inklusive Kondensatablauf anschließen und danach einen Drucktest durchführen: Ist alles dicht?

Auch die Leitungen und Verteiler des Fußbodenheizungskreislaufs werden jetzt auf Dichtheit geprüft.

Millimeter dick sein. Innendurchmesser der Leitungen 22 bis 35 Millimeter: Dämmstoffdicke mindestens 30 Millimeter. Ab 35 Millimeter Rohrdurchmesser: Mindestdämmschicht gleich Innendurchmesser des Rohres. Auch Armaturen und Ventile dämmen.

**Wichtig:** Nur Material mit sehr guten Wärmedämmeigenschaften wählen. Es gibt Mineralwolle-Dämmschalen, die mit einer verstärkten Aluminiumfolie überzogen sind und einen Klebestreifen haben, damit man die Dämmung nach dem Umlegen um das Rohr fest verschließen kann.

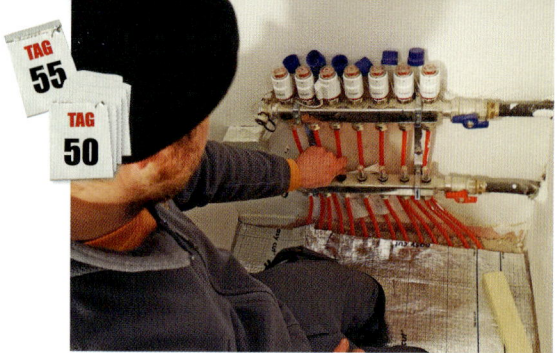

Die Heizungsanlage geht in Betrieb. An den Etagenverteilern den Durchfluss und damit die gewünschte Wärmemenge einstellen.

„Startassistent": Ein intuitiv bedienbares Menü sowie ein Klartextdisplay unterstützen den Monteur bei der Inbetriebnahme.

Zur Erinnerung: Die Umgebungsluft wird durch den Verdampfer der Außeneinheit geleitet, um ihr über den geschlossenen Wärmepumpenkreislauf Wärme zu entziehen. Diese Wärme wird mittels Kompression auf ein höheres Temperaturniveau gebracht, um damit sowohl das Heizungs- als auch das Brauchwasser zu erwärmen.

### Die Wärmepumpe muss windgeschützt aufgebaut werden

Und hier noch vier wichtige Informationen zum Aufstellort des Außengeräts:

**1.** Zwischen Boden und Geräteunterkante müssen mindestens 30 Zentimeter bleiben (das entspricht der „mittleren lokalen Schneehöhe").

**2.** Weiterhin muss das Außengerät immer windgeschützt vor einer Wand aufgebaut werden, damit Leistung und Wirkungsgrad etwa durch starken Wind nicht beeinträchtigt werden. Dennoch einen Mindestabstand zur Außenwand von 15 Zentimetern einhalten.

**3.** Das Außengerät nicht in der Nähe eines Schlafzimmerfensters platzieren. Die Wärmepumpe läuft zwar nahezu geräuschlos – aber eben nur nahezu. Dasselbe gilt mit Blick auf die Nachbarschaft: Vor der Aufstellung prüfen, ob das Gerät jemanden stören könnte.

**4.** Letzter Gedanke dazu: Wärmepumpe und Inneneinheit sollen so nah wie möglich zusammen angeordnet werden, damit kurze Rohrleitungen möglich sind.

Für einen optimalen Betrieb werden nun der Außenfühler und der Raumtemperaturfühler montiert – **Schritt 8**.

Den Außenfühler unbedingt an einem schattigen Ort platzieren: Nord- oder Nordwest-Seite (die Morgensonne darf nicht draufscheinen).

Mithilfe des Raumtemperaturfühlers kann die jeweils aktuelle Raumtemperatur im Display angezeigt werden. Das ist hilfreich, um eventuell Temperaturkorrekturen vorzunehmen.

Wichtig: Den Raumtemperaturfühler an einem „neutralen Ort" wie etwa einer Innenwand im Flur etwa 1,5 Meter über dem Fußboden anordnen. Die Temperaturmessung könnte gestört werden, wenn die Montage direkt über einer Wärmequelle erfolgt, wenn direkte Sonneneinstrahlung möglich ist oder der Raumtemperaturfühler im Luftzugbereich der Außentür liegt.

Ebenfalls sollte man unbedingt vermeiden, den Raumtemperaturfühler hinter Schränken oder Regalen zu verstecken. Achtung: In Räumen mit Fußbodenheizung hat der Raumtemperaturfühler lediglich eine Anzeigefunktion, keine Reglerfunktion.

### Elektrischer Anschluss und Inbetriebnahme

Bevor die Heizungsanlage in Kürze in Betrieb genommen werden kann, wird jetzt noch der Stromanschluss hergestellt – **Schritt 9**. Achtung: Für den Anschluss der Wärmepumpe be-

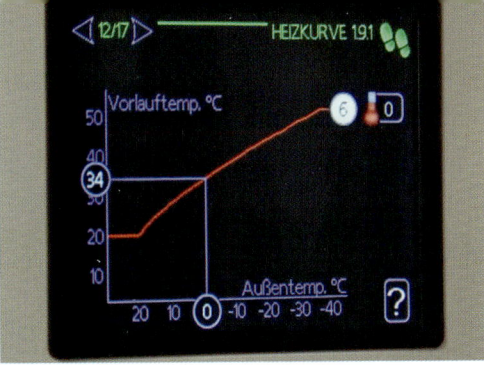

Vom Einstellen der Heizkurve bis zur gewünschten Brauchwassertemperaur: Das Display zeigt alle benötigten Informationen.

## TECHNISCHE INFOS WÄRMEPUMPE

**Typ:** Luft-Wasser-Wärmepumpe
**Hersteller:** Nibe – F2120-8
**Empfohlene Gebäudeheizlast:** 8 kW
**COP-Wert:** besser 5,0
**Inneneinheit:** Nibe – VVM 320
**Brauchwasserspeicher:** 206 Liter
**NIBE-Uplink:** online-Fernüberwachung

nötigt man eine Genehmigung des Energieversorgers (Stadtwerke). Der Anschluss selbst muss von einem Elektroinstallateur vorgenommen werden, der die Stromversorgung über einen eigenen FI-Schutzschalter führt.

Nun kommt erneut der Heizungsinstallateur ins Spiel. Er befüllt den Heizungskreislauf der Anlage, die Leitungen zum Außengerät und auch den Brauchwasserspeicher bis zum erforderlichen Druck mit Wasser. Dabei wird die Anlage gründlich gespült und auch entlüftet. Druckprobe vornehmen – **Schritt 10**.

Wenn alles befüllt und entlüftet ist, werden die Umwälzpumpen für Heizung und Warmwasserzirkulation angeschlossen – **Schritt 11**.

### „Startassistent" hilft via Display, die Inbetriebnahme vorzunehmen

Bei all diesen Schritten hilft der einprogrammierte „Startassistent" via Display, die Inbetriebnahme Schritt für Schritt vorzunehmen: Vom Einstellen der Heizkurve bis zur Definition der Brauchwassertemperatur.

Mithilfe dieses Klartextdisplays und einer intuitiv bedienbaren Menüstruktur kann weiterhin zwischen den Menüs und den einzelnen Optionen navigiert werden, um die gewünschten Einstellungen vorzunehmen oder die benötigten Informationen abzurufen. Wie etwa diese:

**Statuslampe grün:** normale Funktion.
**Statuslampe gelb:** aktivierter Notbetrieb.
**Statuslampe rot:** ausgelöster Alarm.

In den ersten Tagen nach der Inbetriebnahme wird weitere Luft aus dem Heizungswasser freigesetzt, sodass eventuell ein weiterer Entlüftungsvorgang durchgeführt werden muss (auf „Gurgelgeräusche" achten).

### Jetzt werden die Verbindungsinformationen für die online-Fernüberwachung eingestellt

Sobald das System stabilisiert ist (korrekter Wasserdruck, gut entlüftet), kann die Heizungsregelung auf die gewünschten Werte eingestellt werden.

Bei der Inbetriebnahme werden auch die Verbindungsinformationen zwischen Anlage und Internet für die online-Fernüberwachung und die online-Ferndiagnose vom Heizungsmonteur eingestellt.

**Gut zu wissen:** Das Display enthält ein eingebautes Handbuch, das jederzeit auf Wunsch jede Funktion via Bildschirm erklärt.

### Verbindung zur PV Anlage

Ein eigener Kommunikationsbaustein verknüpft auch die Wärmepumpe mit dem PV-Wechselrichter mittels Sunspec-Protokoll. Der Status der PV-Anlage (Ertragssituation, aktueller Ertrag, Beeinflussungsstatus der Wärmepumpe) kann über einen Rechner oder übers Smartphone visualisiert werden.

Und wieder ist man dem klimaneutralen Wohnen ein großes Stück nähergekommen.

# Energie-Trio: Lüftungsanlage, Solarthermie, Photovoltaik

**Wenn Kinder ein Haus malen, dann hat das Dach die Farbe Rot. Künftig sind Dächer jedoch blau. Die gute alte Dachpfanne wird zunehmend von Photovoltaik-Modulen abgelöst – aus dem reinen Schutzdach wird ein Nutzdach.**

Dass wir mitten in einer Umbruchphase sind, erkennt man nicht nur im Straßenverkehr: Car-Sharing, E-Roller, Zapfsäulen für Strom. Auch unsere Häuser bekommen ein neues Gesicht oder besser gesagt eine neue Frisur. Noch haben unsere Dächer, wenn sie keine Flachdächer sind, zwar eine Dacheindeckung, die überwiegend aus Dachpfannen besteht. Doch die Metamorphose hat schon vor Jahren begonnen: Photovoltaik-Module zur Stromgewinnung und Sonnenkollektoren, mit denen man das Heizungs- und Brauchwasser erwärmt, werden immer selbstverständlicher. Die Sonne bahnt sich ihren Weg über unsere Dächer ins Stromnetz. Anfangs recht langsam, jetzt immer schneller. Es ist eine Naturgewalt, die auch die mächtigsten Konzernchefs der Öl- und Gas-Wirtschaft auf Dauer nicht aufhalten können. Beruhigend.

**Es gibt zwei Sorten von Lüftungsanlagen: zentral oder dezentral**

Mit der Wärmepumpe wird Umweltwärme zur Beheizung des Hauses genutzt. Mit der Lüftungsanlage (Fachbegriff: kontrollierte Lüftung mit Wärmerückgewinnung) wird Raumwärme aus der Abluft regelrecht herausgefiltert, bevor die Luft beim Lüften das Haus verlässt. Das Funktionsprinzip:

**1.** Bei einer zentralen Anlage wird kalte Außenluft zum zentralen Lüftungsgerät geführt.

Ein bisher ungenutztes Dach kann künftig Teil des privaten Klimaschutzkonzeptes werden, wenn dort das zentrale Lüftungsgerät …

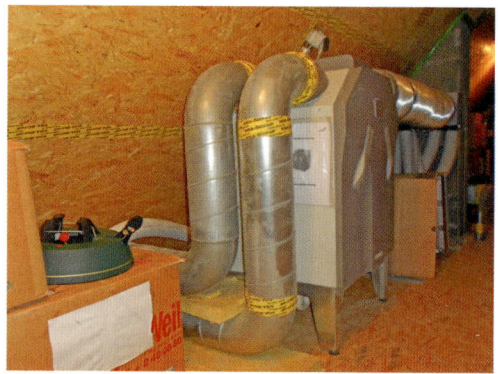

… aufgestellt wird. Wichtig ist, dass dieses Gerät innerhalb der thermischen Hülle steht: Die Dachschräge muss also gedämmt sein.

Zugleich wird warme, verbrauchte Raumluft in Bad und Küche abgesaugt und über einen Rohrkanal ebenfalls zum zentralen Gerät geleitet. Mittels Wärmetauscher verliert die warme Abluft Wärmeenergie an die kalte Zuluft, die nun erwärmt über ein eigenes Rohrnetz in die Wohnräume geführt wird. Wärmerückgewinnung: Bis zu 90 Prozent.

2. Bei dezentralen Geräten, die etwa in der Nähe von Fenstern oder direkt am Fensterrahmen angebracht werden, wird die Abluft an einem Speichermedium (etwa Aluminiumspeicher) vorbeigeführt, das sich innerhalb weniger Minuten aufwärmt. Dann schaltet die Anlage um und zieht kalte Luft an, die vom Speicher aufgeheizt wird. Für einen gleichmäßigen Luftdruck sorgen kommunizierende Lüfter, die wechselseitig Luft ausblasen und ansaugen. Wärmerückgewinnung: bis zu 80 Prozent.

**Irrtum richtig gestellt: In einem Haus mit Lüftungsanlage darf man die Fenster öffnen**

Im Zusammenhang mit Lüftungs- und Wärmerückgewinnungsanlagen brodelt es noch immer heftig in der Gerüchteküche. Häufig ist zu hören, man dürfe die Fenster nicht öffnen, wenn man eine Lüftungsanlage hat. Richtig ist, dass man jederzeit die Fenster öffnen darf. Die meisten Leute machen das aber nicht, weil ihnen die Lüftungsanlage höchsten Komfort liefert: Frischluft bei geschlossenem Fenster: Winterkälte, Frühjahrspollen und Ganzjahresstaub bleiben draußen, Gerüche, Feuchtigkeit und was sich sonst noch in unserer Atemluft ansammelt, wird ohne Aufwand abgeführt.

**An den Etagenverteilen zweigen die Leitungen zu den einzelnen Räumen ab**

Die Montage einer zentralen Anlage erfolgt in vier Schritten. **Schritt 1:** Das Lüftungsgerät aufstellen oder an vorgesehener Wandposition schallgedämmt aufhängen. **Schritt 2:** Wie bei der Sanitär- und Heizungsinstallation verlegt man zunächst Zuluft- und Abluftstränge zu einem oder mehreren Etagenverteilern. Dort zweigen die Luftkanäle zu den einzelnen Räumen ab (Schalldämpfer laut Plan montieren). Die Leitungen verschwinden später im Estrich, in der abgehängten Trockenbaudecke oder unter der Fassadendämmung (Kasten unten).

# Lüftung in der Dämmung versteckt

Wenn zwar eine energetische, aber keine Innenraum-Modernisierung durchgeführt werden soll, weil Zimmer, Küche und Bad keinen Renovierungsbedarf haben, wird man den baulichen Eingriff aus dem bewohnten Bereich möglichst fernhalten und auf das Mindeste beschränken.

Eine gute Wahl ist es dann, beispielsweise die Leitungen für die Lüftungsanlage außen auf der Fassade zu verlegen, bevor die Wärmedämmung aufgebracht wird. Man steuert vom Wärmetauscher, der entweder im Keller oder im Dachgeschoss aufgestellt ist, die Fas-

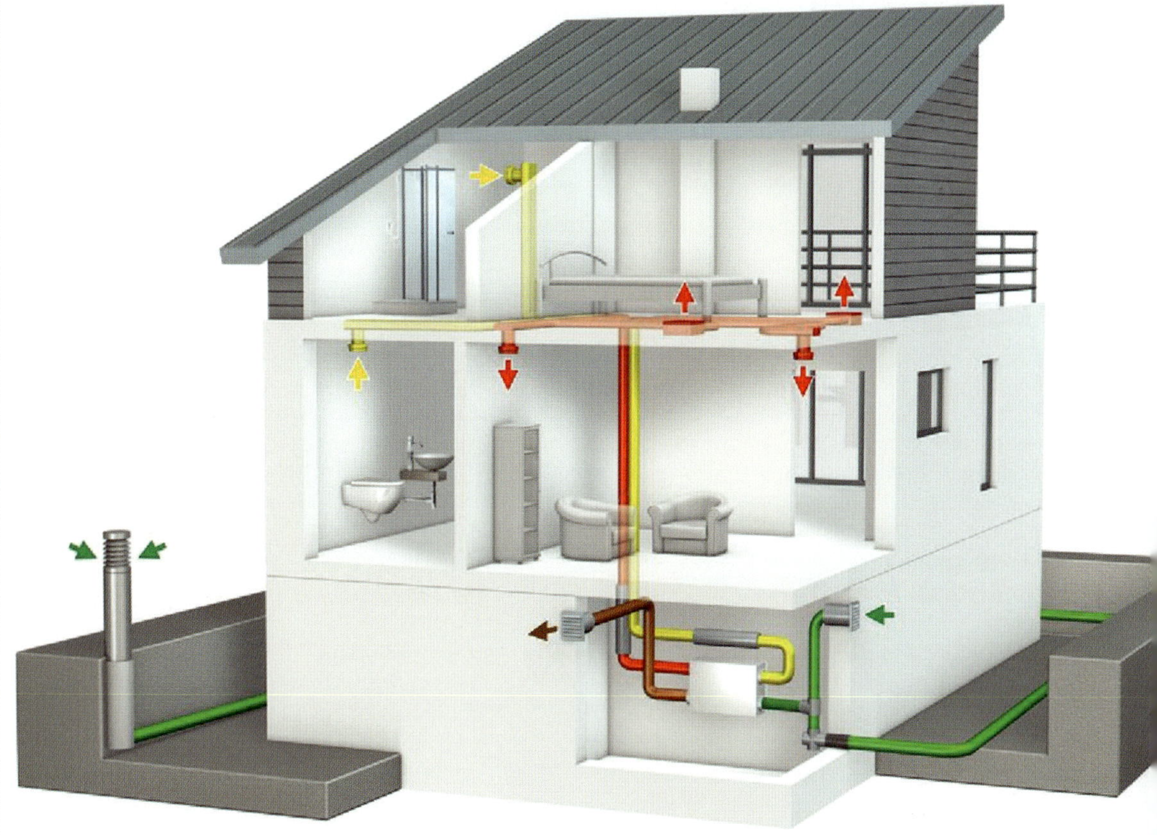

Lüftungsanlage mit Wärmerückgewinnung: Kalte Außenluft sowie warme, verbrauchte Raumluft aus Bad und Küche werden zum zentralen Lüftungsgerät geführt. Im Wärmetauscher wird die Zuluft erwärmt und strömt dann in die Wohnräume. Wärmerückgewinnung: Bis zu 90 Prozent.

sade an. Von dort geht es mit den Zuluft- und Abluftsträngen dann in die einzelnen Räume.

Die Dämmplatten-Überdeckung der Leitungen sollte später mindestens 8 Zentimeter betragen. Die Wärmeverluste wegen der etwas dünneren Dämmschicht halten sich in diesen Bereichen in Grenzen, die Gesamt-Energiebilanz wird nicht nennenswert verändert.

Der große Vorteil ist, dass innerhalb des Hauses keine Stemm- und Durchbrucharbeiten stattfinden. Lediglich an den Außenwänden ordnet man mittels Kernbohrung die Einlässe für Zu- und Abluft an.

**3.Schritt:** Die Zuluft- und Abluftventile platzieren. **4. Schritt:** Die Lüftungsanlage in Betrieb nehmen.

Weiter geht es mit Solarthermie (Warmwasserbereitung mit der Sonne) und Photovoltaik (Sonnenstromerzeugung). Beide werden häufig miteinander verwechselt. Wir sprechen von Kollektoren, wenn es ums warme Wasser geht, und von PV-Modulen, wenn der Sonnenstrom gemeint ist.

### Der Knackpunkt ist der Winter: Die tiefstehende Wintersonne optimal einfangen

Es gilt folgende **Faustformel**: Pro Bewohner benötigt man zwei bis drei Quadratmeter Kollektorfläche, wenn man neben der solaren Warmwasserbereitung auch die Heizungsanlage unterstützen möchte.

Der Vollständigkeit halber sei erwähnt, dass Sonnenkollektoren am meisten bringen, wenn sie auf einem Dach mit Südausrichtung angeordnet sind.

**Zweite Faustformel**: Je steiler das Dach ist, je besser. Die hochstehende Sommersonne knallt sowieso mit voller Power aufs Dach, so-

**Sören Ströhlein**
Zertifizierter Modernisierungsberater und Immobilienmakler, Ansbach

## NUTZUNG SONNENENERGIE

Sonnenenergie kann man passiv und aktiv nutzen. Bei der passiven Nutzung scheint die Sonne durchs Fenster und erwärmt die Raumluft – ohne eigene Anlage. Für die aktive Nutzung benötigt man eine technische Vorrichtung, die aus Kollektoren, PV-Modulen, Leitungen und aus einem oder mehreren Speichern besteht.

dass im Sommer der Einfallwinkel eher weniger von Bedeutung ist. Das Energieangebot ist ohnehin viel höher als man es braucht. Der Knackpunkt ist der Winter. Die tiefstehende Wintersonne soll optimal eingefangen werden. Das passiert, wenn sie rechtwinkelig auf die Kollektorflächen trifft. So ist der optimale Aufstellwinkel 45 bis 70 Grad. Die beste Positionierung der Kollektoren berechnet der Heizungsinstallateur oder der „Solateur".

Es gibt zwei verschiedene Kollektortypen: Einfache, häufig dachintegrierte **Flachkollek-**

**Zur Erwärmung von Wasser mit der Sonne (Solarthermie) gibt es zwei Kollektortypen: Einfache, dachintegrierte Flachkollektoren ...**

**... oder die effizienteren aber etwas kostenintensiveren Vakuumröhren-Kollektoren (Aufdachmontage).**

toren oder die effizienteren aber etwas kostenintensiveren **Vakuumröhren-Kollektoren**. Beide Systeme erwärmen das Trägermedium (Wasser plus Frostschutzmittel) während es durch das Rohrsystem des Kollektors fließt. Der Vorlauf ist kaltes Wasser, das über einen Steigestrang von der Kellerstation an den Fußpunkt der Kollektoren geführt wird. Nach dem Aufheizprozess wird das warme oder

**Das warme Wasser fließt vom Dach über einen Vorlauf-Rücklauf-Kreis beispielsweise zum Wasserspeicher der Wärmepumpe.**

heiße Wasser oben am Kollektor entnommen und zum Pufferspeicher oder zum Speicher der Wärmepumpe im Haustechnikraum geführt.

### Je mehr Warmwasser vom Dach kommt, umso seltener muss die Heizung anspringen

Im Warmwasser-Rücklauf ist eine Umwälzpumpe montiert, die für einen Kreislauf innerhalb des Systems sorgt. Je mehr Warmwasser vom Dach kommt, umso seltener muss die Heizung (Wärmepumpe, Pelletsheizung) anspringen.

Die Kollektoren werden in speziellen Rahmenvorrichtungen befestigt. Diese wiederum sind – ob Indach- oder Aufdachmontage – fest mit der Dachkonstruktion verankert. Die Kollektoren werden untereinander mit flexiblen Gummischläuchen verbunden.

Nach der Montage der Solarthermie erfolgt eine Druckprobe. Ist alles dicht? Wenn „ja", wird die Anlage in Betrieb genommen.

### Grüner Strom vom eigenen Dach: Selbst nutzen oder ins öffentliche Netz einspeisen

Eine Photovoltaikanlage zur Produktion von eigenem grünen Strom besteht zwar nur aus wenigen Komponenten, doch es gibt letztlich auch dort vieles zu beachten, um eine PV-Anlage so auszulegen, dass sie optimal Strom liefert. Zunächst: Photovoltaik-Module erzeugen Gleichstrom (Kürzel „DC" – direct current), der mittels Wechselrichter in Wechselstrom (Kürzel „AC" – alternating current) umgewandelt wird. Der Strom selbst kann entweder direkt selbst genutzt oder in einer Batterie gespeichert werden. Überschüssigen Strom speist man ins öffentliche Netz ein und erhält dafür eine „Einspeisevergütung".

Am Wechselrichter gibt es einen Stromzähler zur Dokumentation der gesamten Anlagenleistung. Am Hausanschluss wird ein separater Einspeise- und ein Bezugszähler montiert, der nicht bilanzierend, sondern in absoluten Wer-

**Monokristalline Photovoltaik-Module bestehen aus reinem Silizium und haben eine einheitliche Oberfläche (tiefschwarz).**

ten arbeitet: Wieviele Kilowattstunden werden eingespeist, wieviele werden aus dem Netz bezogen?

### Die Vielzahl der Details mit einem erfahrenen PV-Planer abstimmen

So weit, so gut. Bei der Planung einer PV-Anlage, der Auswahl der einzelnen Komponenten und vor allem bei der Montage müssen also sehr viele Details beachtet werden. Ein Laie, der bisher keine Erfahrungen mit Photovoltaik gesammelt hat, wird schnell die Übersicht verlieren, zumal die technische Entwicklung immer weiter geht. Und auch die Gesetzgebung: Das sogenannte Erneuerbare Energien Gesetz (EEG), das letztlich ins neue Gebäudeenergiegesetz (GEG) integriert wurde, ist derart oft novelliert worden, dass beispielsweise die rechtlichen Grundlagen zur Einspeisevergütung ein eigenes, dickes Kapitel füllen würden. Deshalb muss auch bei Planung und Montage einer PV-Anlage ein erfahrenes PV-Unternehmen eingebunden werden, um alle Randbedingungen optimal in Einklang zu bringen. Hier nun eine kleine Auswahl wichtiger Aspekte, die mit dem Planer besprochen und beachtet werden müssen, unterteilt in die Bereiche „PV-Dach-Module", „Wechselrichter" und „Batteriespeicher".

### Monokristalline oder polykristalline PV-Dach-Module? Beide Sorten sind gut geeignet

Es gibt monokristalline, polykristalline und Dünnschichtmodule. Was ist nun was? **Monokristalline** und **polykristalline Module** bringen einen vergleichsweise ähnlichen Stromertrag. Dabei können monokristalline Module, die aus reinem Silizium (Rohstoff Quarzsand – „Ein-Kristall-Stab") bestehen und eine einheitliche Oberfläche (tiefschwarz) haben, durch besondere Herstellungsverfahren noch etwas verbessert werden – sie kosten dann aber auch

**Bei polykristallinen Modulen sind die einzelnen Kristallgrenzen erkennbar: sie schimmern blau.**

**Bei unserer Windmühle in der TV-Sendung „4 Flügel, Küche, Bad" hatten wir uns für monokristalline PV-Module entschieden.**

Worauf warten wir noch? Es gibt viele unge-
nutzte Dächer, die optimal für Solarthermie
und Photovoltaik geeignet sind.

Ungünstige Dachform und Dachfläche sowie
Verschattung durch hohen Baum: Bei diesem
Haus ist eine PV-Anlage weniger sinnvoll.

mehr. Polykristalline Module werden aus einem Vielkristall-Siliziumblock hergestellt. Dieser Block wird in einzelne Scheiben zerschnit-
ten (jede Scheibe ist ein Modul). Optisch sind
die einzelnen Kristallgrenzen erkennbar (sie
schimmern blau). Der Leistungsverlust über die
Lebenszeit ist bei polykristallinen Modulen
kleiner als bei monokristallinen, die wiederum
bei „Schwachlicht" eine bessere Stromausbeu-
te generieren. Fazit der Fachleute: Beide Mo-
dularten sind gut geeignet.

Die relativ preiswerten **Dünnschichtmodule**
bestehen aus mikrometerdünnen Schichten
(amorphes, strukturloses Silizium oder alternative Halbleiter – etwa Cadmiumtellurid), die
auf dünnsten Folien oder auf Glas aufge-
dampft oder aufgedruckt werden. Sie haben
einen rund 10 Prozent geringeren Wirkungsgrad als kristalline Module und sind dann sinnvoll, wenn viel Fläche zur Verfügung steht. Vorteil von Dünnschichtmodulen: Im Gegensatz zu
kristallinen Modulen fällt dort der Leistungsverlust bei höheren Temperaturen etwas geringer aus. Bei Schatten oder auf Ost- und West-
Dächern ist der Leistungsabfall ebenfalls nicht
ganz so stark, und sie haben ein deutlich ge-
ringeres Gewicht (kann Vorteile bezüglich der
Statik bei einer Montage auf einem Altbau
bringen). Empfehlung: Die Fläche auf unseren
Dächern ist begrenzt. Deshalb kristalline Module mit hoher Ausbeute wählen – wobei die
Dünnschichttechnologie immer weiter verbessert wird und eventuell in Zukunft die kristallinen Module sogar überholen könnte.

Weiterhin gibt es PV-Module auch in Form von
Dachziegeln, um etwa das Dach ansprechender zu gestalten. Oftmals erkennt man erst auf
den zweiten Blick, dass die Dacheindeckung
Strom erzeugt. Solche Lösungen sind künftig
sicher auch beim Denkmalschutz von großer
Bedeutung.

Beim Studieren der PV-Datenblätter sollte im
Vorfeld einer Entscheidung auch der Tempe-
raturkoeffizient genau beachtet werden. Dieser gibt an, um wieviel Prozent sich die Modul-
leistung bezüglich der Umgebungstemperatur
pro Grad Celsius / Kelvin erhöht (Umgebung
kälter) oder veringert (Umgebung wärmer).

### Größe der Dachfläche, Ausrichtung, Dachneigung und Montage der Module

Die optimale Dachneigung für die Produktion
von Sonnenstrom liegt in Deutschland bei
einer Südausrichtung des Daches zwischen 30
und 35 Grad (in Norddeutschland etwas steiler, in Süddeutschland etwas flacher). Eine
Abweichung der Ausrichtung nach Osten und
Westen ist möglich, ohne dass man mit größeren Ertragseinbußen rechnen muss. Bei
einer recht genauen Satteldach-Nord-Süd-
Firstausrichtung kann sowohl die Ost- als auch
die West-Dachfläche genutzt werden.

Auf Flachdächern werden die Module im
optimal berechneten Winkel aufgestellt. Perfekt ist dort zudem eine Ausrichtung der Module genau nach Süden. Abstände einhalten,
damit sich die Module nicht verschatten.

# Photovoltaik-Erträge in kWh/kWp

| | | | | | | | |
|---|---|---|---|---|---|---|---|
| Aachen | 946 | Flensburg | 891 | Kassel | 924 | Nürnberg | 975 |
| Augsburg | 1.029 | Frankfurt/Main | 980 | Kiel | 895 | Potsdam | 926 |
| Berlin | 929 | Frankfurt/Oder | 973 | Koblenz | 932 | Regensburg | 1.014 |
| Bielefeld | 880 | Freiburg | 1.048 | Köln | 915 | Rostock | 945 |
| Bonn | 927 | Gera | 974 | Leipzig | 955 | Saarbrücken | 977 |
| Bremen | 879 | Göttingen | 908 | Lübeck | 895 | Schwerin | 916 |
| Bremerhaven | 892 | Halle | 956 | Magdeburg | 958 | Speyer | 1.013 |
| Darmstadt | 1.004 | Hamburg | 891 | Mainz | 973 | Stuttgart | 1.025 |
| Dortmund | 914 | Hannover | 901 | Mannheim | 999 | Trier | 967 |
| Düsseldorf | 907 | Heidelberg | 999 | München | 1.041 | Ulm | 1.032 |
| Dresden | 949 | Kaiserslautern | 992 | Münster | 914 | Wiesbaden | 982 |
| Erfurt | 970 | Karlsruhe | 1.032 | Neuruppin | 907 | Würzburg | 1.001 |

Quelle: www.photovoltaiksolarstrom.com

Stichwort „Verschattung": Der Schornstein des Nachbarhauses, entfernte Kirchtürme, hohe Häuser oder auch Bäume können durch Schattenwurf den Ertrag einer PV-Anlage erheblich drücken.

**Gut zu wissen:** Es werden immer mehrere PV-Module in Reihe geschaltet. Liegt ein Modul im Schatten, veringert sich der Ertrag der gesamten Reihe spürbar. Es kann also sinnvoll sein, manche Bereiche des Daches – beispielsweise dort, wo der Schornstein seinen Schatten wirft – auszusparen. Weniger ist in diesem Fall mehr.

## Eine 50-Quadratmeter-PV-Anlage kann 9.500 Kilowattstunden pro Jahr bringen

Nächste Frage: Wie groß soll die Anlage sein? Antwort: So groß wie möglich. Die bestmögliche Größe errechnet der beauftragte Fachbetrieb unter Berücksichtigung der Randbedingungen.

Beispiel: Eine 50-Quadratmeter-Modulfläche bringt zunächst unter Laborbedingungen eine Nenn-Höchstleistung von rund 10 kWp („Kilowatt peak": Peak = Spitze).

Abhängig von Standort, Dachneigung, Dach-Ausrichtung, Umgebungstemperatur und weiteren Modul-Kennwerten liefert eine Photovoltaik-Anlage in Deutschland jährlich etwa zwischen 880 und 1.050 kWh/kWp.

Der Solarertrag für Frankfurt/Main liegt bei rund 980 kWh/kWp (Tabelle oben). Somit ergibt das bei einer 10 kWp-Anlage einen Gesamtertrag von (10 kWp x 980 kWh/kWp) 9.800 kWh grünem Strom pro Jahr.

## Die PV-Module so montieren, dass sie hinterlüftet sind: Das erhöht den Ertrag

Die gesamte PV-Anlage soll mindestens 20, besser 30 bis 40 Jahre funktionieren. Allein schon deshalb muss auch die Unterkonstruktion dauerhaft stabil sein. Bewährt haben sich Aluminium-Montageschinen. Bei der Planung unbedingt Sog- und Drucklasten, etwa durch Wind, Sturm und Schnee berücksichtigen. Gerade die Module am Dachrand müssen besonders gut gesichert sein.

Alle PV-Module sollten mindestens 10 Zentimeter oberhalb der Dachhaut verlegt werden, damit sie hinterlüftet sind und somit ausreichend gekühlt werden (optimiert den Stromertrag). In diesem Zusammenhang: Dachintegrierte Anlagen sehen zwar gut aus, sind bestens gegen Diebstahl geschützt, liefern aber

Die PV-Module mit mindestens 10 Zentimeter Abstand zur Dachhaut verlegen. Die Hinterlüftung kühlt und erhöht den Ertrag.

Gerade die Module am Dachrand müssen wegen der Windsog- und Winddrucklasten besonders gut gesichert sein.

Pro Kilowatt Peak (kWp) installierter Photovoltaik-Leistung sollte eine Kilowattstunde (kWh) Speicherkapazität geplant werden.

aufgrund der fehlenden Hinterlüftung geschätzt drei bis fünf Prozent weniger Strom.

### Der Wechselrichter muss im Durchschnitt nach rund 15 Jahren erneuert werden

Der Wechselrichter, der den PV-Gleichstrom in nutz- und einspeisbaren Wechselstrom umwandelt, ist die Zentrale der PV-Anlage und gewissermaßen ein Verschleißteil – er muss im Durchschnitt alle 15 Jahre ausgetauscht werden. Neben der Strom-Umwandlung überwacht der Wechselrichter die Einspeisung ins öffentliche Stromnetz. Bei Netzstörungen wird etwa die Verbindung automatisch getrennt.

Hybrid-Wechselrichter können bei Bedarf den PV-Gleichstrom direkt von den PV-Modulen in die Batterie umleiten. Dieser Prozess spart dann zweimal die Umwandlung und erhöht somit den Wirkungsgrad. Zugleich reduziert man die Investition in die Anlage, da man nur einen anstatt zwei Wechselrichter braucht.

### Der eigene Batteriespeicher ist ein wichtiger Schritt in Richtung Energieunabhängigkeit

Batterie-Speichersysteme haben den Sinn, den erzeugten Strom der Photovoltaik-Anlage in größerer Menge selbst verbrauchen zu können und weniger ins Netz einspeisen zu müssen.

Grundsätzlich sind beliebige Speicherkapazitäten – unabhängig von der Anlagenleistung der PV-Anlage – möglich. Im Ein- oder Zweifamilienhaus gibt jedoch der Platz, der zur Verfügung steht, die maximale Speichergröße vor. **Faustformel:** 1 kWh nutzbare Speicherkapazität pro kWp installierter Photovoltaik-Leistung.

Interessant wird es, wenn in naher Zukunft die Stromtarife über den Tag verteilt stark schwanken. Dann kauft man sich zu einem bestimmten Zeitpunkt – vermutlich nachts – ergänzend zum eigenen PV-Strom billigen Grünstrom zusätzlich ein und nutzt ihn individuell und unabhängig nach Bedarf.

TAG 77

TAG 44

# INNENAUSBAU

DIY
DO IT YOURSELF

# Decken, Wände, Böden: Systematischer Innenausbau

**Während die Arbeiten rund um die klimaneutrale Gebäudehülle und rund um die Haustechnik nichts für Do-it-yourselfer sind, können versierte Selbermacher beim Innenausbau kräftig mit anpacken und viel Geld sparen.**

Besonders lukrativ wird der Innenausbau, wenn man von vornherein mit dem notwendigen Basiswissen zur Tat schreitet: „Gewusst wie statt irgendwie" lautet das Motto des gelungenen Innenausbaus. Optimalerweise arbeitet man genau dort mit Fachleuten zusammen, wo es sinnvoll und notwendig ist. Wer zusätzlich noch mit Effekten sparsam umgeht, hat bereits eine klare, systematische Linie für seine Innen-Modernisierung abgesteckt.

## Ein reibungsloser Bauablauf wird auch durch eine aufgeräumte Baustelle sichergestellt

Für jeden Do-it-youself-Modernisierer ist es ein Hochgenuss, wenn der Freundeskreis und die Verwandten bei der Einweihungsparty ihre Begeisterung über das frisch renovierte Haus nicht zurückhalten können. Die wochenlange Arbeit – vor allem an den Wochenenden – ist schnell vergessen, sobald die Gäste mit anerkennender Sprachlosigkeit reagieren.

Dennoch sollte niemand allein beflügelt durch munteren Tatendrang aufs Geradewohl beginnen. Damit das Ergebnis, von der richtigen Farb-Auswahl bis zu überall sauber angeklebten und verfugten Fliesen künftig jeden Tag Freude bereitet, braucht man vor allem Zeit und die richtigen Informationen. Wie ein guter Bauzeitenplan aufgestellt wird, haben Sie schon kennengelernt. Jetzt folgen wichtige Informationen zum Innenausbau.

Bevor nun die Räume auf Vordermann gebracht werden, muss die Planung vollständig abgeschlossen sein. Die Farb- und Lichtkonzepte stehen, die Werkzeuge liegen bereit. Zu allen Arbeitsschritten, bei denen Eigenleistung möglich ist, finden Sie einen kleinen Infokasten, der Sie über Material-, Werkzeug- und Zeitbedarf informiert. So können Sie bereits im Vorfeld der einzelnen Arbeiten genau erkennen, welche Materialmengen Sie kaufen müssen, ob Sie die richtigen Werkzeuge besitzen und wie zeitaufwendig die Arbeitsschritte sind.

Ein reibungsloser Bauablauf wird auch durch eine aufgeräumte Baustelle sichergestellt. Wer sich zudem nach der Arbeit jedes Mal noch dazu aufraffen kann, seine Werkzeuge und Geräte zu säubern, kann sich so manche Neuanschaffung und damit viel Geld sparen.

# Comeback für den Keller: Feuchte Keller werden trocken

**Feuchte, muffige Keller sind für viele Menschen der Inbegriff der Rockmusik, da früher nahezu alle Schülerbands der Stadt ihren Probenraum in irgendeinem schäbigen Altbau-Kellerverließ hatten.**

Hauseigentümer von heute, deren Keller aufgrund zu hoher Feuchtigkeit ebenfalls von diesem unangenehmen Klima geprägt ist, spüren statt Rockmusik eher den Blues: „Kann man da nicht irgendetwas gegen machen?" Man kann: Abdichtung von außen oder von innen.

Vielleicht kommt der eine oder andere jetzt ins Grübeln: „Stimmt! Wir hatten als Schüler auch so einen Probenraum. Man könnte ja nach der Sanierung im Keller die Schülerband mit den Kumpels von damals wiederbeleben und diesmal einen behaglichen Underground-Musiker-Treffpunkt einrichten." Gesagt, getan.

Früher wurden Keller mit Absicht so gebaut, dass eine hohe Luftfeuchtigkeit sichergestellt war, da man die Räume im Untergeschoss vor allem für die Vorratshaltung nutzte: Kartoffeln, Äpfel, Getränke. Ist der Keller inzwischen aber feucht bis nass, die Luft modrig, sind Schimmel, Salzausblühungen und abgeplatzter Putz erkennbar, muss man handeln. Am besten sofort. Es kommt mehr Feuchtigkeit in den Raum als abgeführt werden kann. Hierfür gibt es vier Ursachen (oder eine Kombination daraus).

### Ursache erforschen: Wo kommt die Feuchtigkeit her?

**1.** Es kann sich um drückendes Wasser aus dem Erdreich handeln, etwa immer wieder steigende und fallende Grundwasserspiegel oder Regenwasser, das am Haus im Erdreich

Wenn der Keller feucht bis nass ist, die Luft modrig riecht oder Schimmel und abgeplatzter Putz erkennbar sind, muss man handeln.

Den schadhaften Belag bis aufs Mauerwerk entfernen. Staub und lose Teile abbürsten. Danach eine Spezialgrundierung auftragen.

versickert und durch undichte oder gar nicht abgedichtete Kellerwände immer wieder das Mauerwerk durchnässt. Dort ist die beste Lösung, den Keller aufzugraben und von außen dauerhaft abdichten zu lassen (Kasten unten).

2. Wenn Erdfeuchte für den modrigen Keller verantwortlich ist, dann wäre es zwar das beste, ebenfalls die Kellerwände von außen abzudichten. Wenn das aber nicht geht, gibt es auch die Möglichkeit, von innen zu sanieren.

3. Aufsteigende Feuchtigkeit durch eine verrottete oder erst gar nicht vorhandene „Horizontalsperre" unter dem Mauerwerk kann ebenfalls eine Ursache für den feuchten Keller sein. Lösung: Kellerboden flächig abdichten, Kellermauerwerk mit Injektionen schützen.

4. Auch falsches Lüften kann zu Feuchtigkeit und Schimmel im Keller führen. Gerade unbeheizte Kellerräume sind im Sommer recht kühl. Strömt nun beim Lüften des Kellers heiße Sommerluft in den Keller, dann kühlt diese auf den kalten Oberflächen ab, Tauwasser fällt aus („Sommerkondensation" – warme Luft kann mehr Wasser speichern als kühle Luft). Lösung: Richtig lüften (in der Sommerzeit nur in den frühen Morgen- und Abendstunden, im Herbst,

Die Kombination aus Grundierung und Sanier- oder Klimaputz hält zuverlässig dicht und wirkt sich positiv aufs Keller-Klima aus.

Eine dampfdurchlässige Dichtungsschlämme ist ebenfalls eine wichtige Komponente bei der Kellersanierung.

# Kellerwand von außen abdichten

Wenn in die Kellerwände von außen Wasser oder Feuchtigkeit eindringt, ist die beste Sanierungsmaßnahme, die Abdichtung ebenfalls von außen vorzunehmen. Hierzu gibt es hochwertige Systemlösungen, die aus Grundierung, Hinterfeuchtungsschutz, Dichtkehle zum Fundament und aus einer Endbeschichtung aus Schlämme und/oder Bitumen (Dickbeschichtung) bestehen.

Die einzelnen Materialien hierfür müssen von einem Fachbetrieb mit Erfahrung und Sachverstand verarbeitet werden, da nur so eine dauerhafte Schadensbeseitigung sichergestellt

Mit der endgültigen Oberflächenbeschichtung aus Sperrputz ist die Kellersanierung abgeschlossen.

Frühjahr und Winter optimalerweise dann, wenn die Außentemperatur niedriger ist als die Lufttemperatur im Keller).

Inzwischen gibt es automatische Lüftungssysteme, die Temperaturen und Luftfeuchtigkeit abgleichen und den Lüftungsvorgang mittels Ventilator in Gang setzen, wenn es notwendig wird (gut geeignet auch für Ferienhäuser, die oftmals viele Wochen und Monate leer stehen).

### Kellersanierung: Abdichten von innen

Der Keller ist feucht, man kann von außen aber nicht abdichten? Für diesen Fall gibt es die Innenabdichtung. **Gut zu wissen:** Die Luftfeuchtigkeit darf nicht über 60 Prozent steigen, da sonst durch Tauwasserbildung das Feuchtigkeitsproblem dann doch nicht gelöst wäre. Auf jeden Fall im Vorfeld mit einem Fachmann die Situation besprechen. Oft hilft es schon, die Raumluft mit einem Heizkörper zu erwärmen, da warme Luft mehr Wasser speichern kann als kühle. Beheizte Keller sind somit automatisch weniger feucht als unbeheizte.

Vorbereitend wird loser Putz entfernt, Risse gespachtelt. Die Innenabdichtung selbst besteht aus einer Grundierung plus Sperrputz. Alternativ: Grundierung, zementgebundene, dampfdurchlässige Dichtungsschlämme plus Sanierungsputz (auch „Klimaputz"), dessen Poren Salze aufnehmen können. Für besonders feuchte Räume gibt es Entfeuchtungsputze.

Sicherheitshalber sollte auf jeden Fall auch die Bodenplatte abgedichtet werden. Hierzu eignet sich ebenfalls eine Dichtungsschlämme.

Nach der Kellersanierung hat man zusätzlichen Wohnraum gewonnen, in dem man die lang ersehnte Sauna oder seinen Fitnessraum unterbringen kann – oder den Probenraum für die alte Rockband aus Jugendtagen, die jetzt ihr Comeback erlebt. So wie der Keller auch.

ist. Ein Nachteil: Der Keller muss von außen vollständig aufgegraben werden. Oft müssen hierfür Terrassen, Wege oder schön eingewachsene Teile des Gartens geopfert werden. Zusätzlich benötigt man Lagerflächen für den Erdaushub (schnell kommen 50 bis 100 Kubikmeter zusammen).

Man erhält aber sofort zwei große Vorteile zurück: Man hat später einen dauerhaft dichten Keller und kann nebenbei auch gleich die Kelleraußenwände dämmen (mindestens 10 Zentimeter dick). Dann spart man auch noch dauerhaft Heizkosten.

# Verputzen, spachteln: Aus der Baustelle wird wieder ein Haus

**51. Tag: Kabelschlitze werden gefüllt, unebene Bereiche der Wände mit hauchdünnem Spachtelputz geebnet. Manchmal muss auch eine mehrere Millimeter dicke Putzschicht aufgezogen werden. Oder man wählt den „Loft-Look".**

Für den weiteren, reibungslosen Bauablauf und für eine dauerhaft gute Oberflächenqualität von Decken und Wänden müssen Material, Untergrund und zukünftiges Raumklima optimal zueinander passen. Deshalb sollte man beim Materialeinkauf die Verarbeitungs- und Materialhinweise genau studieren, die auf jedem Putzsack aufgedruckt sind. Gewöhnliche Putze und Spachtelmassen auf Gipsbasis können in aller Regel auf allen Wänden in Wohnräumen, Treppenhäusern und Fluren aufgezogen werden. Für Feuchträume (Waschküche, Bad, Küche) nimmt man feuchtraumgeeignete Spachtelmassen und Putze auf Kalk-Zement-Basis. Lehmputze sind Allrounder und können überall eingesetzt werden.

Apropos „Allrounder": Gips-Putze und Gips-Spachtelmassen gibt es längst auch als „All-in-one"-Produkte: Für alle Einsatzbereiche genügt dann ein einziges Produkt. Am besten lässt man sich dazu im Fachhandel beraten. Und dann geht's los.

**Je weniger Putzmasse aufgezogen wird, umso weniger Feuchtigkeit gelangt ins Haus**

Für begabte Laien ist es kein Problem, Risse und Fugen zu schließen sowie dünne Spachtelputze aufzuziehen. Sobald aber ein vollflächiger Oberputz gewünscht ist, sollte eine Fachfirma beauftragt werden. Faustformel: Je weniger Putzmasse aufgezogen wird, umso

Beim Spachteln und Verputzen arbeitet man von oben nach unten, um bereits bearbeitete Bereiche nicht zu verschmutzen.

Wenn die alte Zimmerdecke noch weitgehend in Ordnung ist, genügt für eine 1-A-Oberfläche ein hauchdünner Spachtelputz.

weniger Feuchtigkeit gelangt ins Haus. Deshalb könnte der trendige „Loft-Look" eine interessante Lösung für das Gestalten von Wänden und Decken sein: Fugen und extrem unebene Flächen werden nur einmal grob gespachtelt. Dabei dürfen Kellenschläge und Grate ruhig stehen bleiben. Nach dem Aushärten werden diese beispielsweise mit der schräg gestellten Traufel einfach abgezogen. Danach den Staub von der Oberfläche entfernen und einen dicken Farbanstrich auftragen. Fertig ist der Loft-Look. Sieht gut aus, reduziert die Feuchtigkeit und spart obendrein noch Zeit und Geld. Doch jetzt der Reihe nach.

### Übergänge zu anderen Materialien wie etwa zu Rollladenkästen mit Gewebe armieren

Erster Schritt: Fenster abkleben und auf dem Boden ein Abdeckvlies verlegen. Die Vorbereitungen des Untergrundes beginnen mit dem Abbürsten der Oberfläche. Lose Teile entfernen, stark saugende Untergründe gegebenenfalls grundieren (nicht vornässen – im Fachhandel beraten lassen). Weiterhin muss der Untergrund trocken, fett- und frostfrei sein. Die Übergänge zu anderen Materialien wie etwa zu alten Rollladenkästen mit einem feinmaschi-

gen Putzgewebe armieren. Dabei das Gewebe mindestens 10 Zentimeter über das angrenzende Bauteil ziehen. Auch über gespachtelte große Löcher und Risse kommt Gewebe. Betonflächen mit einer Haftbrücke streichen.

### Wasser- und Heizungsrohre schallgedämmt einbauen, Profile sorgen für stabile Kanten

Eine Aufgabe, die viel Sorgfalt erfordert, ist das Schließen der Installationsschlitze. Stromkabel können ohne weitere Vorbereitungsmaßnahmen überputzt werden. Wasserleitungen und Heizungsrohre werden jedoch zur Reduzierung der Fließgeräusche mit Wickelstreifen ummantelt oder in spezielle Rohrschalen gepackt. Die Hohlräume im nächsten Arbeitsgang mit Montageschaum füllen. Später sollte dort die endgültige Putzdicke mindestens einen Zentimeter betragen (Gewebe-Armierung einbetten). Alternativ kann dieser Bereich später auch mit einer Trockenbauplatte überdeckt und verschlossen werden, die dann unsichtbar unter einer dünnen Spachtelschicht verschwindet. Trockenbauplatten werden ebenfalls dort eingesetzt, wo etwa ein Stahlträger verkleidet werden muss (beispielsweise über einem Wanddurchbruch).

Hier wurde der Anstrich direkt auf dem grob gespachtelten Untergrund aufgezogen (Loft-Look). Das reduziert den Feuchteeintrag.

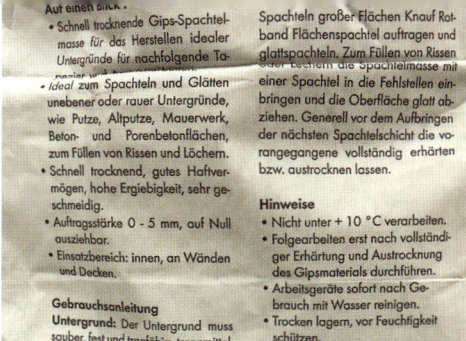
Material und Untergrund müssen zueinander passen. Deshalb beim Materialeinkauf die Verarbeitungs- und Materialinfos beachten.

Wasserleitungen und Heizungsrohre werden zur Reduzierung der Fließgeräusche um-mantelt. Die Hohlräume danach mit …

… Montageschaum füllen. Später sollte dort die Putzdicke mindestens einen Zentimeter betragen (Gewebe-Armierung einbetten).

## SPACHTELN UND VERPUTZEN

**Werkzeuge:** Bürste zum Auftragen der Grundierung (Quast), Handfeger, Zollstock, Bleistift, Wasserwaage, Richtscheit, kleine Kelle, Blechschere, leistungsstarke Bohrma-schine, Rührquirl, mehrere Eimer, Schwäm-me, Traufel, Schwammscheibe, Abziehlatte, Flächenspachtel („Schmetterling"), fahrba-res Maurergerüst.

**Materialbedarf:** Pappe und Folie zum Ab-decken, Grundierung, Klebeband, Eckwin-kel, Abstandsschienen, Gittergewebe, Mon-tageschaum zum Schließen von Schlitzen, Gipsbauplatten zum Überdecken von Schlit-zen, Innenputz, Spachtelputz, Spachtelmas-se.

**Zeitaufwand Schlitze schließen:**
Stromkabelschlitze schließen: 0,1 Std/m
Rohrleitungsschlitze schließen: 0,1 Std/m
**Zeitaufwand spachteln/verputzen:**
Spachtelputz (ca. 1 Millimeter) aufziehen und glätten: 0,5 Std/m²
Dünnputz (bis 3 Millimeter) aufziehen und glätten: 0,7 Std/m²
Innenputz (bis 10 Millimeter) aufziehen und glätten: 1,0 Std/m²

Die angegebenen Zeiten sind nur als grobe Richtzeiten zu verstehen.

Die Eckprofile werden mit der Blechschere zugeschnitten, genau positioniert und mit Mörtelbatzen fixiert.

In Fenster- und Haustürlaibungen werden oftmals recht dicke Putzschichten benötigt, um etwa rohes Mauerwerk auszugleichen. ...

... Dort unbedingt die Trocknungszeiten einhalten (einen Tag pro Millimeter Putzdicke), bevor es etwa mit den Tapeten weitergeht.

An Mauerwerksecken (zum Beispiel im Bereich der Fensterlaibungen und der Haustür) sorgen Putzprofile für saubere und stabile Kanten. Die Profile fixiert man mit einzelnen Mörtelbatzen, die im Abstand von rund 20 Zentimetern im Eckbereich platziert werden. Achtung: Nach dem Ausrichten mit der Wasserwaage überschüssiges Material entfernen oder glattstreichen. Dabei das Profil nicht mehr verschieben.

Wenn Türzargen aus Stahl vorgesehen sind, müssen diese jetzt so gesetzt werden, dass sie bündig mit der späteren Putzoberfläche abschließen. Will man später Türzargen aus Holz (Umfassungszargen), setzt man jetzt in den Laibungen Bretter, deren Außenkanten beidseitig

die genaue Flucht der späteren Putzoberfläche vorgeben: Dann passen die Zargen später millimetergenau. Wer sich für die „kleine Variante" entschieden hat und statt vollflächigem Oberputz nur Schlitze schließt und Oberflächen dünn spachtelt, rührt sich sein Material am besten eimerweise an. Diese Portionen dann jeweils erst vollständig verarbeiten, bevor man die nächste Fuhre neu anmischt.

So wird richtig angerührt: Sauberes Wasser in einen Baueimer füllen. Dabei die Mengenangaben auf dem Putzsack genau beachten. Das Material darf letztlich nicht zu flüssig aber auch nicht zu trocken sein. Mörtel-Trockenmasse sparsam ins Wasser streuen und mit einer leistungsstarken Bohrmaschine mit Quirl-

Der Stahlträger über dem Wanddurchbruch zwischen Küche und Wohnzimmer wird jetzt mit Trockenbauplatten verkleidet.

Die gesamte Konstruktion erhält dann noch eine dünne Spachtelputzschicht. Den Übergang zur Wand mit Gewebe armieren.

Beim Verputzen wird der frische Putz mit der Traufel in einer Handbewegung von unten nach oben aufgezogen und sofort …

… gleichmäßig verteilt und vorgeglättet. Verputzerregel: „Das Material immer zur fertigen Fläche hin aufziehen".

aufsatz bei niedriger Drehzahl verrühren, bis eine klumpenfreie Masse entsteht. Dann soviel Pulver zusätzlich dazugeben, bis die Konsistenz passt.

### Verputzerregel: „Das Material immer zur fertigen Fläche hin aufziehen"

Wichtig: Beim Verputzen arbeitet man immer von der Decke bis zum Fußboden, um bereits bearbeitete Bereiche nicht zu verschmutzen. Der frische Putz wird dabei mit der Traufel in einer Handbewegung von unten nach oben aufgezogen und sofort gleichmäßig verteilt und vorgeglättet. Verputzerregel: „Das Material immer zur fertigen Fläche hin aufziehen."

Zum Abschluss des Putzauftrages die Fläche mit einem Flächenspachtel („Schmetterling") glattziehen.

TAG 72
TAG 51

Nach ein bis zwei Stunden ist der Putz so weit verfestigt, dass die Wandfläche mit dem nassen Filzbrett oder mit der …

… Schwammscheibe kräftig abgerieben werden kann. So werden letzte Unebenheiten ausgeglichen.

Anschließend wird bei dickem Putzauftrag die Fläche mit der Richtlatte abgezogen: Erst senk-recht, dann waagerecht. Zum Abschluss des Putzauftrages die Fläche mit einem Flächenspachtel („Schmetterling") glatt ziehen.

Je nach Raumtemperatur und Dicke ist der Putz nach ein bis zwei Stunden so weit verfestigt, dass die Wandfläche mit dem nassen Filzbrett oder mit der Schwammscheibe kräftig abgerieben werden kann. So gleicht man letzte Unebenheiten aus. Sofort danach die Wand mit dem Flächenspachtel feinglätten.

**Lehmputz in Pulverform zum selbst Anrühren enthält keine Konservierungsstoffe**

Lehmspachtelputz wird in Pulverform oder bereits fertig angemischt geliefert. Wer sich für die Pulverform zum selbst Anrühren entscheidet, stellt sicher, dass keine Konservierungsstoffe im Putz enthalten sind.

Entsprechend den Herstellerangaben werden Wasser und Pulver in der richtigen Dosierung vermischt (Bohrmaschine mit Quirlaufsatz nehmen). Nach dem Anrühren das Material gut 30 Minuten quellen lassen, danach nochmals

# Heizungsrohre im Boden spachteln

Bei unserer Mustermodernisierung wurde auch der Fußboden gespachtelt. Oder besser gesagt der alte Estrich. Nachdem die Fugen für die Heizkreise gefräst und die Rohrleitungen der Warmwasser-Fußbodenheizung verlegt waren, wurden die kleinen, verbliebenen Hohlräume mit einer kunststoffvergüteten Spachtelmasse regelrecht eingeschlämmt. Die Oberfläche wurde danach glatt abgezogen. So ist künftig eine gleichmäßige und vor allem zügige Wärmeübertragung sichergestellt.

Fußbodenheizungssysteme auf Basis von Gipsfaserplatten werden ebenfalls gepachtelt.

durchrühren. Der Putzauftrag beginnt dann oben an der Decke. Tipp für ungeübte Laien: Zunächst über die ganze Wand eine ein Millimeter dünne Schicht aufziehen, die man abtrocknen lässt, ehe die zweite Schicht darüberkommt. So ist sichergestellt, dass der Putz nicht an einer Stelle zu dünn wird, sodass etwa eine vormals helle Wand durchschimmert.

Wer schon etwas Übung hat, zieht den Putz in einem Rutsch einlagig auf (zwei bis vier Millimeter dick). Lehmputz lässt sich übrigens sehr leicht verarbeiten. Jeder, der schon mal mit der Schaufel in einem lehmigen, feuchten Boden graben musste, weiß, was Lehm für eine klebrige Angelegenheit sein kann. Nicht so beim Spachtelputz: der geht geschmeidig von der Kelle.

## Lehmputz kann jederzeit – auch noch nach Jahren – wieder in Gang gebracht werden

Jetzt wird es spannend: Die Oberflächengestaltung ist ebenfalls leicht und kennt kaum Grenzen. Besonders einfach ist es, die Oberfläche zu „filzen", wobei man keine Filzscheibe nimmt, sondern ein Schwammbrett, das

**Auch bei Lehmspachtelputz beginnt der Materialauftrag oben an der Decke. Danach beginnt sofort die Oberflächengestaltung.**

man vor dem Arbeitsgang mit viel Kraft ausdrückt. Spätestens 30 Minuten nach dem Putzauftrag mit der endgültigen Oberflächengestaltung beginnen. Dabei ist es reine Geschmacksache, wie kreativ man ans Werk geht. Unebenheiten im Putz können beispielsweise durch starkes Verreiben egalisiert werden. Man kann aber auch Kanten und Grate, die vom Kellenschlag noch sichtbar sind, so weit in die Fläche einmassieren, dass sie gerade noch erkennbar sind und diese typische, unregelmäßige mediterrane Struktur liefern. Einfach mal verschiedene Varianten ausprobieren. Wenn es einem nicht gefällt, kann der Lehmputz unter Zugabe von Wasser jederzeit – auch noch nach Jahren – wieder in Gang gebracht werden.

# Trockenbau: Dauerhafte Konstruktionen im Leichtbau

**55. Tag: Der Trockenbau beginnt. Vom Verkleiden der Dachschrägen über das Schließen nicht mehr benötigter Türöffnungen bis zur abgehängten Decke oder Trennwand: Bei der Sanierung werden Gipsbauplatten vielfältig eingesetzt.**

Der Trockenbau hält, was schon das Wort verspricht. Lange Austrocknungszeiten, wie sie etwa bei einem 10 Millimeter dicken Innenputz notwendig sind, entfallen vollständig. So können Gipsbauplatten kurz nach der Montage tapeziert, gestrichen oder verfliest werden.

Wir beginnen unterm Dach mit dem Verkleiden der Dachschrägen. Erster Schritt: Die Montage der Unterkonstruktion. Horizontal verlaufende Holzlatten oder Metallprofile an den Sparren anschrauben. Zwei Dinge gilt es dabei zu beachten: Die Lattenabstände müssen so gewählt werden, dass die Platten später nicht durchhängen, die Stöße der Beplankung müssen immer auf einer Latte liegen. Übliche Lattenabstände sind je nach Plattenformat etwa 30 bis 40 Zentimeter. Gipskartonplatten der Dicke 12,5 Millimeter haben sich bewährt (bei Gipsfaserplatten kann man auf 10 Millimeter gehen). Weiterhin müssen alle Latten der Unterkonstruktion für eine wirklich ebene Oberfläche exakt in einer Flucht liegen. Das prüft man mit einer langen Richtlatte. Gegebenenfalls Unebenheiten mit flachen Unterlegscheibchen oder Holzspänen ausgleichen.

## Aufpassen, dass mit den Schraubenspitzen die luftdichte Ebene nicht beschädigt wird

Achtung: Die luftdichte Ebene darf etwa durch Schraubenspitzen nicht beschädigt werden. Wenn, wie in unserem Fall, die Luftdichtheits-

Die Verkleidung der Dachschrägen beginnt mit der Unterkonstruktion. Holzlatten oder Metallprofile an den Sparren anschrauben.

Die Unterkonstruktion kann auch aus einer Lage OSB-Platten bestehen, die zugleich auch die luftdichte Ebene bildet.

**Zum Abhängen einer Decke haben sich Metallsysteme bewährt, die sich millimetergenau justieren lassen.**

folie oberhalb der Zwischensparrendämmung verlegt wurde, kann nichts passieren. Falls die luftdichte Ebene unterhalb der Sparren liegt, kann diese auch aus OSB-Platten bestehen, deren Stöße dann sorgfältig verklebt werden (Spezialklebeband nehmen). Auf den OSB-Platten können als raumseitiger Abschluss dann Trockenbauplatten geschraubt werden (selbstschneidende Schnellbauschrauben nehmen, Schraubenabstand rund 15 bis 20 Zentimeter).

Für welche Unterkonstruktion und luftdichte Ebene man sich auch entscheidet: Die Plattenstöße und Schraubenköpfe werden anschließend verspachtelt und nach dem Austrocknen geschliffen. Danach eine weitere Lage dünn drüberspachteln. Nach dem letzten Feinschliff die Rand-Fugen mit Acrylmasse schließen.

Das Prinzip ist im Trockenbau immer dasselbe. Ob Deckenverkleidung, Trennwand, Vorwandinstallation im Bad oder etwa eine Türöffnung dauerhaft schließen: **1.** Unterkonstruktion montieren, **2.** Beplankung anschrauben (dabei auf Fugenversatz achten – mindestens 10 Zentimeter), **3.** spachteln, **4.** schleifen, **5.** Nochmals spachteln, **6.** Feinschliff, **7.** fertig.

### In der abgehängten Decke Kabel, Heizungsrohre und Lüftungsleitungen verstecken

Beim Abhängen einer Decke wählt man spezielle Deckenabhänger aus Metall, deren Länge flexibel justiert werden kann, um den Abstand von der Rohdecke frei bestimmen zu können. Pro Quadratmeter genügen fünf bis acht Hängepunkte.

Im Hohlraum oberhalb der Deckenverkleidung können Kabel sowie Heizungs- und Lüftungsrohre bestens versteckt werden.

Ein besonderer Einsatzbereich im Trockenbau ist die Vorwandinstallation im Bad: Auch dort sind die Arbeitsschritte wieder dieselben: Unterkonstruktion, Beplankung (eventuell doppelt: 2 mal 12,5 Millimeter), Spachtelung.

**Die Tragkonstruktion erfolgt im Trockenbau immer nach demselben Prinzip. Auch bei einer Trennwand sind Metallprofile die Basis.**

Doch keine Regel ohne Ausnahme: Falls größere, unebene Wandflächen in eine akurate Wohnwand verwandelt werden sollen, können dort die Gipskartonplatten auch mit Ansetzbinder angebracht werden. Diesen Haftgips batzenweise auf der Rückseite der Platten auftragen und die Platten mit Gummihammer und Richtlatte behutsam in die richtige Position bringen. Dabei immer die Wasserwaage im Blick behalten.

Für den genauen Zuschnitt werden Gipskartonplatten mit einem Cuttermesser angeritzt (Lineal nehmen) und über einer Kante vorsichtig gebrochen. Danach rückseitige Kartonummantelung mit dem Cuttermesser durchtrennen.

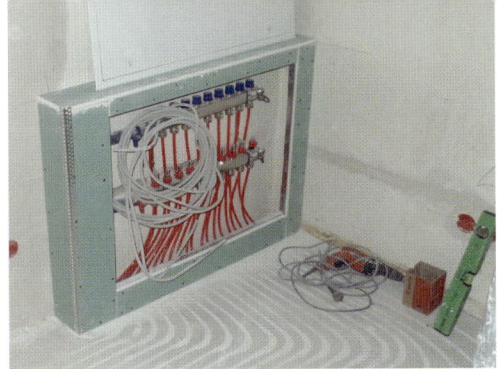

Die Beplankung eines Etagenverteilers: Basis-Profile zuschneiden, Rahmen für Revisionsöffnung setzen, Beplankung montieren.

Lösung Trockenbau: Größere Unebenheiten sind zu überbrücken und zugleich soll ein Etagenverteiler versteckt werden.

Zur Vermeidung oder zur Reduktion von Geräuschen werden Leichtbaukonstruktionen gedämmt.

Die Vorwandinstallation im Bad oder WC wird mit feuchtraumtauglichen Platten beplankt und danach gespachtelt.

Ebenfalls ein beliebtes Einsatzgebiet für den Trockenbau ist das Verschließen von Türen. Hier mit einer Standard-Platte.

## TROCKENBAU

**Werkzeuge:** Zollstock, Bleistift, Richtschnur, Hammer, Wasserwaage, Richtscheit, Traufel, kleine Kelle, Bohrmaschine, Akkuschrauber, Rührquirl, Eimer, Schleifpapier.
**Materialbedarf:** Metallprofile oder Holzlatten, Holzschrauben, Gipsbauplatten, OSB-Platten, Schnellbauschrauben, Spachtelmasse, Acrylmasse.
**Zeitaufwand:**
**Dachschräge/Decke beplanken:** 1,0 Std/m²
**Trennwand bauen, beplanken:** 2,0 Std/m²

# Badissimo:
# Das Bad wird fertiggestellt

**56. Tag. Die Standorte von Badewanne, Dusche, WC und Waschbecken wurden während der Planungsphase festgelegt. Auch Farbe und Form der Fliesen sind längst definiert. Jetzt geht es in die Schlussphase der Bad-Sanierung.**

Gerade beim Bad sind der Kreativität keine Grenzen gesetzt. Aber Achtung, auch hier gilt: Wenige Akzente – richtig gesetzt – bringen mehr als eine Flut toller Ideen. Ob großformatige Fliesen oder kleinteiliges Mosaik. Irgendwann fällt die Entscheidung und dann werden die Fliesen geklebt. Hierfür gibt es zwei Möglichkeiten:

**1. Fliese auf Fliese.** Dabei werden die Fliesen einfach auf den alten Belag geklebt, sofern das Leitungsnetz noch so gut ist, dass es mit Sicherheit in den nächsten 20 Jahren nicht ersetzt werden muss. Das erspart jede Menge Arbeit, Staub und Bauschutt. Wichtig: Beim Fliese-auf-Fliese-Kleben die Hinweise der Fliesenkleberhersteller beachten. Flexiblen Kleber

nehmen, alte Fliesen vorher mit geeignetem Haftgrund bestreichen. In der Dusche und an der Badewanne die alten Fliesen abschlagen und die Fläche darunter sorgfältig abdichten. Damit sind wir auch schon bei Variante 2:

**2. Fliesen herunterschlagen.** Dieser aufwendige Eingriff wird immer dann notwendig, wenn die alten Leitungen erneuert werden müssen oder die gesamte Substanz nicht mehr vertrauenswürdig ist.

**Ewiges Rätsel: Warum ist das aufwendige Bad der Lieblingsraum der Selbermacher?**

Es wird ein ewiges Rätsel bleiben, warum ausgerechnet das Bad neben dem Dachgeschoss-

Bei unserer Musterbaustelle wurden die Fliesen an der Wand vollständig entfernt, weil das Rohrleitungsnetz erneuert werden ...

... musste. Auch die Bodenfliesen wurden abgetragen. Nach dem Abtransport des Fliesen-Schutts begann zügig der Bad-Neubau.

Untergrundvorbereitung: Die Vorwandinstallation ist beplankt, gespachtelt und grundiert.

Immer nur so viel Fliesenkleber aufziehen, dass man die dazugehörigen Fliesen in fünf bis zehn Minuten verlegen kann.

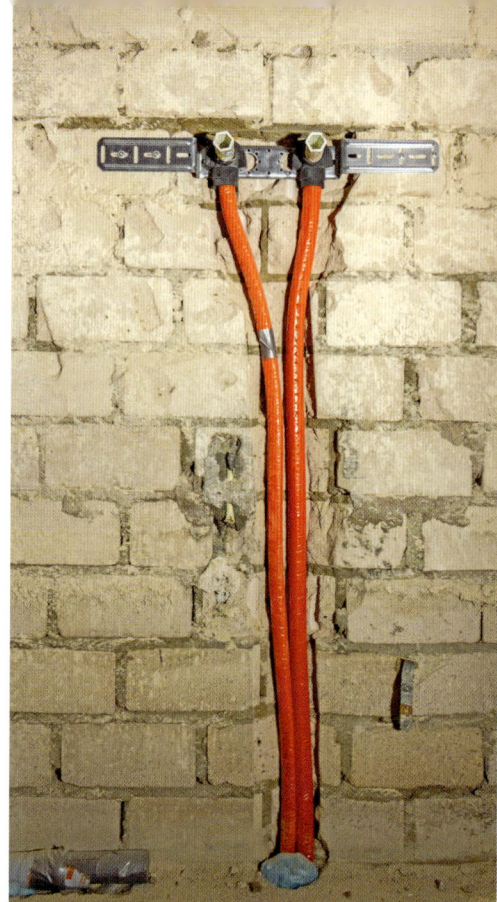

Bevor in der zukünftigen Dusche die Fliesen gelegt werden, zunächst eine Grundputzschicht auf Kalk-Zementbasis auftragen.

ausbau zum Eldorado für tatkräftige Selbstbauer wurde. Kein anderer Raum im Haus ist aufwendiger, kein anderer Bereich ist vielfältiger als eben der Badausbau. Und nirgends benötigt man so viel Fachwissen. Allerdings sind dort auch die möglichen Einsparungen überdurchschnittlich hoch. Auf den folgenden Seiten sind ohne Anspruch auf Vollständigkeit wichtige Einzelheiten aufgelistet, die Sie bei Ihrem eigenen Badausbau entweder selbst umsetzen oder quasi als Bad-Bauleiter in Ihre Checkliste mit aufnehmen.

**Gut zu wissen:** Der Dünnbettkleber macht's möglich, dass man auch als Laie Fliesen professionell verlegen kann. Allerdings muss der Untergrund absolut eben sein. Denn mit der

dünnen Kleberschicht können so gut wie keine Unregelmäßigkeiten ausgeglichen werden.

Häufig ist die Basis für ebene Fliesenflächen allein schon durch die Gipsplattenbeplankung der Vorwandinstallation gegeben.

Falls jedoch auf der frisch freigelegten Rohbauwand, von der man gerade den alten Fliesenbelag heruntergeschlagen hat, die neuen Fliesen geklebt werden sollen, braucht man eine Spachtelung oder einen richtigen Unterputz (rund einen Zentimeter dick). Wichtig: Hierfür feuchtraumtauglichen Kalk-Zementputz nehmen. Gerade im Nassbereich von Badewanne und Dusche kommt man um eine Putzschicht nicht herum, da der nächste Schritt das Auftragen einer Abdichtung ist.

Danach eine Abdichtung in zwei Schichten aufrollen. In den Ecken Dichtbänder, an den Wasserauslässen Dichtmanschetten setzen.

Die Grundlage für den Fliesenbelag ist somit geschaffen.

### Weiße Fliesen sind zeitlos und lassen sich perfekt mit dem Bad-Interieur kombinieren

Hier nun kurz und bündig wichtige Infos zum Fliesenkauf im Schnelldurchlauf: Weiße Fliesen sind zeitlos (1) und bieten die größten Möglichkeiten bei der späteren Gestaltung (2). So lassen farbige Handtücher und andere Accessoires vom Handtuchhalter bis zum Zahnputzbecher eine spätere farbliche Umgestaltung mit wenig Aufwand zu. Selbst farbige Objekte passen gut zu weißen Fliesen. Helle Fliesen sorgen für eine optische Vergrößerung des Ba-

## FLIESEN LEGEN ARMATUREN BADMÖBEL

**Werkzeuge:** Bürste zum Auftragen der Grundierung (Quast), Zollstock, Bleistift, Richtschnur, Laserwasserwaage, großer rechter Winkel, Senklot, Hammer, Holzlatte, Wasserwaage, Richtscheit, Zahnkelle, kleine Kelle, Bohrmaschine, Rührquirl, Eimer, Schwämme, Fliesenschneider, Fliesenhammer, Fliesenlochfräse, Bohrmaschinenständer, Papageienzange, Gummihammer, Fugengummi (Rakel), Schwammbrett, Tuch zum Polieren, Kartuschenpistole für Silikonkartusche.

**Materialbedarf:** Grundierung, Fliesenkleber, Fliesen, Randprofile, Fugenkreuze, Fugenmörtel, dauerelastische Dichtungsmasse (Silikon), Klebeband, Wannenträger, Badewanne und Duschtasse, Revisionsdeckel, Ablaufgarnituren, Eckventile, Hanf, Fermit, Waschtisch, Stockschrauben, Gewindestäbe für Durchsteckmontage, Armaturen, Ablaufgarnituren (Geruchsverschluss), Toilettenschüssel mit Befestigungsset, WC-Deckel, Badewannen- und Duscharmatur, Brausestange, Duschtür, Duschkabine oder Duschvorhang, Badmöbel.

**Zeitaufwand Fliesen inkl. Grundierung:**
Fliesen an der Wand legen: 2,0 Std/m²
Fliesen auf dem Boden legen: 2,0 Std/m²
**Zeitaufwand Sonstiges:**
**Dusche einbauen:** 3,0 Std/Stück
**Badewanne einbauen:** 3,0 Std/Stück
**Dusch-Armatur:** 1,0 Std/Stück
**Badewannen-Armatur:** 1,0 Std/Stück
**Duschtrennwand setzen:** 4,0 Std/Stück
**Waschbecken mit Armatur:** 2,0 Std/Stück

Die angegebenen Zeiten sind nur als grobe Richtzeiten zu verstehen.

**Armin Ofen**
Zertifizierter Modernisierungsberater und
Immobilienmakler, Schwabach

## SPAR-TIPP „FLIESEN"

Fliesen kosten mehr als Innenputz. Deshalb werden Bäder oft nur „türhoch" und nicht bis zur Decke gefliest. Natürlich könnte man auch in einer Höhe von 1,60 oder 1,80 Meter den Wechsel von Fliese zu Putz (Kalk-Zementputz) anordnen. Den oberen Tür-zargen-Abschluss als Trennlinie weiterzuführen, sieht architektonisch aber besser aus.

des, dunkle Farbtöne bewirken genau das Gegenteil (3). Farbige Fugen betonen das Fliesenraster (4). Vorsicht bei farbigen Fliesen, die zu farbigen Objekten passen sollen. Denn „gleiche Farben sind fast nie gleich". Besser: Kontraste herstellen (5). Extravagant gestaltete Platten haben oft keine Langzeitwirkung (6).

Weiterhin: Je kleiner der Raum, desto kleiner sollten auch die Fliesen sein (7). Mit hochformatig verlegten Fliesen wirken niedrige Bäder höher (8). Beim Fliesenkauf gleich den passenden Fliesenkleber inklusive Fugenmasse mitnehmen (9).

### Am besten von jeder Wand eine genaue Skizze mit dem Fliesenbild anfertigen

Heute geht der Trend zu großformatigen Fliesen. Zur Mengenermittlung fertigt man am besten von jeder einzelnen Fläche einen genauen Plan an und zählt die Fliesen einfach durch. Planen Sie zwischen 10 und 20 Prozent zusätzlich für Verschnitt und Bruch ein. Die Menge des Fliesenklebers und der Fugenmasse basiert jedoch auf der tatsächlichen Fläche, die verfliest wird.

Und dann geht es los: Entweder beginnt man in einer Ecke und wandert zur gegenüberliegenden Wand oder man beginnt mit dem Ankleben einer senkrechten Fliesenreihe in der Mitte der Wand und arbeitet sich von dort zum linken und rechten Rand. Im zweiten Fall hat man ein harmonischeres Fugenbild, aber sicherlich auch mehr Schneideaufwand.

Auftragen des Fliesenklebers: Die Zahntiefe der Kelle richtet sich nach der Größe der Flie-

An vorstehenden Mauerkanten, Eckprofile ins Mörtelbett legen, um dort die Fliesenkanten abzudecken.

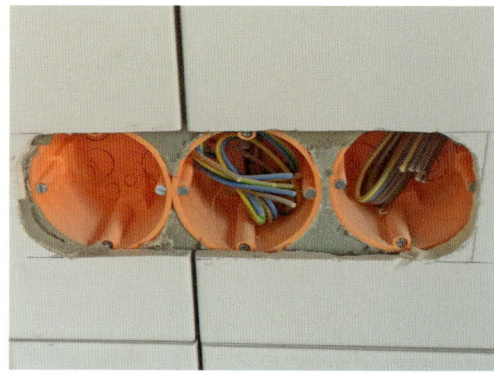

Die Ausschnitte für Lichtschalter und Steckdosen können aus den Fliesen mit der Papageienzange „herausgeknabbert" werden.

sen. Kantenlänge bis 10 Zentimeter, Zahntiefe 4 Millimeter. Kantenlänge bis 20 Zentimeter, Zahntiefe 6 Millimeter. Kantenlänge über 20 Zentimeter, Zahntiefe 8 bis 10 Millimeter.

Mit der glatten Seite der Zahnkelle zunächst eine Kontaktschicht auf der Wand auftragen. Danach wird mit der gezahnten Seite der Kelle der Fliesenkleber so durchgekämmt, dass ein gleichmäßiges Kleberbett entsteht. Hierfür die Zahnkelle etwa im Winkel von 45 Grad über die Fläche ziehen. Tragen Sie den Kleber nur für so viele Fliesen auf, wie Sie in fünf bis zehn Minuten legen können. Je kürzer der Kleber an der Luft offen steht, um so besser.

Drücken Sie jede Fliese vollflächig in die frische Masse und richten Sie die Fliesen untereinander mit der Wasserwaage so aus, dass eine wirklich ebene Oberfläche entsteht.

Mit Fugenkreuzen wird der gleichmäßige Abstand der Fliesen garantiert. Dabei hängt

Kleiner Trick mit den Fugenkreuzchen. Auch beim Verlegen der Bodenfliesen wurde darauf geachtet, dass die Fugenkreuze ...

... nicht vollständig in die Fuge, sondern aufrecht eingepasst wurden, damit man sie später wieder mühelos entfernen kann.

die Fugenbreite vom gewählten Fliesenformat und vom persönlichen Geschmack ab. Übliche Fugenbreiten ab einer Fliesengröße von 20 mal 20 Zentimetern sind 2,5 bis 5 Millimeter.

Fertige Teilflächen sofort mit einem nassen Schwamm reinigen. An vorstehenden Mauerkanten, wie sie etwa bei der Vorwandinstallation vorkommen, Eckprofile ins Mörtelbett legen, um dort die Fliesenkanten abzudecken.

Passstücke werden mit dem Fliesenschneider hergestellt. Hierfür die Plattenoberfläche anritzen und die Fliese über einer Kante brechen. Komfortabel ist der Zuschnitt mit einer Nass-Schneidemaschine.

Runde Öffnungen für Steckdosen und Lichtschalter schneidet man mit der Bohrkrone aus. Dabei die Platte von der Rückseite her bearbeiten. Ausschnitte an Rändern können auch mit der Papageienzange von Hand „herausgeknabbert" werden.

**Beim Verfugen keine zu großen Flächen auf einmal bearbeiten**

Nach zwei bis drei Tagen ist der Fliesenkleber so weit ausgehärtet, dass die Flächen verfugt

**Während die Fliesen verlegt werden, muss man die Badewanne mit Wasser befüllen, da sie sich dadurch ein wenig absenkt.**

**Der Übergang von den Fliesen zur Badewanne wird mit Sanitär-Silikon dauerelastisch verfugt.**

# So liegen alle Fliesen in einer Ebene

Das Problem kennt vermutlich jeder Heimwerker, der schon einmal Fliesen gelegt hat. Man streift mit dem Finger über die fertige Fläche und spürt eine leichte „Stufe". Selbst ein winziger Millimeter Unterschied ist spürbar und kann – neben dem optischen Mangel – schnell auch zu einer Stolperfalle werden.

Um das zu verhindern, gibt es seit einiger Zeit ein geniales Nivelliersystem, das aus Clips und Keilen in hochwertigem Kunststoff sowie einer Spezial-Zange besteht.

Die Clipse werden zusammen mit den Fliesen so verlegt, dass die Fliesen auf den unte-

Mit dem Fugengummi verteilt man die Fugenmasse diagonal zum Fugenraster. Fugen im Anschluss mit dem Schwamm glätten.

Die Anschlüsse an die Bodenfliesen müssen ebenfalls dauerelastisch verfugt werden, um dort Trittschallübertragung auszuschließen.

In der Dusche wurden die Fliesen aus der Ecke heraus verlegt. Dadurch ist dort der Fugenanteil gering.

ren, abgeknickten Füßchen der Clipse aufliegen. Sobald zwei Fliesen nebeneinander in Position gebracht sind, wird ein Keil in die Konstruktion geschoben und mit der Zange so weit hineingedrückt, dass die abgewinkelten Füßchen des Clips beide Fliesenränder auf eine Höhe drücken.

Nach dem Aushärten des Fliesenklebers die wiederverwertbaren Keile entfernen und die herausstehenden Clips-Oberteile einfach abbrechen.

Jetzt kann die garantiert stolperfallenfreie Fliesenfläche verfugt werden.

werden können. Die Fugen müssen frei von losen Teilen und möglichst tief sein. Eventuell Fliesenkleberreste rauskratzen. Anschließend die Fugen anfeuchten.

Mit dem Fugengummi (Rakel) verteilt man nun die Fugenmasse diagonal zum Fugenraster über der Oberfläche und füllt die Fugen vollständig aus. Auch dort gilt: Keine zu großen Flächen auf einmal bearbeiten. Die Fugen werden gleich im Anschluss mit einem nassen Schwamm geglättet. Dabei nicht zuviel Fugenmasse wieder herauswischen. Danach wird die Fläche mehrfach mit einem nassen Schwamm oder mit dem Schwammbrett gereinigt (dem Wasser aber keinesfalls Putzmittel hinzugeben). Zum Schluss werden die Fliesen mit einem trockenen Tuch poliert.

### Waschbecken und Unterschrank können im Do-it-yourself-Verfahren montiert werden

Die Fliesen sind an der Wand und auf dem Boden gelegt und verfugt. Jetzt sind zum Abschluss die Armaturen und Objekte an der Reihe. Während Badewannen- und Duscharmaturen, genau wie die Toilette, nur etwas für den Fachhandwerker sind, kann die Waschtischmontage mit passendem Unterschrank im Do-it-yourself-Verfahren montiert werden. Zunächst werden die beiden Gewindehalterungen (Stockschrauben) fürs Waschbecken gesetzt, die Einhängevorrichtung für den Unterschrank sowie die Eckventile an den Wandabgängen fürs Kalt- und Warmwasser montiert. Jetzt das Waschbecken anschrauben, den Unterschrank zusammenbauen und mit der Wasserwaage ausrichten. Zum Schluss die Armatur einbauen und den Abfluss anschließen.

## NISCHE FÜR SCHAMPOO & CO

Wo haben Schampoo, Duschgel und Co. ihren Platz? Meist irgendwo, improvisiert, auf dem Boden oder in einer wackeligen Plastikschale an der Duschstange. Besser ist es, für all diese Dinge während der Badsanierung eine kleine Nische vorzusehen.

Die Waschbeckenmontage inklusive Unterschrank kann man auch als geübter Selbermacher erledigen. Die Stockschrauben ...

... fürs Waschbecken eindrehen, dann die Halterungen für den Unterschrank setzen. Im Anschluss das Waschbecken anschrauben.

Den Unterschrank baut man entsprechend der beigefügten Montageanleitung zusammen.

Das Bad ist fertig gestellt, alles passt und sieht gut aus. Jetzt fehlen nur noch die Handtücher.

Die Montage der Dusch- und Badewannenarmaturen überlässt man dem Profi. Diese Arbeit ist recht kniffelig.

# Sauber abkleben, dann loslegen: Anstrich, Tapeten und Dekore

**66. Tag: Der Endspurt beginnt mit dem Anstrich von Decken und Wänden. Der Untergrund ist ausreichend vorbereitet, da er ja gerade erst gespachtelt oder verputzt wurde. Zur Sicherheit prüfen: Staub abfegen, dann loslegen.**

Wenn direkt auf der gespachtelten oder verputzten Decke oder Wand der Anstrich aufgetragen wird, ist eine Grundierung zu empfehlen. Am besten lässt man sich hierzu im Fachhandel beraten.

Die Malerarbeiten starten mit dem sorgfältigen Abkleben von Türen, Fenstern, Fliesen und anderen angrenzenden Flächen. Als nächstes die Farbe kräftig durchrühren und im Eck- oder Randbereich von Decken und Wänden mit dem Anstrich beginnen. Hierfür einen Heizkörperpinsel oder eine Mini-Rolle nehmen.

**Tipp:** Die Raumtemperatur eher etwas kühler halten, damit die Farbe nicht zu schnell abtrocknet.

Große Flächen streicht man dann mit der großen Rolle. Kurzflor-Rolle für glatte Flächen, Langflor-Rolle beispielsweise bei Rauputzflächen nehmen. Rolle im Farbeimer tief eintauchen, überschüssige Farbe am Abstreifgitter aus der Rolle herausdrücken, sodass die Rolle gleichmäßig mit Farbe gefüllt ist. Beim Anstrich darauf achten, dass auch die Farbe gleichmäßig aufgetragen wird, Dabei ruhig „kreuz und quer" arbeiten.

**Decke streichen: Hilfreich ist eine Teleskopverlängerung oder ein Gerüst**

Der Anstrich eines Zimmers beginnt an der Decke. Damit die Arbeit nicht zu anstrengend

Sorgfältiges Abkleben von Türen, Fenstern, Fliesen und anderen angrenzenden Flächen ergibt später saubere Kanten.

Der finale Anstrich startet an der Decke: die Raumtemperatur etwas kühler halten, damit die Farbe nicht zu schnell trocknet.

wird, eine Teleskopverlängerung nehmen oder ein fahrbares Gerüst aufstellen.

**Tipp:** Für den Anstrich von Decken und Wänden keine Billig-Farben nehmen. Das alte Spiel wäre, dass man für ein einigermaßen gleichmäßiges Ergebnis zwei bis drei Arbeitsgänge brauchen würde.

### Bei Vlies- und Glasfasertapeten kommt der Kleister auf die Wand – nicht auf die Tapete

Vlies- und Glasfasertapeten sind „in". **1.** Wer seine Wände klassisch tapezieren möchte, bringt zunächst wie beim Anstrich eine Grundierung auf die Wand auf (bewirkt eine gleichmäßige Saugfähigkeit). Die nächsten Schritte: **2.** Vlies-/Glasfasertapetenbahnen unter Zugabe von 10 Zentimetern zuschneiden. **3.** Tapetenkleister anrühren oder fertigen Kleister nehmen und auf die Wand auftragen. **4.** Tapetenbahn ausrichten und glattstreichen. **5.** Überstehende Endstücke mit dem Cuttermesser entlang einem Lineal abtrennen.

**6.** Schalter- und Steckdosen freischneiden. **7.** Schalter und Steckdosen vom Elektriker setzen lassen. **8.** Glasfasertapete anstreichen.

**Die Wände sind grundiert, die Tapetenbahnen werden mit rund 10 Zentimeter Längenzugabe zugeschnitten.**

**Über die Leerdosen wird zunächst drübertapeziert. In diesen Bereichen dann die Tapete mit dem Cuttermesser öffnen.**

# Kleine Tapetenkunde

Tapeten sind wieder im Kommen, die Auswahl ist groß. Hier nun eine kleine Tapetenkunde.

**Vliestapete:** Aktueller Renner, hochwertig, reißfest, viele unterschiedliche Designs, trocken abziehbar. Anfängertauglich.

**Papiertapete/Raufasertapete:** Ein wenig aus der Mode gekommen, robust, für Decken und Wände geeignet, mehrfach überstreichbar. Anfängertauglich.

**Glasfasertapete:** Robust, wasserfest und strapazierfähig. Muss gestrichen werden. Verarbeitung nur für Profis und fortgeschrittene Do-it-yourselfer (mit Handschuhen arbeiten).

Bei Vlies- und Glasfasertapeten wird der Tapetenkleister nicht auf die Tapete, sondern auf die Wand aufgetragen.

Die Tapete mit einer Rakel fest andrücken. Heraustretenden Tapetenkleister mit einem feuchten Tuch entfernen.

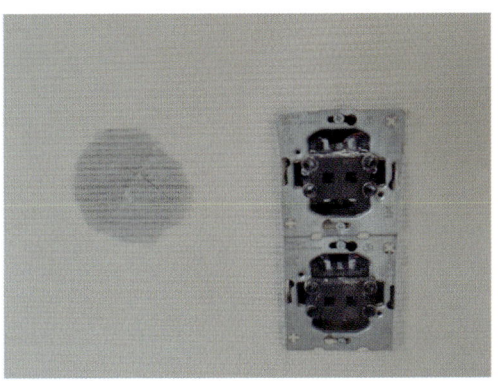

Jetzt können vom Elektriker die Schalter und Steckdosen angeschlossen und in den Leerdosen festgeschraubt werden.

Glasfasertapeten bekommen zum Abschluss noch einen Deckanstrich. Die Räume und Flure erstrahlen jetzt in frischem Glanz.

## TAPEZIEREN, ANSTREICHEN

**Werkzeuge:** Tapeziertisch, Eimer, Schere, Cuttermesser, Kleister-Pinsel (Quast), Leiter, Rollgerüst, Zollstock, Rakel oder Moosgummiwalze, Farbroller, Abstreifgitter, Pinsel.
**Materialbedarf:** Tapete, Kleister, Abdeckfolie, Klebeband, Wandfarbe.
**Zeitaufwand (inklusive Grundierung):**
Wand tapezieren: 0,2 Std/m²
Wand tapezieren mit Anstrich: 0,3 Std/m²
Anstrich Decke: 0,2 Std/m²
Anstrich Wand: 0,1 Std/m²

# Nachgerechnet: Laminatboden „verdient" die Heizkosten

**69. Tag: Die Bodenbeläge sind an der Reihe. Dort kann man ein Vermögen investieren, man kann aber auch kräftig sparen. Tipp bei engem Budget: Lieber in Gebäudehülle und Haustechnik investieren und dicke Zuschüsse mitnehmen.**

Was hat ein Laminatboden mit Klimaschutz zu tun? Wir machen jetzt eine ganz eigene Argumentation auf. 100 Quadratmeter Laminatboden, den man selbst verlegen kann, gibt es in hoher, auch optisch ansprechender Qualität für rund 2.000 Euro (20 Euro pro Quadratmeter). Echtes Qualitäts-Parkett, professionell verlegt, ist kaum für unter 100 Euro pro Quadratmeter zu bekommen (bei 100 Quadratmeter: 10.000 Euro). Tipp: Laminatboden nehmen.

**Kurz nachgerechnet:** Die gesparten 8.000 Euro investiert man in die PV-Anlage. Plus Zuschuss kann man dann dort rund 14.000 Euro investieren. Diese Summe reicht für eine 7,5-kWp-Anlage (bringt rund 7.000 Kilowattstunden Strom pro Jahr). Somit können mit einem Laminatboden die Heizkosten (Strombedarf der Wärmepumpe) vollständig finanziert werden, wenn man bewusst auf teure Bodenbeläge verzichtet.

**Strapazierfähig, Dekorvielfalt, preiswert: Da können andere Bodenbeläge kaum mithalten**

Mit dem Laminatboden wurde etwa um das Jahr 1990 ziemlich zeitgleich mit dem Passivhaus und den ersten Mobiltelefonen eine neue Ära eingeläutet: Extrem strapazierfähig, Dekorvielfalt, niedriger Preis – da konnten und können andere Bodenbeläge kaum mithalten.

Parkett, Laminat, Landhausdiele, Fliesen: Wo sind genau die Unterschiede? Hier nun unser

Goldmedaille für den Laminatboden. Er hat alle anderen Holzfußböden überrundet. Bester in der Disziplin „Strapazierfähigkeit", ...

... niedrigste Kosten, Multitalent bezüglich Dekor. Vor dem Verlegen die ungeöffneten Pakete zwei Tage akklimatisieren lassen.

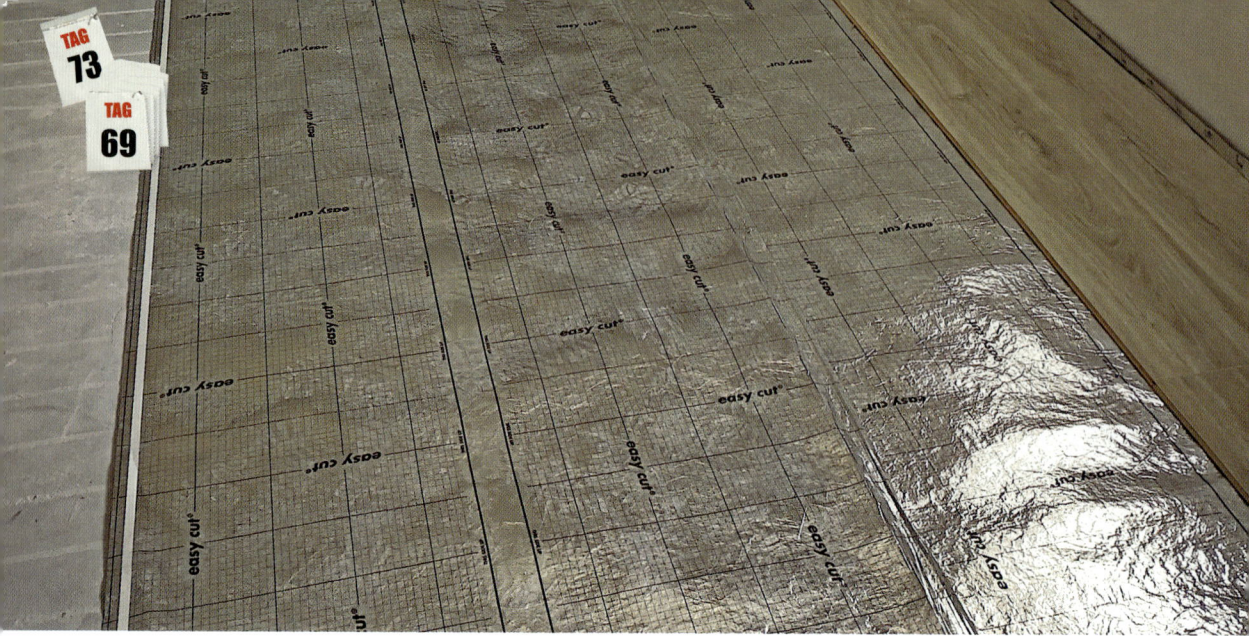

kleines Boden-Lexikon mit den wichtigsten Eigenschaften unterschiedlicher Beläge.

**Es ist sogar möglich, einen Laminatboden im Bad zu verlegen**

**Laminatböden** haben einen mehrschichtigen Aufbau. Die stark belastbare Deckschicht wird nach Euro-Norm in sechs Abriebklassen eingeteilt. „AC1 (Klasse 21)", Symbol „Wohnhaus mit einem Männchen": geringe Beanspruchung, zum Beispiel Gästezimmer, Schlafzimmer. „AC2 (Klasse 22)", Symbol „Wohnhaus mit zwei Männchen": mittlere Beanspruchung, Esszimmer, Kinderzimmer. „AC3 (Klasse 23, 31)", Symbol „Wohnhaus mit drei Männchen": starke Beanspruchung, Wohnzimmer, Flur Küche. „AC4 (Klasse 32)" bis „AC6 (Klasse 34)" sind für den gewerblichen Bereich (Büro, Hotel, Supermarkt). Viele Hersteller beginnen mit ihrem Lieferprogramm erst mit „AC3".

Die zweite, ebenfalls sehr dünne Laminatschicht (Dekorschicht) ist für die Optik verantwortlich. Dabei kennt die Dekorvielfalt keine Grenzen. Alles was man fotografieren kann, kann als Laminatdekor verwendet werden.

Schicht Nummer drei besteht aus einer MDF- oder HDF-Trägerplatte (mittel- oder hochdich-

te Faserplatte). Die Rückseite (vierte Schicht) des Laminats, der „Gegenzug", ist feuchtigkeitsabweisend. Tipp: Wer Laminat im Bad verlegen möchte, sollte eine Fachhändlerberatung in Anspruch nehmen. Möglich ist es.

**Echtholzboden** besteht aus einer belastbaren Deckschicht (Lackierung), einem dünnen Echtholzfurnier und einer HDF-Trägerplatte. Die Rückseite sollte (wie beim Laminat) feuchtigkeitsabweisend sein.

## LAMINATBODEN VERLEGEN

**Werkzeuge:** Zollstock, Bleistift, Stichsäge, Gehrungssäge, Hammer, Schlagholz, Richtschnur, Winkeleisen, Distanzkeile oder Klötzchen, Klebeband, Cuttermesser.
**Materialbedarf:** Trennschicht für schwimmende Verlegung (Pappe, Kork, Schaumfolie), Laminatdielen, Sockelleisten, Übergangs- und Abschlussprofile.
**Zeitaufwand:**
**Laminatboden legen:** 0,2 Std/m²
**Sockelleisten anbringen:** 0,2 Std/m

Schwimmende Verlegung: Auf einer Trittschallschutz-Trennschicht liegen die Laminatdielen. In einer Raumecke beginnen.

Passstücke an Ort und Stelle ausmessen, die Schnittlinien mit dem Bleistift auf die Oberfläche zeichnen.

Mit der Stichsäge die Laminatdiele passend zuschneiden. Wenn die Dekorseite nach unten zeigt, gibt es keine Ausfransungen.

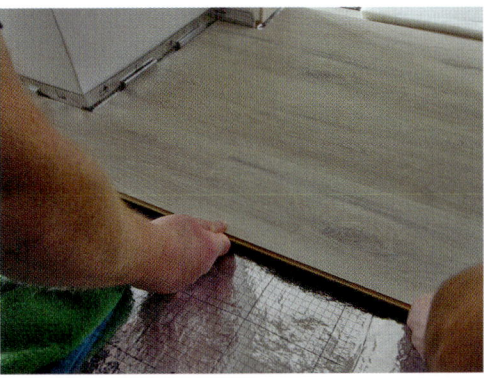

Die einzelnen Laminatdielen werden trocken im Klickverfahren zusammengefügt: „Klicklaminat". Am Rand Distanzklötzchen setzen.

Beim Einpassen der letzten Laminat-Reihe beonders sorgfältig arbeiten, damit die Abstände zu den Wänden rundum gleich sind.

Die Übergange zu angrenzenden Bodenbelägen mit Abschluss- oder Übergangsprofilen sauber herstellen.

Vor dem Verlegen Rohboden säubern und grundieren. Wie beim Laminat in einer Ecke beginnen. Fliesenkleber auf dem Boden ...

Parkett und Fertigparkett sind als lange Diele oder als kleinformatiges Mosaik-Parkett zu haben. Fertigparkett hat über der Trägerplatte eine versiegelte Nutzschicht aus Naturholz, die 8 bis 10 Millimeter dick ist, sodass man den Boden im Laufe der Jahre einige Male schleifen und wieder neu versiegeln kann.

Korkparkett ist wie Fertigparkett aufgebaut, nur dass anstatt der Holzschicht ein oder zwei Lagen Kork eingebracht sind. Bei zweilagigem Korkparkett ist die obere Schicht die Dekorschicht.

Massivholzdielen sind aus einem Stück Holz, Landhausdielen aus mehreren massiven Holzschichten gefertigt.

**Der Fliesenkleber muss zur Fliese und zum Untergrund passen**

Bodenfliesen gibt es in den Kategorien „Naturstein" (Marmor, Granit), „Tonfliesen" (cotto), sowie „glasierte und unglasierte Keramikfliesen" (Steingut, Steinzeug). Auf Fußböden rutschhemmende Fliesen (Klasse R10) beispielsweise aus Steinzeug nehmen. Diese sind höher belastbar als Steingutfliesen.

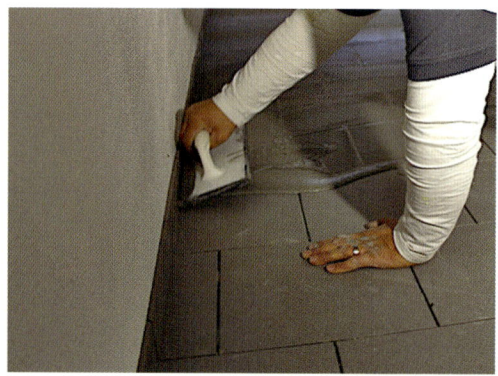

Ein bis zwei Tage nach dem Verlegen beginnt man mit dem Verfugen. Fugenmasse mit Fugengummi oder Schwammbrett ...

# Sockel schallbrückenfrei ankleben

Bereits einen Tag nach dem Legen der Fliesen kann man den frischen Bodenbelag vorsichtig betreten, um die Sockelfliesen anzubringen. Hierfür Fliesenkleber auf der Rückseite der Sockelfliese auftragen, dann die Sockelfliese an die Wand drücken. Die Wandfuge mit Fliesenkleber füllen, anschließend die noch unverfugten Sockelfliesen säubern.

Im Zuge des Sockelklebens können auch dekorative Abschlussprofile in den frischen Fliesenkleber gedrückt werden.

Während der Fußboden verfugt wird, werden auch die Fugen zwischen den Sockelflie-

... auftragen und Fliesen mit leichtem Druck ausrichten. Mit der Wasserwaage und einer langen Richtlatte jede neue Fliese prüfen.

Abstandshalterkreuze sorgen für ein gleichmäßiges Fugenbild. Kreuze hochkant setzen: So können sie später leicht entfernt werden.

... gleichmäßig verteilen und dann zügig die Fliesenoberfläche reinigen. Mehrere Wischgänge sind nötig, bis alles picobello glänzt.

## DIY
### DO IT YOURSELF

## BODENFLIESEN LEGEN

**Werkzeuge:** Bürste zum Auftragen der Grundierung, Zollstock, Bleistift, Richtlatte, Wasserwaage, Richtschnur, Eimer, Lappen, Schwamm, Zahnkelle, kleine Kelle, Bohrmaschine mit Rührquirl, Fliesenschneider, Papageienzange, Silikon-Kartuschenpistole.
**Materialbedarf:** Grundierung, Fliesenkleber, Fliesen, Fugenkreuze, Fugenmörtel, Sockelfliesen, Silikonmasse.
**Zeitaufwand (inklusive Sockel):**
**Bodenfliesen legen: 2,5 Std/m²**

sen gefüllt. Wichtig: Immer darauf achten, dass zwischen Sockel und gefliestem Boden keine starre Verbindung aus Fliesenkleberresten oder Fugenmasse bleibt. Der Boden muss nach wie vor „schwimmend" verlegt sein, damit keine Schallübertragung (Trittschall) in die Wand möglich ist.

Die horizontale Fuge zwischen den Sockelfliesen und dem Bodenbelag wird mit Silikon dauerelastisch verfugt. Falls die Fuge sehr tief ist, kann man sie vor dem Ausfüllen mit einem elastischen Rundprofil aus Schaumstoff ausstopfen.

TAG 73

TAG 69

Baubesprechung: Das alte Treppengeländer ist entfernt, jetzt beginnt die Aufbereitung der alten Holztreppe.

Schritt 1: Die Oberflächen fein schleifen und Grundierung auftragen. Achtung: Die Treppe kann in den nächsten Tagen nicht benutzt ...

Drittens: Nun sind die Stufen an der Reihe. Hierfür speziellen Treppen- und Parkettlack nehmen: mit kleiner Rolle gleichmäßig ...

... auftragen. Den ersten Anstrich trocknen lassen. Danach Feinschliff vornehmen und Endbeschichtung fertigstellen.

Glasierte Keramikfliesen werden in die Abriebgruppen „1" (gering belastbar) bis „5" (sehr stark belastbar) unterteilt. Bodenfliesen sollten mindestens der Gruppe „3" angehören. Für Bodenbeläge ist Feinsteinzeug optimal. Beim Kauf etwa 10 Prozent Verschnitt einkalkulieren.

Wichtig ist, dass der Fliesenkleber zur Fliese und zum Untergrund passt. Bau- und Fliesenkleber in der „Standard"-Ausführung nur auf Zement-Estrich oder anderen Betonflächen nehmen. Auf allen anderen Untergründen (vor allem über Fußbodenheizungen) kommt flexibler Fliesenkleber zum Einsatz. Für Granit und Marmorfliesen nimmt man Natursteinkleber.

**Gut zu wissen:** Die Zahnung der Zahnkelle ist vom Fliesenformat abhängig. Kantenlänge der Fliese bis 20 Zentimeter: Zahntiefe 6 Millimeter – über 20 Zentimeter: Zahntiefe 8 Millimeter.

Passend zum Fliesenkleber gibt's den Fugenmörtel ebenfalls in den Ausführungen „Standard", „Flexibel" und „Naturstein". **Tipp:** Helle Fugen auf Fußböden vermeiden, da sie sehr schnell verschmutzen.

**Ein Vinylboden lässt sich leicht wie Laminat verlegen**

**Teppichboden** lässt sich sehr einfach und schnell verlegen. Allerdings sollte das Zimmer

... werden, die anderen Bauarbeiten müssen entsprechend koordiniert werden. Zweiter Schritt: Die Wangen weiß streichen.

Montage des Edelstahlhandlaufs: Zunächst werden Standard-8-Millimeter-Dübel gesetzt, danach die Halterungen angeschraubt.

Wo über 50 Jahre lang das schmiedeeiserne Geländer dominierte, erfreuen sich die Bewohner jetzt an einer modernen Verglasung.

nicht wesentlich größer als 20 Quadratmeter sein, damit man den Belag in einem Stück nahtlos auslegen kann. In jedem Fall eine Randfixierung mit Doppelkleband vornehmen.

Vinylboden ist ein elastischer Kunststoffboden, der hoch strapzierfähig ist und sich leicht wie Laminat verlegen lässt. Ihn gibt es ebenfalls in unbegrenzter Dekorvielfalt.

### Es lohnt sich, eine alte Holztreppenanlage aufzuarbeiten

Eine neue Treppenanlage schlägt schnell mit einem fünfstelligen Eurobetrag zu Buche – je Geschoss. Da lohnt sich die Mühe, eine alte Treppe aufzuarbeiten (Bilder oben).

Auch die Brüstungselemente in den Treppenhausfluren bekamen jeweils eine Verkleidung aus satiniertem Sicherheitsglas.

# Acht bis zehn Zimmertüren sind in zwei Tagen montiert

**74. Tag: Die Fliesen sind gelegt, und im Bad kann man sich bereits die Hände waschen. Im Haus riecht es nicht mehr nach Rohbau. Jetzt müssen nur noch die Zimmertüren montiert werden, dann kann der Möbelwagen kommen.**

Man spricht zwar vom Einbau der Türen, gemeint ist aber die Montage der Zargen („Türfutter", „Türstock"). Stahlzargen baut man in aller Regel vor dem Verputzen und vor dem Verlegen des Estrichs ein (heutzutage hauptsächlich in untergeordneten Räumen wie etwa dem Keller). Holzzargen („Umfassungszargen") werden ganz am Schluss des Innenausbaus montiert, nachdem die Wände verputzt, gespachtelt, tapeziert und angestrichen sind.

Bevor man Zargen und Türblätter im Baumarkt kauft oder im Fachhandel bestellt, werden alle Rohbautüröffnungen ausgemessen. **Gut zu wissen:** Die lichten Türmaße (Innenmaße der Türöffnung) sind genormt. So beträgt die lichte Höhe über fertigem (!) Fußboden ge-

nau 2,01 Meter. Es gibt auch höhere Norm-Türen, doch die 2,01 Meter sind das Standardmaß im normalen Ein- und Zweifamilienhaus.

Die lichte Breite der Rohbau-Türöffnung beträgt 63,5, 76, 88,5 oder 101 Zentimeter. Tipp: Mit Blick aufs altersgerechte Wohnen sollten die Türen so breit wie möglich sein.

**Umfassungszargen können Abweichungen von der Norm-Wanddicke ausgleichen**

Die Dicke der verputzten Wand ist nur für „Umfassungszargen" relevant. Diese kann geringe Maßtoleranzen mit der verschiebbaren Zierblende ausgleichen. Die Wanddicke ist bei Stahleckzargen ohne Bedeutung, da diese um-

Die Türmaße sind genormt. Ist die lichte Rohbau-Öffnung zu klein, wird nachgearbeitet. Oft ist der Bereich der Bänder zu eng.

Für größere Korrekturen in der Türöffnung nimmt man eine Mauerfräse mit Staubabsaugung.

Zum Montagebeginn alle Einzelteile der Türzarge auf einer sauberen Unterlage auslegen, Holzleim auf den Berührflächen …

… auftragen und die Zarge zusammenschrauben. Jeder Zarge liegt eine Montageanleitung inklusive der Kleinteile bei.

Zarge mit Keilen, Richtzwingen und Querstreben fixieren, Türblatt einhängen und Funktionstest durchführen.

Den Montageschaum in den Ecken und in den Bereichen der Querstreben (Mitte und unten) einbringen.

umlaufend nur auf der Ecke der Wandöffnung montiert wird.

### Blick von der Türblattseite: Türbänder links – „DIN links", Türbänder rechts – „DIN rechts"

Vor dem Einkauf festlegen, ob die Tür von links (Fachbegriff „DIN links") oder von rechts („DIN rechts") angeschlagen wird.

**Hintergrund:** Man blickt von jener Seite auf die Türzarge, an der das Türblatt eingehängt wird (meist von der Raumseite) Türbänder (Scharniere) links: „DIN links", Türbänder rechts: „DIN rechts".

Wir widmen uns nun dem Zusammenbau und dem Einbau einer Holzzarge mit Türblatt.

**1.** Alle Einzelteile der Holzzarge auf einer sauberen Arbeitsunterlage auslegen, Längs- und Querteile verleimen und verschrauben (jeder Zarge liegt eine detaillierte Bauanleitung bei). **2.** Die Bänder in die vorbereiteten Öffnungen schieben und mit dem Imbusschlüssel festschrauben. **3.** Türzarge in die Wandöffnung stellen und mit Keilen oder Türfutter-Richtzwingen an den Ecken und mit Türfutter-Streben („Türspanner") jeweils in der Mitte und am Boden ausrichten und fixieren. Mit der Wasserwaage ausrichten. Zur Mauer muss ein etwa ein bis zwei Zentimeter dicker Spalt bleiben (wird später ausgeschäumt). **4.** Jetzt das Türblatt einhängen und Funktionsprüfung durchführen. Lässt sich die Tür sauber öffnen und schlie-

Jetzt wird die fertige Zarge in die Maueröffnung geschoben und mit der Wasserwaage genau ausgerichtet.

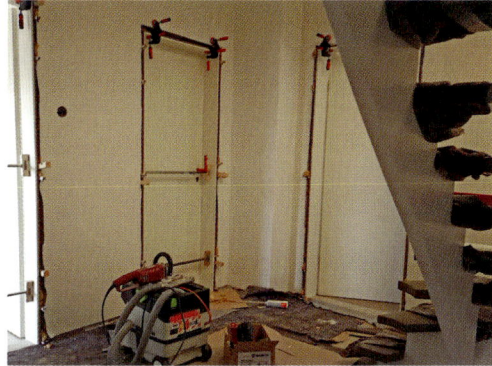

Ein paar Stunden warten. Dabei die Tür geschlossen halten bis der Schaum gut durchgehärtet ist.

Das Ergebnis kann sich sehen lassen. Mit der Montage der Zargen und Türen verschwindet die Bau-Atmosphäre aus dem Haus.

ßen? Wenn nicht, über die Bänder korrigieren. Zarge: Bänder herein- oder herausschieben, Türblatt: Bänder hinein- oder herausdrehen.

**5.** Zurück zur Zargen-Montage. Oben in der Ecke sowie in der Mitte und unten jeweils im Bereich der Türspanner Montageschaum einsprühen (Mauerwerk vorher gut anfeuchten). Wichtig: Die Tür jetzt einige Stunden geschlossen halten bis der Schaum durchgehärtet ist. Den Boden zuvor mit Malervlies oder alten Zeitungen abdecken. Überschüssiger Montageschaum, der eventuell aus der Fuge quillt und abtropft, lässt sich nicht restlos entfernen.

Zum Abschluss die Zierblende in die vorgesehenen Nuten der Holzzarge drücken und die Türklinken (Drückergarnituren) montieren.

## INNENTÜREN MONTIEREN

**Werkzeuge:** Zollstock, Bleistift, Hammer, Meißel, Mauerfräse, Holzkeile, Türfutter-Richtzwinge, Wasserwaage, Gummihammer, Schraubenzieher, Imbusschlüssel, Sprieße.
**Materialbedarf:** Türzarge, Türblatt, Drückergarnitur, Holzleim, Montageschaum, Abdeckfolie.
**Zeitaufwand:**
**Stahleckzarge montieren:** 1,0 Std/Stück
**Holzzarge komplett:** 2,0 Std/Stück
**Drückergarnitur montieren:** 0,3 Std/Stück

# Restarbeiten, Endreinigung, Übergabe, Einzug: PARTY

**72. Tag: Das Haus ist nun fast fertiggestellt, der letzte Wochenend-Einsatz steht bevor. Künftig wird es ein ungewohntes Gefühl sein, wenn man samstags nach dem Frühstück nicht mehr zum Werkzeug greifen muss.**

Es hat sich jetzt schon gelohnt, alle Hürden zu nehmen und das Haus vollständig zu modernisieren. Es sieht nicht nur gut aus, sondern es fühlt sich auch gut an. Doppelt gut: Einerseits ist es in den Zimmern behaglicher, andererseits sind ab sofort die Heizkosten viel niedriger als früher bei gleichzeitig klimaneutralem Wohnen. Jetzt noch schnell die letzten Feinarbeiten erledigen, die Handwerkerleistungen abnehmen und dann wird gefeiert.

Ganz am Schluss noch ein weiterer, wirklich wichtiger Hinweis: Alle Arbeiten rund um die Elektroinstallation, auch das vergleichsweise einfache Anschließen der Lampen sowie das Verdrahten von Lichtschaltern und Steckdosen, muss man dem Fachmann überlassen.

Aber gerade kurz vor Abschluss der Modernisierung gibt es ohnehin noch viel zu tun. Jetzt werden dort, wo gewünscht, Vorhänge und Rollos montiert und die Endreinigung durchgeführt. Auf einmal wirkt alles schon richtig wohnlich.

**Licht ist für die Raumgestaltung genauso wichtig wie Möbel, Tapeten und Bilder**

Die Deckenleuchte in zentraler Raummitte hat zwar eine lange Tradition, sie ist aber inzwischen nicht viel mehr als eine Notbeleuchtung. Wer jetzt beim Anschließen der Lampen einige lichttechnische Kniffe beachtet, schafft Helligkeit und Atmospähre in einem.

Wichtiger Hinweis zum Schluss: Alle Arbeiten rund um die Elektroinstallation, auch das einfache Anschließen der Lampen sowie ...

... das Verdrahten von Steckdosen und Lichtschaltern, muss man dem Fachmann überlassen.

Bei der **Grundbeleuchtung** der Räume kann man sich nach Herzenslust austoben: Wählen Sie aus der Vielzahl der Leuchten jene aus, die Ihnen geschmacklich gefallen. Die Grundbeleuchtung ist dazu da, den Raum so auszuleuchten, dass man sich darin gut bewegen kann (Orientierung). Beim Fernsehen schaltet man diese meist recht starke Lichtquelle aus.

Die **Zonenbeleuchtung** ist für jene Bereiche gedacht, in denen gelesen, gekocht, gegessen, kommuniziert oder gearbeitet wird: Leselampe am Bett oder am Sessel, Hängeleuchte über dem Esstisch oder über der Küchenarbeitsplatte. Hierzu zählt auch die Spiegelausleuchtung im Bad.

Die **Akzentbeleuchtung** ist reines Dekolicht, mit dem beispielsweise Bilder, Skulpturen und Pflanzen lichttechnisch in Szene gesetzt werden.

### Verkabeln der Türsprechanlage mit Rat und Draht

In Ihrem frisch modernisierten Haus werden Sie künftig Gäste, Fernsehsendungen, Internet und Telefongespräche empfangen. Für alle

Material und Werkzeuge sind weggepackt, es wird einmal kräftig durchgewischt: Und schon wirkt alles richtig wohnlich.

Zu den letzten Handgriffen rund um die Elektroinstallation zählt die Inbetriebnahme der Klingel mit Sprechanlage.

# Abnahme der Handwerkerleistungen

Ganz am Schluss muss man sich trotz Vorfreude aufs neue Zuhause noch einmal voll und ganz auf die letzten Abnahmen der Handwerksleistungen konzentrieren.

Bauleistungen sind fast immer Werkverträge. Das heißt, der Handwerksbetrieb schuldet sein Werk und hat nach der mängelfreien Abnahme das Recht auf Bezahlung. Mit der Abnahme beginnen auch der Gewährleistungszeitraum sowie die Verjährungsfrist. Zu empfehlen ist, während der Modernisierung immer wieder auch „technische Zwischenabnahmen" durchzuführen. Das ist vor allem immer dann sinn-

Eine neue Zeit, ein neues Häuserleben beginnt: Es ist natürlich ein gewisser Aufwand, einen Altbau in die Neuzeit zu versetzen. Doch wer diesen Weg konsequent geht, verwandelt die Immobilie in ein Gebäude, das für die nächsten 50 Jahre ein solides, klimaneutrales Zuhause ist.

voll, wenn man später gar nicht mehr erkennen kann, ob mängelfrei gearbeitet wurde. Beispiel: Das Dach wurde von innen gedämmt – inklusive luftdichte Ebene. Bevor die raumseitige Verkleidung angebracht wird, gibt es eine Zwischenabnahme. Am besten während der zweite Luftdichtheitstest durchgeführt wird.

In der Praxis erfolgt oft eine stillschweigende Abnahme (konkludente Abnahme), wenn der Auftraggeber etwa die letzte Rechnung vollständig bezahlt. Tipp: Im Vertrag die Abnahmen inklusive schriftliches Protokoll vereinbaren, konkludente Abnahmen ausschließen.

diese Funktionen werden jetzt die verlegten Kabel verdrahtet, angeschlossen und in Betrieb genommen.

### Der Möbelwagen kann kommen, die Einweihungsparty wird vorbereitet

Fast alle Handwerksleistungen sind abgeschlossen und abgenommen. Bei unserer Muster-Modernisierungsbaustelle in Heilsbronn hat Stuckateurmeister Rino Gagliano zusammen mit seinen Mitarbeitern inzwischen das Gerüst abgebaut und im Transporter verstaut. Zur selben Zeit stehen schon der Lieferwagen für die neue Einbauküche und der Umzugs-Lkw vorm Haus. Sabrina und Matthias Musiol sind happy.

Eine gut organisierte Modernisierungszeit geht zu Ende. „Einige aus unserem Bauteam gehören längst irgendwie zur Familie", freut sich Sabrina, während Matthias die Montage der Küchenmöbel koordiniert.

Alles klappt nach wie vor wie am Schnürchen. Es ist „Tag 74" und bis zur magischen „77" ist noch genügend Zeit, um das gesamte Haus einzurichten und vor allem, um die neue

Einbauküche in Betrieb zu nehmen. Sabrina und Matthias schreiben schon eine Einkaufsliste fürs große Fest. Ab jetzt rennt die Zeit. Klar, der Teufel steckt im Detail: „Wo ist die Kiste mit dem Besteck?", „Nein, das Sofa möchten wir an dieser Wand haben", „Im Bad muss noch die Spiegelleuchte angeschlossen werden."

Und dann ist es auch schon soweit: Es klingelt – die ersten Gäste stehen vor der Energieeffizienz-Haustür: „Kommt rein, möchtet Ihr was trinken?"

Familie, Freunde, Nachbarn, Handwerker schauen sich um. Von überall kommen Komplimente für die frisch renovierten Räume.

### Musiols bekamen 22.500 Euro Zuschuss, heute gibt es 60.000 Euro

Viele Gäste konnten damals einfach nicht glauben, dass es für diesen Komplett-Umbau 22.500 Euro Zuschuss von der KfW-Förderbank gab. Inzwischen wurden die Konditionen noch deutlich verbessert. Heute (Juli 2021) sind's bis zu 60.000 Euro pro Wohneinheit. Wer also ein Zweifamilienhaus hat, bekommt

Zur selben Zeit stehen der Lieferwagen für die neue Einbauküche und der Umzugs-Lkw vorm Haus.

In den letzten Tagen wird noch mal richtig angepackt. Doch diesmal staubt nichts mehr. Die Möbel werden aufgebaut.

den Zuschuss doppelt. So ziemlich jedes Haus kann man zum Effizienzhaus modernisieren. Klimaneutral modernisieren ist eine lohnende Sache.

**Im Heizraum versammelten sich
die Gäste: „Das machen wir auch"**

Während man bei Familie Musiol die Hauseinweihung feierte, versammelte sich im Heiz-raum eine kleine Gästegruppe, die im Laufe des Abends immer größer wurde. Vielleicht hat ja der eine oder die andere insgeheim an diesem Abend bei Häppchen, Bier und Prosecco für sich entschieden: „Das machen wir auch."

Na, dann bitte einmal zurückblättern bis auf Seite 4. Da beginnt die ausführliche Schritt-für-Schritt-Anleitung für eine komplett-Modernisierung in 77 Tagen.

Letzte Verschnaufpause für eines der letzten Bau-Selfies. Sabrina hat rund 3.000 Bilder gemacht – viele davon sind in diesem Buch.

Rino Gagliano hat zusammen mit seinen Mitarbeitern das Gerüst abgebaut und im Transporter verstaut. Auf zur nächsten Baustelle.

# Stichwortverzeichnis

# Quellennachweise Bilder und Grafiken

**Allplan/Andreas Klingerbeck** (Digitaler Planungs- und Bauordner): Seite 57, 62, 64-1 168/169 **Markus Andelfinger:** Seite 9, 13-3, 13-4, 59-2, 63-3, 63-4, 72-4, 101-2, 105-3, 108-2, 108-2, 114-2, 162, 167-1, 170, 175-1, 175-2, 175-3, 181-3, 181-4, 181-5, 181-6, 182, 183, 184, 185, 186-2, 186-3, 187-4, 188-2, 224-1, 227-4, 230-3, 230-4, 231-2, 236-2, 249-3, 262-3, 263-2, 267-1, 267-2, 267-4, 268, 275-2, 275-3 **Sebastian Bauer-Bahrdt:** Seite 19-2, 58-1 **Beck+Heun:** Seite 95-2, 149-1 **Bonner Energie Agentur:** Seite 164 **Buderus:** Seite 103-2, 108-1, 243 **Caparol:** Seite 81, 159 **Michael Cremer:** Seite 33-3, 52-1, 63-1, 63-2 **e-concept:** Seite 106-2 **ecoworks:** Seite 60-3, 220-2 **Fischerwerke:** Seite 210-4 **Thomas Fischer:** Seite 74-3, 115-2 **Uwe Frauendorf:** U4 **greentellect, Adobe Stock:** Seite 167-5 **Heinrich Hahne GmbH & Co. KG:** Seite 253, 254-1 **Carsten Herbert:** Seite 77 **Internorm:** Seite 60-4 **Isover:** Seite 193-1, 195-4, 200-1 **iStock:** Seite 1 (EmBaSy), 5-1 (in4mal), 53-1 (snorkulencija), 66 (Tatiana Volhutova), 59-3 (Animaflora), 78 (ivansmuk), 82-2 (StockRocket), 88 (Leschenko), 89-2 (Druv), 89-3 (nortonrsx), 91-1 und 93-2 (Leschenko), 95-1 (digitalgenetics), 95-3 (zlikovec), 101-4 (djedzura), 111-2 (KangeStudio), 113-1 (Marc_Osborne), 116-1 (Artem Cherednik), 118-2 (Kemter), 131-2 (Jakub Baczyk), 131-3 (gorodenkoff), 132-1 (KangeStudi), 132-2 (piovesempre), 133 (2Mmedia), 134-3 (Michael Reeve), 137 (Animaflora), 138-1 (Jules_Kitano), 138-2 (Chokmango), 138-4 (JFsPic), 140-2 (Marc_Osborne), 143-3 (ro:del16), 146-2 (XXLPhoto), 147 (in4mal), 148-1 (monkeybusinessimages), 148-2 (Halfpoint), 148-4: (DGLimages), 148-6 (Daisy Daisy), 150-1 (DisobeyArt), 151-2 (Zoran Zeremski), 151-3 (mweirauch), 154 (Chesky_W), 155 (scyther5), 157-1 (zhudifeng), 157-2, (Animaflora), 158-1 (numismarty), 158-2 (KatarzynaBialasiewicz), 160 (in4mal), 161-1 (Scovad), 161-5 (Marc_Osborne), 241 und 244-2 (U. J. Alexander), 246-1 (DanielAzocar), 246-2 (Alexemanuel), 249-1 (U. J. Alexander), 249-2 (anatoliy_gleb), 259-3 (hanohiki), 264-1 (artursfoto), 265 (U. J. Alexander), 273-1 (cnikola) 281-5 (Katarzyna-Bialasiewicz), 282-1 (tkhatso), 296-1 (AndreyPopov), 299-1 (Kateryna Kukota) **Janni, Adobe Stock:** Seite 101-1 **Ellen Kimmel:** Seite 95-4, 106-1, 138-3, 165 **Jens Klawonn:** Seite 115-1, 128, 129, 130-1, 130-2, 131-1 **Knauf Aquapanel:** Seite 99, 141, 216-1, 219-3, 219-4, 219-5, 219-6, 220-1, 221-2, 230-2 **Knauf Insulation:** Seite 68-2, 72-2, 195-5, 201 **Knauf Gips KG:** Seite 85-2, 114-1 **Sebastian Kraatz:** Seite 117, 153 **Tina Kraft:** Seite 80-1 **Arne Leibusch:** Seite 146-1, 220-2, 252 **Frank Leonhardt:** Seite 126-2 **Alexander Meyer:** Seite 142, 211-3, 212-1, 263-1 **Florian Meyer:** Seite 143-1, 143-2, 215-1, 215-2 **Matthias Musiol:** Seite 299-2 **Sabrina Musiol:** Seite 6, 11-5, 11-6, 12-2, 13-2, 13-6, 60-5, 96-1, 98-1, 109, 134-1, 139-1, 167-6, 168, 172-1, 179, 190, 199-2, 205-6, 207-1, 210-1, 210-2, 211-1, 222, 224-2, 227-5, 227-6, 229-3, 238, 239, 269, 272, 273-2, 273-3, 274-1, 274-2, 276, 277-5, 282-2, 283, 284, 285, 286-1, 287-1, 287-3, 288, 289, 291, 293-3, 294-1, 296-2, 268, 299-3 **Nelskamp:** Seite 136-2 **Sergey Nivens, Adobe Stock:** Seite 250 **Oligo Lichttechnik:** Seite 157-3 **Photo 5000, Adobe Stock:** Seite 111-1 **Anika Potma:** Seite 71, 127, 233 **Remmers:** Seite 254-2, 255-1 **Felix Scholz:** Seite 8, 10, 11-1, 11-2, 11-3, 11-4, 13-5, 33-1, 55, 60-1, 60-2, 72-3, 74-1, 82-3, 84-1, 87, 94, 101-3, 105-1, 105-2, 124, 140-1, 145-1, 145-2, 167-2, 167-3, 175-6, 177, 178, 181-1, 181-2, 186-1, 187-1, 187-2, 187-3, 189-1, 191, 192, 193-2, 193-3, 194, 195-1, 195-2, 195-3, 196-3, 197, 198, 199-1, 199-3, 199-4, 203, 204, 205, 206, 207-2, 207-3, 208, 209, 210-3, 211-2, 227-3, 229-1, 229-2, 230-1, 232, 234, 235, 236-1, 236-3, 237, 245, 256, 257, 260, 261-1, 261-2, 262-1, 262-2, 270, 271, 277-1, 277-2, 277-3, 277-4, 278, 279, 280-1, 280-2, 281-1, 281-2, 281-3, 281-4, 286-2, 287-2, 290, 292, 293-1, 293-2, 297 **Sparkasse Rietberg:** Seite 76-1 **Sto:** Seite 84-2, 135-2, 161-2, 161-3, 161-4, 246-3 **Sebastian Wening:** Seite 176 **www.grundriss.com:** Seite 63-5, 63-6

# Impressum
# Herzlichen Dank an …

… Klaus Ackermann, Peter Ackermann, Andreas Altmann, Markus Andelfinger, Manfred Angermüller, Wolfgang Asmuß, Sebastian Bauer-Bahrdt, Michael Berger, Dietmar Bernhardi, Jan Birkenfeld, Dr. Thomas Birner, Torsten Blank, Friedger Blaum, Britta Blottner, Armin Bobsien, Karsten Böhm, Hannes Brockdorff, Guido Brohlburg, Torsten Buße, Angela Callsen-Jensen, Michael Cremer, Dr. Harald Cura, Maren Dern, Dominique Diederich, Martin Dudek, Ulrich Dreisewerd, Torsten Dzeik, Michael Ebel, Tina Enderer, Anita Eulenbach, Dieter, Astrid und Nicole Färber, Jens Fischer, Thomas Fischer, Siegfried Freihaut, Andreas Friedrich, Bernd Fuß, Rino Gagliano, Alexander Geißels, Holger Gieb, Juliane Gille, Volker Grabis, Jonathan Grobe, Carolin Gutbrod, Elmar Haag-Schwilk, Jürgen Häfner, Stephan Hartmann, Detlef Heidenreich, Emanuel Heisenberg, Carsten Herbert, Oliver Hering, Herbert Herrmann, Frank Hettler, Andreas Heymann, Stephan Hikel, Pan Hoffmann, Bärbel Hotz, Gerhard Hotz, Ullrich Huber, Ute Juschkus, Jens Kalin, Zedahrt Kapoor, Hubertus Kertelge, Frank Kilian, Wolfgang Kirch, Jens Klawonn, Serena Klein, Andreas Klingerbeck, Reinhold Kober, Hannes Kohlenberg, Sebastian Kraatz, Mario Kranert, Ulrich Krenn, Michael Küblbeck, Mike Lebinsky, Gerhard Lehmeyer, Detlef Lenschen, Frank Leonhardt, Max Leydecker, Heiko Logé, Wolfgang Loges, Felix Ludes, Hartmut Mertens, Alexander, Ann-Kathrin und Florian Meyer, Verena Michalek, Ralf Missy, Daniela Mogk, Sabrina und Matthias Musiol, Daniel Mechtersheimer, Dirk Neumeyer, Verena Nijssen, Hubert Nitsch, Armin Ofen, Detlev Otto, Monika Peters, Frank, Irmgard und Katharina Pospischil, Anika Potma, Christoph Praet, Boris Rados, Ingrid Reichbauer, Denis Reichel, Ariane und Pablo Riecker, Hans Ritt, Simon Ritzinger, Nico Rockrohr, Christian Sack, Sven Schanze, Markus Schell, Jörg Schimpf, Wolfgang Schlösser, Claus Schmidt, Thorsten Schmidt, Timo Schmidt, Patric Schneider, Felix Scholz, Lukas Scholz, Christian Schröder, Uwe Schubert, Celia Schütze, Tina Schwer, Christian Simons, Till Stahlbusch, Jörg Steffek, Carsten Steinke, Matthias Stephanskirchner, Thomas Strobl, Sören Ströhlein, Thomas Tenzler, Torsten Tessnow, Reiner Theiss, Thomas Thode, Markus Uhl, Hajo Walz, Gerhard Wellert, Christopher und Sebastian Wening, Stefan Werner, Sascha Wilden, Peter Wolf.

Die Deutsche Bibliothek – CIP-Einheitsaufnahme
**Meyer, Ronald**
In 77 Tagen zum klimaneutralen Zuhause

**Bildrechte:** Markus Andelfinger, Ronald Meyer, Sabrina Musiol, Felix Scholz und andere (siehe Seite 302)
**Zeichnungen, Grafiken:** Anika Potma, Ronald Meyer und andere (siehe Seite 302)
**Lektorat:** Britta Blottner
**Umschlaggestaltung:** UNID Communication GmbH, Ronald Meyer
**Produktion:** Ronald Meyer
**Herstellung:** M+M Druck GmbH, Heidelberg

© 2021, Ronald Meyer, Leipzig
ISBN 978-3-89367-160-1 / Blottner Verlag e. K., Taunusstein